高等学校"十三五"规划教材

电工学

姜学勤 主编 高德欣 副主编

化学工业出版社
·北京·

内 容 简 介

全书共分 14 章，内容包括：电路的基本概念和基本定律，电路分析的方法，电路的暂态分析，正弦交流电路，三相电路，变压器与电动机，直流电动机，低压控制电路，可编程控制器，企业用电及安全用电，电工测量以及半导体二极管和三极管，基本放大电路。

本书采用授课式语言叙述，内容详略得当，基本概念讲述清楚，分析方法讲解透彻，难易程度适中，每章都有本章小结和本章知识点，方便学生自学和教师施教。

本书适合于普通高等院校工科非电类专业作教材使用，也可供有关工程技术人员参考。

图书在版编目（CIP）数据

电工学/姜学勤主编 .—北京：化学工业出版社，2020.12（2025.2重印）
高等学校"十三五"规划教材
ISBN 978-7-122-38001-2

Ⅰ.①电…　Ⅱ.①姜…　Ⅲ.①电工学-高等学校-教材　Ⅳ.①TM1

中国版本图书馆 CIP 数据核字（2020）第 228607 号

责任编辑：郝英华　　　　　　　　　　装帧设计：张　辉
责任校对：王素芹

出版发行：化学工业出版社（北京市东城区青年湖南街 13 号　邮政编码 100011）
印　　装：北京天宇星印刷厂
787mm×1092mm　1/16　印张 15　字数 402 千字　　2025 年 2 月北京第 1 版第 4 次印刷

购书咨询：010-64518888　　　　　　　售后服务：010-64518899
网　　址：http://www.cip.com.cn
凡购买本书，如有缺损质量问题，本社销售中心负责调换。

定　　价：48.00 元

前　言

为适应教育发展的新形势，适应教育体制、教学体制及课程体制的改革，我们编写了这本教材。

"电工学"是一门非电专业的技术基础课，实践性较强。它的主要任务是为学生学习专业知识和从事工程技术工作打好电工电子技术的理论基础，并使他们受到必要的基本技能的训练。为此，编者在本书中对基本理论、基本定律、基本概念及基本分析方法都作了尽可能详尽的阐述，并通过实例、例题和习题来说明理论的实际应用，以此来加深学生对理论的掌握和理解，并使之了解电工电子技术的发展与生产发展之间的密切关系。

近年来，随着科学技术的迅猛发展，新知识也急剧膨胀。高校的教学观念也作出了相应调整。学习者要由被动学习转化到主动学习，教学者要做学习过程的引导者、促进者、支持者。同时为全面贯彻党的二十大精神，为党育人、为国育才，编者结合产业发展及国家对人才的需求，特对传统内容进行了精选，保证了必需的常用知识，删去了一些不常用的和陈旧的知识。本书注意到与普通物理课的分工，避免了不必要的重复。有些内容如欧姆定律、磁路的基本概念等，虽然已在普通物理课程中讲过，但是为了加强理论的系统性和满足电工技术的要求，仍列入本书中。使学生在温故知新的基础上，对这些内容的理解能进一步巩固和加深，并能充分地应用和扩展这些内容。

全书共 14 章，主要包括电路的基本概念与基本定律、电路分析的方法、电路的暂态分析、正弦交流电路、三相电路、磁路与铁芯线圈电路、异步电动机、直流电动机、继电接触器控制系统、可编程控制器及其应用、工业企业供电与安全用电、电工测量以及半导体二极管和三极管、基本放大电路。其中第 1、2 章由马彩青编写，3、12、13、14 章由王逸隆编写，第 4、5、11 章由姜学勤编写，第 6、7 章由籍艳编写，第 8、9、10 章由高德欣编写。本书由姜学勤统稿并担任主编，高德欣担任副主编。本书的编写和出版得到青岛科技大学自动化与电子工程学院池荣虎、赵彤、曹梦龙、陈为、张典、闫贤中及刘春弟等老师的协助，在此深表谢意。

本书内容详尽，表述浅显易懂有利于学生自学使用，教师在讲授时也可灵活安排，一般应视专业的需要、学时的多少和学生的实际水平而决定所授内容的取舍。有些内容可以让学生通过自学掌握，不必全在课堂讲授。学生只要在课堂上记下一些个人的心得和疑问，课下及时答疑，并通过大量的练习巩固基础知识，拓宽思路，就能更好地掌握电工电子技术的基础知识和提高分析问题和解决问题的能力。

为方便教学，本书配套的电子教案可免费提供给采用本书作为教材的院校使用，如有需要，请发送邮件至 cipedu@163.com 索取。本书还配有实验指导书《电工电子学实验》（书号：9787122285386），供有需要的院校使用。

由于编者能力有限，书中不妥之处在所难免，恳请读者批评指正，以不断进行改进和提高。

编者

目　录

第1章 电路的基本概念和基本定律

电路的应用十分广泛，电路理论已经成为一门基础学科。本章重点讲述了电路及其模型、电压电流的参考方向、电功率、电源的工作状态、欧姆定律、基尔霍夫定律及电位的概念。这些基本概念和电路定律是研究一切电路的电磁现象和进行定量计算的依据和出发点，是后续章节的重要基础。

1.1 电路的基本概念

1.1.1 电路的组成及作用

电路是电流的通路，是根据不同需要由某些电工设备或元件按一定方式组合而成的，包括电源或信号源、中间环节和负载，如图 1-1 电路所示。

电路的构成形式多种多样，根据实际电路的作用可以将其归纳为两大类：

① 电力电路：主要实现电能的产生、传输和转换。如图 1-1(a) 所示的电力系统。

② 电子电路：主要实现信号的接收、传递和处理。如图 1-1(b) 所示的扩音器电路。

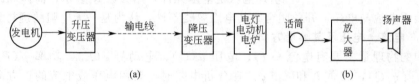

图 1-1　电路示意图

发电机是电源，是提供电能的，它可以将热能、水能或核能转换为电能。电池也是常用的电源，可将化学能或光能转化为电能。电压和电流是在电源的作用下产生的，因此，电源又称为激励源，也称输入。用电设备称为负载，如电灯、电炉、电动机和电磁铁等用电器取用电能，是负载，它们分别将电能转换成光能、热能、机械能和磁场能等。由激励源在电路中（包括负载）各处产生的电流和电压称为响应，也称为输出。变压器和输电线路是中间环节，连接电源和负载，起传输和分配电能的作用。

信号的传递和处理过程也类似。接收装置感应的电信号是电源，传输导线和放大器是中间环节，扬声器将电信号还原成声音信号是负载。

1.1.2 电路模型

电路理论讨论的电路不是实际电路而是它们的电路模型。为了便于对实际电路进行分析和用数学描述，将实际电路元件理想化（或称模型化），用理想电路元件及其组合模拟替代实际电路中的器件，则这些由理想电路元件组成的电路即实际电路的电路模型。在电路模型中各理想元件的端子用"理想导线"（其电阻为零）连接起来的。理想电路元件有电阻元件、电感元件、电容元件、理想电流源和理想电压源等，其电路元件图形及文字符号如图 1-2 所示。

用理想电路元件及其组合模拟替代实际器件即为建模。电路模型要把给定工作条件下的主要物理现象及功能反映出来。例如，白炽灯，当其通有电流时，除主要具有消耗电能的性

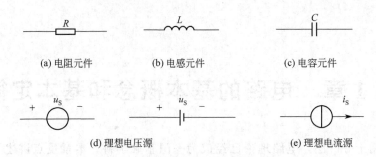

(a) 电阻元件　　　　(b) 电感元件　　　　(c) 电容元件

(d) 理想电压源　　　　　　　(e) 理想电流源

图 1-2　理想电路元件图形及文字符号

质（电阻性）外，还产生磁场，即也具有电感性，但电感微小到可忽略不计，因此白炽灯的模型可以是一电阻元件。又如，一个线圈，在直流情况下的模型可以是一电阻元件，在低频情况下其模型要用电阻和电感的串联组合代替。可见在不同的条件下，同一实际器件可能要用不同的电路模型。

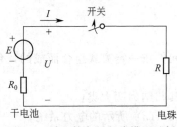

图 1-3　手电筒实际电路模型示例

模型选取得当，电路的分析计算结果就与实际情况接近，反之误差会很大甚至出现矛盾的结果。本书不讨论建模问题。今后本书所说的电路一般均指实际电路的电路模型，电路元件也是理想电路元件的简称。

一个简单的手电筒电路的实际电路元件有干电池、电珠、开关和筒体，电路模型如图 1-3 所示。干电池是电源元件，用电动势 E 和内电阻（简称内阻）R_0 的串联来表示；电珠是电阻元件，用参数 R 表示；筒体和开关是中间环节，连接干电池与电珠，开关闭合时其电阻忽略不计，认为是一无电阻的理想导体。

1.1.3　电流、电压及其参考方向

电路中的物理量主要有电流 $i(I)$、电压 $u(U)$、电动势 $e(E)$、功率 $p(P)$、电能量 $w(W)$、电荷 $q(Q)$，磁通 Φ 和磁链 ψ。在分析电路时，要用电压或电流的正方向导出电路方程，但电流或电压的实际方向可能是未知的，也可能是随时间变动的，故需要指定其参考方向。

（1）电流

电流是电荷有规则地定向运动形成的，在数值上电流等于单位时间内通过导体横截面的电荷量。

$$i = \frac{\Delta q}{\Delta t}\left(i = \frac{\mathrm{d}q}{\mathrm{d}t}\right)$$

若电流 i 不随时间而变化，则称为直流电流，常用大写字母 I 表示。习惯上规定正电荷运动的方向为电流的实际方向，它是客观存在的。但电流的实际方向往往是未知的或变动的，故在分析计算电路时，先任意选定（假定）某一方向为电流的正方向，这一方向即电流的参考方向，从而电流就可看成代数量。当电流的参考方向与其实际方向相同时，电流为正值，即 $i>0$；反之电流为负值，即 $i<0$。如图 1-4 所示。

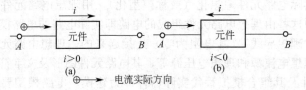

图 1-4　电流的参考方向

电流的参考方向可以用箭标表示，如图 1-3 所示；也可用双下标表示，如图 1-4(a) 中，按所选电流参考方向可写作 i_{AB}，表示电流参考方向由 A 指向 B。在图 1-4(b) 中，按所选电流参考方向可写作 i_{BA}。对同一段电路，$i_{AB}=-i_{BA}$，$i_{BA}=-i_{AB}$。在国际单位制中，电流的基本单位是安［培］（A），计量微小电流时也用毫安（mA）或微安（μA）做单位。$1\text{mA}=10^{-3}\text{A}$，$1\mu\text{A}=10^{-6}\text{A}$。

（2）电压

电压是两点间电势差（电位差）。$u_{ab}=V_a-V_b$。a，b 两点的电位分别用 V_a，V_b 表示。电压体现电场力推动单位正电荷做功的能力。电压 u_{ab} 数值上等于电场力推动单位正电荷从 a 点移动到 b 点所做的功。为方便分析计算，习惯上规定电压的实际方向为由高电位（正极性端）指向低电位端（负极性端），即电位降低的方向。

电源电动势（以后"电源"二字常略去）体现电源力推动单位正电荷做功的能力，用 e 表示任意形式的电动势，E 表示直流电动势。电动势的实际方向规定为由电源低电位端（负极性端）指向其高电位端（正极性端），即电位升高的方向。

与电流一样，也要假定电压的参考方向（电动势的实际方向一般都给出）。电压指定了参考方向后，电压值即成代数值。如图 1-5 所示。电压的参考方向可以用正负极性或双下标表示。

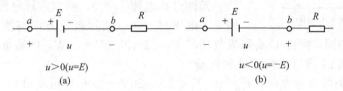

$$u>0(u=E)$$
(a)

$$u<0(u=-E)$$
(b)

图 1-5　电压的参考方向

电压和电动势的国际单位是伏特（V）。其次还可用千伏（kV），毫伏（mV）或微伏（μV）做单位。电路图上所标出的电压或电流的方向都是参考方向。当同一电路元件或支路上的电压和电流的参考方向选取的一致时，称为关联参考方向。否则称为非关联参考方向。如图 1-6 所示。

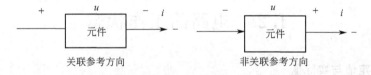

关联参考方向　　　　　　　　　　非关联参考方向

图 1-6　关联和非关联参考方向

1.1.4　电功率

电路中电路元件在单位时间内发出或吸收的电能称为电功率，简称功率，用 p 来表示。功率单位为瓦特（W）或千瓦（kW）。即 $p=\dfrac{\mathrm{d}w}{\mathrm{d}t}=\dfrac{\mathrm{d}w}{\mathrm{d}q}\cdot\dfrac{\mathrm{d}q}{\mathrm{d}t}=ui$。

电路中实际发出功率的是电源，实际吸收功率的是负载。分析电路时，要判断哪个电路元件是电源（或起电源作用），哪个是负载（或起负载的作用），有两种方法。

（1）根据电压和电流的实际方向判断

元件的 u，i 实际方向相反，元件实际发出功率，是电源；元件的 u，i 实际方向相同，元件实际吸收功率，是负载。

（2）由 $p=ui$ 及 u，i 参考方向来判别

① u，i 参考方向一致（关联）时，$p=ui$ 表示（计算）吸收功率。

$$p=ui>0$$　　　　　　　负载（元件实际吸收功率）

$$p = ui < 0 \qquad 电源（元件实际吸收负功率，即发出功率）$$

② u，i 参考方向相反（非关联）时，$p = ui$ 表示（计算）发出功率。

$$p = ui > 0 \qquad 电源（元件实际发出功率）$$

$$p = ui < 0 \qquad 负载（元件实际发出负功率，即吸收功率）$$

【例 1-1】 图 1-7 中 A、B、C 为三个电路元件，各元件上电流、电压参考方向的设定如图 1-7 所示。已知 $I_1 = 2A$，$I_2 = I_3 = -2A$，$U_1 = 20V$，$U_2 = 5V$，$U_3 = -15V$，计算各元件的功率，并判断元件性质。

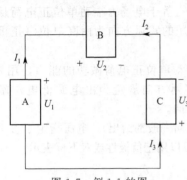

图 1-7　例 1-1 的图

解法一：根据 ui 实际方向计算和判断

元件 A 的电流 $I_1 > 0$，电压 $U_1 > 0$，所以实际电流电压方向与参考方向相同，电压电流实际方向相反，所以 A 实际发出功率 $P_A = 2A \times 20V = 40W$，A 是电源。

元件 B 的电流 $I_2 < 0$，所以实际电流方向与参考方向相反，电压 $U_2 > 0$，实际电压方向与参考方向相同。电压电流实际方向相同，所以 B 实际吸收功率 $P_B = 2A \times 5V = 10W$，B 是负载。

元件 C 的电流 $I_3 < 0$，所以实际电流方向与参考方向相反，电压 $U_3 < 0$，实际电压方向与参考方向相反。电压电流实际方向相同，所以 C 实际吸收功率 $P_C = 2A \times 15V = 30W$，C 是负载。

解法二：根据 ui 参考方向计算和判断

元件 A 为非关联参考方向，$P_A = U_1 I_1 = 2A \times 20V = 40W$ 表示发出功率，由于 $P_A > 0$，所以 A 发出正功率，A 是电源。

元件 B 为非关联参考方向，$P_B = U_2 I_2 = -2A \times 5V = -10W$ 表示发出功率，由于 $P_B < 0$，所以 B 发出负功率，实际吸收 10W 功率，B 是负载。

元件 C 为关联参考方向，$P_C = U_3 I_3 = -2A \times (-15V) = 30W$ 表示吸收功率，由于 $P_C > 0$，所以 C 吸收正功率，C 是负载。

1.2　电路的工作状态

1.2.1　额定值与实际值

各种电器设备的电压、电流及功率等都有一个额定值。例如，一盏白炽灯标有电压 220V、功率 60W，这就是它的额定值。额定值是制造厂为了使产品能在给定的工作条件下正常运行而规定的正常容许值。额定电流、额定电压和额定功率分别用 I_N、U_N 和 P_N 表示。

额定值，是全面考虑使用的经济性、可靠性、安全性及寿命，特别是工作温度容许值等因素，使产品能在给定的工作条件下正常运行而对产品规定的正常容许值。使用时应遵循而不允许偏离过多。大多数电气设备，如电机、变压器等，其寿命与绝缘材料的耐热性能及绝缘强度有关。当电流超过额定值过多时，绝缘材料将因发热过甚遭损坏；当所加电压超过额定值过多时，绝缘材料可能被击穿。反之，若所加电压和电流远低于其额定值，不仅设备不能正常合理地工作，而且也不能充分利用设备的能力。例如，线圈额定电压 380V 的电磁铁，若接上 220V 的电压，则电磁铁将不能正常吸引衔铁或工件。又如，电灯、电阻器，其寿命与导体熔点关系很大，当电压过高或电流过大时，其灯丝或电阻丝将被烧毁。

使用时，因电源或负载的因素，电压、电流和功率的实际值不一定等于它们的额定值。例如，额定值为 220V、40W 的电灯接在额定电压 220V 的电源上，但当电源电压因经常波动稍低于或稍高于 220V 时，加在电灯上的电压就不是 220V，实际功率也不是 40W 了。

又如一台直流发电机，标有额定值 10kW、230V，实际使用时一般不允许所接负载功率超过 10kW，实际供出的功率值可能低于 10kW。

在一定电压下和额定功率范围内，电源输出的功率和电流决定于负载的大小，就是负载需要多少电源就供多少，电源通常不一定工作在额定工作状态；对电动机也是这样，它的实际功率和电流决定于其轴上所带机械负载的大小，通常也不一定处于满载状态，但一般不应超过额定值。电源设备工作于额定状态时称满载运行。

考虑客观因素，使用时，允许某些电气设备或元件的实际电压、电流和功率等在其额定值上下有一定幅度的波动，例如 $\pm 1\%$、$\pm 5\%$、$\pm 10\%$ 或短时过载。

【例 1-2】　有一额定值为 5W、500Ω 的电阻器。其额定电流为多少？在使用时电压不得超过多大数值？

解
$$P_N = U_N I_N = I_N^2 R$$

故
$$I_N = \sqrt{\frac{P_N}{R}} = \sqrt{\frac{5}{500}} = 0.1(\text{A})$$

使用时电压不得超过
$$U_N = R I_N = 500 \times 0.1 = 50(\text{V})$$

也可用 $U_N = \sqrt{P_N \cdot R}$ 计算。

1.2.2　电路的工作状态

本节以最简单的直流电路为例，分别讨论电源电路的三种工作状态：有载、开路和短路时的电流、电压和功率。

（1）电源有载工作状态

如图 1-8 所示，当开关 S 闭合，将负载电阻与直流电源接通，这就是电源的有载工作状态。电源有载工作时的电流，电压和功率讨论如下。

① 电压与电流：由欧姆定律可得电路中的电流

$$I = \frac{E}{R_0 + R} \qquad (1\text{-}1)$$

式中，R_0 是电源内阻。负载两端的电压，也即电源端电压

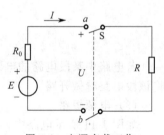

图 1-8　电源有载工作

$$U = RI$$

由以上两式可得

$$U = E - R_0 I \qquad (1\text{-}2)$$

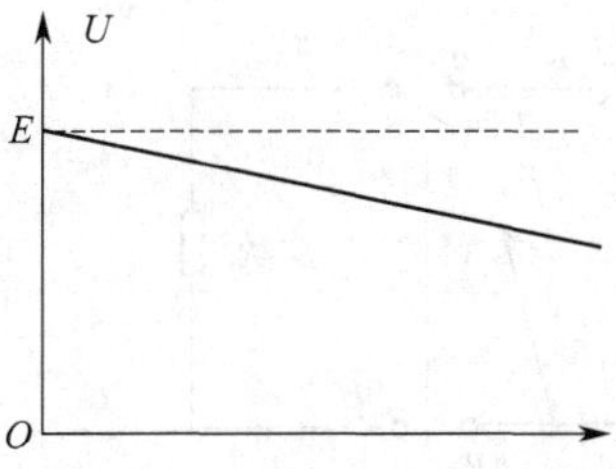

由上式可见，电源端电压小于电源电动势，两者差为电流 I 流过内阻 R_0 所产生的电压降 $R_0 I$。电流 I 越大，U 下降得越多。表示电源端电压 U 与输出电流 I 之间关系的曲线称为电源的外特性曲线，如图 1-9 所示，其斜率与 R_0 有关。内阻 R_0 一般很小，当 $R_0 \ll R$ 时，则

$$U \approx E$$

上式表明，当电流（负载）变动时，电源的端电压变动不大。这表明电源内阻小时带负载能力强。

图 1-9　电源的外特性曲线

② 功率及功率平衡。将式（1-2）两边乘以电流 I，可得功率平衡式

$$UI = EI - R_0 I^2$$
$$P = P_E - \Delta P$$

式中，$P_E = EI$ 是电源产生的功率；$\Delta P = R_0 I^2$，是电源内阻上损耗的功率；而 $P = UI$ 是

电源输出的功率，即电阻 R 上消耗的功率。

在国际单位制中，功率的单位是瓦（特）（W）或千瓦（kW）。1s 内转换 1J 的能量，则功率为 1W。

【例 1-3】 在图 1-8 中，$E=223\text{V}$，$R_0=0.6\text{V}$，$R=44\Omega$，判断功率平衡。

解
$$I=\frac{E}{R_0+R}=\frac{223}{0.6+44}=5\,(\text{A})$$
$$U=E-R_0I=(223-0.6\times5)=220\,(\text{V})$$

或
$$U=RI=44\times5=220\,(\text{V})$$
$$P_E=EI=223\times5=1115\,(\text{W})$$
$$\Delta P=R_0I^2=0.6\times5^2=15\,(\text{W})$$
$$P=UI=220\times5=11000\,(\text{W})$$

或
$$P=RI^2=44\times5^2=11000\,(\text{W})$$
$$P_E=P+\Delta P$$

可见，在一个电路中，电源产生的功率与负载取用的功率及内阻上消耗的功率是平衡的。

（2）电源开路

如图 1-10 所示，开关 S 断开，电源就处于开路（空载）状态。开路时，外电路的电阻对电源而言等于无穷大，因此电路中的电流为零。这时电源的端电压（称为开路电压或空载电压 U_0）等于电源电动势，电源不输出功率（电能）。

电源开路时的电气特征可用下列各式表示：
$$I=0$$
$$U=U_0=E$$
$$P=0$$

若电路中某段电路的电流为零，但并未直接断开，在分析和计算其他部分的电流时，可将该段电路看做开路。

（3）电源短路

如图 1-11 所示电路中，当电源的两端由于某种原因（绝缘老化或操作失误）连接在一起时，电源被短接，处于短路状态。电源短路时，外电路的电阻可视为零，电流有捷径可通，不流过负载（即使开关 S 是闭合的），此电流称为短路电流 I_S。由于在电流的回路中仅有很小的电源内阻 R_0，所以这时的电流很大，有可能使电源遭受机械的（电磁力很大）与热的损伤或毁坏。此时电源产生的电能全部消耗在内阻上。

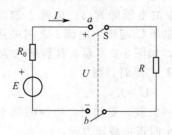

图 1-10　电源开路状态

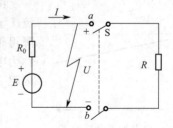

图 1-11　电源短路状态

电源短路时，因为外电路的电阻为零，所以电源的端电压亦为零，电源电动势全部降在内阻上。

电源短路时的电气特征可用下列各式表示：

$$U = 0$$

$$I = I_S = \frac{E}{R_0}$$

$$P_E = \Delta P = R_0 I_S^2, \quad P = 0$$

短路也可发生在电路的负载端或其他处。

短路通常是一种严重事故，特别是电源短路应该尽力预防。绝缘损坏、接线不慎或意外事故往往是引发短路的原因，因而经常检查电气设备和线路的绝缘情况是一项很重要的安全措施；此外，为了防止和减轻短路事故所引起的后果，通常在电路中接入熔断器或自动断路器，以便发生短路时，能迅速将故障电路自动切除。但是，有时为了某种需要，可以将电路中的某一段短路（常称为短接）或进行某种短路实验。

若电路中某两点间的电压为零但并未直接连在一起，在分析计算其他部分的电压时可将该两点视为短路。

【例 1-4】 测得电源的开路电压为 12V，短路电流为 30A，试求该电源的电动势和内阻。

解 电源的电动势 $E = U_0 = 12V$

电源的内阻
$$R_0 = \frac{E}{I_S} = \frac{U_0}{I_S} = \frac{12}{30} = 0.4(\Omega)$$

这是由电源的开路电压和短路电流计算其电动势和内阻的一种方法（常称为开路短路法）。

【练习与思考】

1-2-1　试计算图 1-12 所示电路在开关 S 闭合和断开时的 U_{ab} 和 U_{cd}。

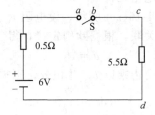

图 1-12　练习与思考 1-2-1 的图

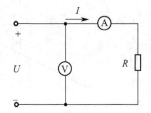

图 1-13　练习与思考 1-2-2 的图

1-2-2　如图 1-13 所示，用"伏安法"测量某直流线圈的电阻 R，电压表读数为 220V，电流表读数为 0.7A。如果测量时误将电流表当做电压表并接在电源上，后果如何？已知电流表量程为 1A，内阻为 0.4Ω。

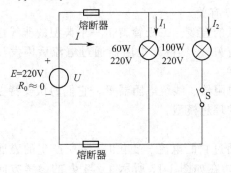

图 1-14　练习与思考 1-2-3 的图

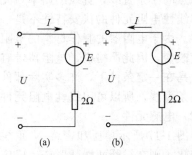

图 1-15　练习与思考 1-2-4 的图

1-2-3　如图 1-14 所示电路。①$R_0 \approx 0\Omega$，当 S 闭合时，I_1 是否被分去一些？②若 R_0 不能忽略，当 S 闭合时，60W 电灯中的电流 I_1 会否变动？③在 220V 电压下工作时，60W 和 100W 的电灯哪个的灯丝电阻大？④如果 100W 电灯两端碰触（短路），当 S 闭合时，后果如何？100W 电灯的灯丝是否被烧毁？⑤设电源的额定功率为 125kW，端电压为 220V，当只接上一只 220V、60W 的电灯时，电灯会不会被烧毁？

1-2-4　图 1-15 是一电池电路，图 1-15(a) 中 $U=8\text{V}$，$E=6\text{V}$，该电池是做电源（供电）还是做负载（充电）用？图 1-15(b) 中 $U=6\text{V}$，$E=8\text{V}$，电池又做什么用？

1-2-5　一个电热器从 220V 的电源取用的功率是 500W，如将它接到 200V 的电源上，它取用的功率是多少？

1.3　电路的基本元件

1.3.1　无源元件

电路元件是电路最基本的组成单元，可分为无源元件和有源元件。电路元件按与外部接连的端口数又可分为二端、三端、四端元件等；还可分为线性元件和非线性元件、时不变元件和时变元件等。

无源元件主要有电阻元件、电感元件、电容元件，它们都是理想元件。所谓理想，就是突出元件的主要电磁性质，而忽略次要因素。

电阻元件具有消耗电能的性质（电阻性），其他电磁性质均可忽略不计。电感元件突出其中通过电流产生磁场而储存磁场能量的性质（电感性）；对电容元件，突出其加上电压要产生电场而储存电场能量的性质（电容性）。电阻元件是耗能元件，后两者为储能元件。下面分别讨论它们的电压、电流及功率和能量的情况。

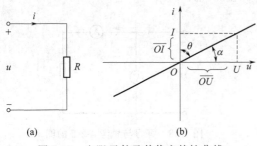

(a)　　　　　　　(b)

图 1-16　电阻元件及其伏安特性曲线

（1）电阻元件

如图 1-16(a) 所示，设电阻 R 上的 u，i 参考方向关联，根据欧姆定律，得

$$u = iR \qquad (1\text{-}3)$$

如将上式两边乘以 i，并积分，则得

$$\int_0^t ui\,dt = \int_0^t Ri^2\,dt$$

上式表示电能全部消耗在电阻上，转换为其他形式的能量（如热能）。

电阻上电压和电流的关系即为电阻元件的伏安特性。如图 1-16(b) 所示。线性电阻元件的参数 R 是一正实常数，它的伏安特性是通过原点的一条直线，直线的斜率与元件的电阻 R 有关。

非线性电阻元件的伏安特性不是一条通过原点的直线。二极管就是一个典型的非线性电阻元件。由于电阻器的制作材料的电阻率与温度有关，（实际）电阻器通过电流后因发热会使温度改变，因此严格说，电阻器带有非线性因素。

但是在一定条件下，许多实际部件如金属膜电阻器、线绕电阻器等，它们的伏安特性近似为一条直线，所以可用线性电阻元件作为它们的理想模型。

（2）电感元件

如图 1-17 所示单匝和密绕 N 匝线圈中，当通过它的电流 i 变化时，i 所产生的磁通也发生变化，则在线圈两端就要产生感应电动势 e_L。在如图 1-17 所示 e_L 与 Φ 的参考方向符合右螺旋法则（关系）时，有

$$e_L = -\frac{d\Phi}{dt} \qquad\qquad 单匝线圈$$

$$e_L = -N\frac{d\Phi}{dt} = -\frac{d\Psi}{dt} \qquad N\text{ 匝线圈} \tag{1-4}$$

式中，e_L 的单位为伏（V）；t 的单位是秒（s）；Φ 的单位是伏秒（Vs），通常称为韦伯（Wb）。

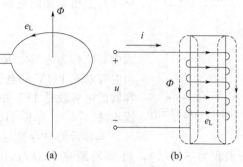

$\Psi = N\Phi$ 称为磁链。当线圈中没有铁磁物质（称为线性电感）时，Ψ（或 Φ）与 i 成正比关系，即

$$\Psi = N\Phi = Li$$

$$L = \frac{\Psi}{i} = \frac{N\Phi}{i}$$

图 1-17 电感线圈

式中，L 称为线圈的电感，也称自感，是电感元件的参数。当线圈无铁磁物质时，L 为常数，单位是亨利（H）或毫亨（mH）。将 $\Psi = Li$ 代入 $e_L = -\frac{d\Psi}{dt}$，则得

$$e_L = -L\frac{di}{dt} \tag{1-5}$$

式(1-4) 和式(1-5) 不仅表示了感应电动势的大小，也可确定其实际方向。当磁通 Φ（正值）增大时，$\frac{d\Phi}{dt} > 0$，$\frac{di}{dt} > 0$，e_L 为负值，即其实际方向与图 1-17(a) 中所选定参考方向相反。同理，当磁通 Φ（正值）减小时，$\frac{d\Phi}{dt} < 0$，$\frac{di}{dt} < 0$，e_L 为正值，即其实际方向与图中的参考方向一致。由此表明感应电动势有阻碍（反对）电流和磁通变化的性质。

当线圈中的电流为直流时，磁通 $\frac{d\Phi}{dt} = 0$，$\frac{di}{dt} = 0$，$e_L = 0$，电感线圈可视为短路。

当电感电压 u 与 e_L 参考方向相同时，如图 1-17 所示，根据 KVL 可得

$$u + e_L = 0$$

或

$$u = -e_L = L\frac{di}{dt} \tag{1-6}$$

此即电感元件上的电压与通过的电流的导数关系式，是分析电感元件电路的基本依据。

将式(1-6) 两边积分，便可得出电感元件的电流

$$i = \frac{1}{L}\int_{-\infty}^{t} u\,dt = \frac{1}{L}\int_{-\infty}^{0} u\,dt + \frac{1}{L}\int_{0}^{t} u\,dt = i_0 + \frac{1}{L}\int_{0}^{t} u\,dt \tag{1-7}$$

式中，i_0 是初始值，即 $t = 0$ 时电感元件中通过的电流。

若 $i_0 = 0$，则 $i = \frac{1}{L}\int_{0}^{t} u\,dt$。

将式(1-6) 两边乘上 i 并积分（设 $i_0 = 0$），则得 $t \geq 0$ 时电感元件中的能量转换（储能）为

$$w_L = \int_{0}^{t} ui\,dt = \int_{0}^{i} Li\,di = \frac{1}{2}Li^2 \tag{1-8}$$

式中，$\frac{1}{2}Li^2$ 就是磁场能量。此式说明当电感元件中的电流绝对值增大时，电感元件储存的磁场能量增大，在此过程中，电能转化为磁能，即电感元件从电源取用能量；当电感中的电流绝对值减小时，磁场能量减小，磁能转换为电能，即电感元件向电源放还能量。

（3）电容元件

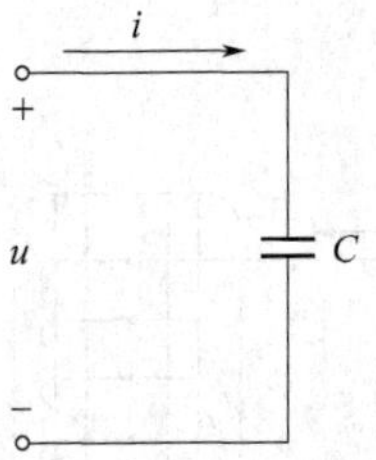

图 1-18 是电容元件示意图。电容器极板（由绝缘材料隔开的两金属导体）上所储集的电荷量 q 与其上的电压 u 成正比，即

$$\frac{q}{u} = C \tag{1-9}$$

式中，C 称为电容，是电容元件的参数。电容的单位为法［拉］（F）。当电容器充上 1V 的电压时，极板上若储集了 1C 的电荷（量），则该电容器的电容就是 1F。由于法（拉）单位太大，工程上多采用微法（μF）或皮法（pF）。$1\mu F = 10^{-6}F$，$1pF = 10^{-12}F$。

图 1-18 电容元件

电容器的电容量与极板的尺寸及其间介质的介电常数有关。若其极板面积为 $S(m^2)$，极板间距离为 $d(m)$，其间介质的介电常数为 $\varepsilon(F/m)$，则其电容 $C(F)$ 为

$$C = \frac{\varepsilon S}{d} \tag{1-10}$$

当电容加上电压时，上下极板储集的是等量的正负电荷。线性电容元件的电容 C 是常数。当极板上的电荷量 q 或电压 u 发生变化时，在电路中就要引起电流

$$i = \frac{dq}{dt} = C\frac{du}{dt} \tag{1-11}$$

上式是在 u，i 的参考方向相同的情况下得出的，否则要加一负号。它是电容元件的电流、电压关系式，是分析电容元件的基本依据。

当电容元件两端加恒定的直流电压时，则由式（1-11）可知，$i = 0$，电容元件可视为开路。

将式（1-11）两边积分，便可得出电容元件电压与电流的另一种关系式，即

$$u = \frac{1}{C}\int_{-\infty}^{t} i\, dt = \frac{1}{C}\int_{-\infty}^{0} i\, dt + \frac{1}{C}\int_{0}^{t} i\, dt = u_0 + \frac{1}{C}\int_{0}^{t} i\, dt \tag{1-12}$$

式中，u_0 为初始值，即在 $t = 0$ 时电容元件上的电压。若 $u_0 = 0$ 或 $q_0 = 0$，则

$$u = \frac{1}{C}\int_{0}^{t} i\, dt \tag{1-13}$$

如将式（1-11）两边乘以 u，并积分（设 $u_0 = 0$），则得 $t \geqslant 0$ 后电容元件极板间的电场能量。

$$\int_{0}^{t} ui\, dt = \int_{0}^{u} Cu\, du = \frac{1}{2}Cu^2 = w_C$$

这说明当电容元件上的电压绝对值增高时，电场能量增大；在此过程中电容元件从电源取用能量（充电）。当电压绝对值降低时，电场能量减小，即电容元件向电源放还能量（放电）。

为便于比较，将电阻元件、电感元件和电容元件的特征列在表 1-1 中。

表 1-1　电阻元件、电感元件和电容元件的特征

特征 ＼ 元件	电阻元件	电感元件	电容元件
电压电流关系式	$u = iR$	$u = L\dfrac{di}{dt}$	$i = C\dfrac{du}{dt}$
参数意义	$R = \dfrac{u}{i}$	$L = \dfrac{N\Phi}{i}$	$C = \dfrac{q}{u}$
能量	$\int_{0}^{t} Ri^2\, dt$	$\dfrac{1}{2}Li^2$	$\dfrac{1}{2}Cu^2$

① 表中所列 u，i 的关系式，是在 u，i 参考方向一致的情况下得出的；否则，式中有一负号。

② 电阻、电感、电容都是线性元件。R、L 和 C 都是常数，即相应的 u 和 i，Φ 和 i 及 q 和 u 之间都是线性关系。

1.3.2 独立电源（元件）

能向电路独立地提供电压、电流的器件或装置称为"独立"电源，如化学电池、太阳能电池、发电机、稳压电源、稳流电源等。理想电源元件：理想电压源和理想电流源，它们是从实际电源抽象得到的理想电路模型，是二端有源元件。

（1）理想电压源

理想电压源是一个理想的电路元件，它的端电压 $u(t)$ 为 $u(t)=u_S(t)$，$u_S(t)$ 为给定函数，是电路中的激励，与通过理想电压源元件的电流无关，总保持为这一给定函数。理想电压源中电流的大小由外电路决定。

理想电压源的图形符号如图 1-19（a）所示。当 $u_S(t)$ 为恒定的直流电压时，这种理想电压源称为恒定电压源或直流理想电压源，电压用 U_S 表示，如图 1-19（b）所示，其中长划线表示理想电压源的"＋"极性端。

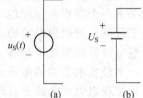

(a)   (b)

图 1-19 理想电压源的
图形符号

图 1-20（a）所示为理想电压源接外电路的情况。端子 1、2 之间的电压 $u(t)$ 等于 $u_S(t)$，不受外电路的影响。图 1-20（b）所示为理想电压源在 t_1 时刻的伏安特性，它是一条不通过原点

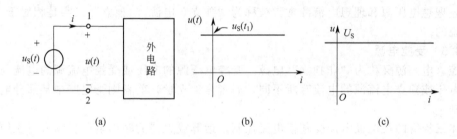

(a)   (b)   (c)

图 1-20 理想电压源及其伏安特性曲线

且与电流轴平行的直线。当 $u_S(t)$ 随时间改变时，这条平行于电流轴的直线也将随之改变其位置。图 1-20（c）是直流理想电压源的伏安特性，它不随时间改变。

理想电压源发出的功率为 $p(t)=u_S(t)i(t)$ 这也是外电路吸收的功率。

理想电压源不接外电路时，电流 i 总为零值，这种情况称为"理想电压源处于开路"。如果令一个理想电压源的电压 $u_S=0$，则此理想电压源的伏安特性为 i-u 平面上的电流轴，它相当于短路。把理想电压源短路是没有意义的，因为短路时端电压 $u=0$，这与理想电压源的特性不相容。

（2）理想电流源

理想电流源也是一个理想电路元件。理想电流源发出的电流 $i(t)=i_S(t)$。式中 $i_S(t)$ 为给定时间函数，也是电路中的激励，与理想电流源元件的端电压无关，并总保持为给定的时间函数。理想电流源的端电压由外电路决定。

理想电流源的图形符号如图 1-21（a）所示，理想电流源外接电路情况如图 1-21（b）所示。图 1-21（c）为理想电流源在 t_1 时刻的伏安特性，它是一条不通过原点且与电压轴平行的直线。当 $i_S(t)$ 随时间改变时，这条平行于电压轴的直线将随之而改变位置。图 1-21（d）

所示给出了直流理想电流源的伏安特性，它不随时间改变。

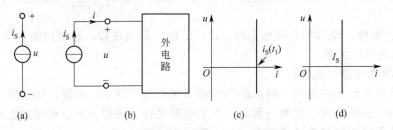

图 1-21　理想电流源及其伏安特性曲线

由图 1-21(b) 可得理想电流源发出的功率为 $p(t)=u(t)i_S(t)$，这也是外电路吸收的功率。

理想电流源两端短路时，其端电压 $u=0$，而 $i=i_S$，理想电流源的电流即为短路电流。如果令一个理想电流源的 $i_S=0$，则此理想电流源的伏安特性为 i_0-u 平面上的电压轴，它相当于开路。把理想电流源"开路"是没有意义的，因为开路时流出的电流 i 必须为零，这与理想电流源的特性不相容。

当理想电压源的电压 $u_S(t)$ 或理想电流源的电流 $i_S(t)$ 随时间按正弦规律变化时，则称为正弦理想电压源或正弦理想电流源。

常见实际电源（如发电机、蓄电池等）的工作机理比较接近理想电压源，其电路模型是理想电压源与电阻的串联组合。像光电池一类器件，工作时的特性比较接近理想电流源，其电路模型是理想电流源与电阻的并联组合。

上述理想电压源和理想电流源常常被称为"独立"电源，"独立"二字是相对于"受控"电源来说的。

1.3.3　受控电源

受控（电）源又称为"非独立"电源。受控电压源的电压或受控电流源的电流与独立电压源的电压或独立电流源的电流有所不同，后者是独立量，前者则受电路中某部分电压或电流的控制。

晶体三极管的集电极电流受基极电流控制，运算放大器的输出电压受输入电压控制，所以这类器件的电路模型要用到受控电源。

受控电压源或受控电流源因控制量是电压或电流可分为电压控制电压源（VCVS）、电压控制电流源（VCCS）、电流控制电压源（CCVS）和电流控制电流源（CCCS）。这四种受控源的图形符号见图 1-22。为了与独立电源相区别，用菱形符号表示其电源部分。图中 u_1 和 i_1 分别表示控制电压和控制电流，μ、r、g 和 β 分别是有关的控制系数，其中 μ 和 β 是无量纲的常数，r 和 g 分别具有电阻和电导的量纲。这些系数为常数时，被控制量和控制量成正比，这种受控源为线性受控源（简称受控源）。

在图 1-22 中把受控源表示为具有四个端子的电路模型，其中受控电压源或受控电流源具有一对端子，另一对端子则或为开路，或为短路，分别对应于控制量是开路电压或短路电流。但一般情况下，不一定要在图中专门标出控制量所在处的端子。

独立电源是电路的"输入"，它表示外界对电路的作用，电路中电压和电流是由于独立电源起的"激励"作用产生的。受控源则不同，它反映的是电路中某处的电压或电流能控制另一处的电压或电流这一现象，或表示一处的电路变量与另一处的电路变量之间的一种耦合关系。在求解具有受控源的电路时，可以把受控电压（电流）源作为电压（电流）源处理，但必须注意前者的电压（电流）是取决于控制量的。

【例 1-5】　求图 1-23 所示电路中的电流 i，其中 VCVS 的电压 $u_2=0.5u_1$，理想电流源

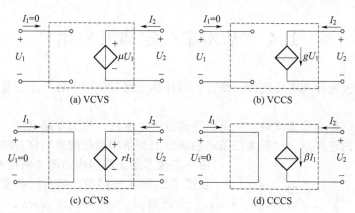

图 1-22　受控源

的 $i_S = 2A$。

解　先求出控制电压 u_1，从左边电路可得

$u_1 = 2A \times 5\Omega = 10V$，故有

$$i = \frac{0.5u_1}{2\Omega} = \frac{0.5 \times 10V}{2\Omega} = 2.5A$$

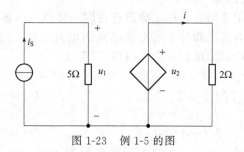

图 1-23　例 1-5 的图

【练习与思考】

1-3-1　绕线电阻是用电阻丝绕制而成的，它除具有电阻外，一般还有电感。有时我们需要一个无电感的绕线电阻，试问如何绕制？

1-3-2　如果一个电感元件两端的电压为零，其储能是否也一定等于零？如果一个电容元件中的电流为零，其储能是否也一定等于零？

1-3-3　电感元件中通过恒定电流时可视作短路，是否此时电感 L 为零？电容元件两端加恒定电压时可视作开路，是否此时电容 C 为无穷大？

1-3-4　各元件的电流、电压参考方向如图 1-24 所示，写出各元件 u 和 i 的约束方程（元件的 VCR）。

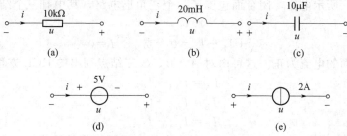

图 1-24　练习与思考 1-3-4 的图

1.4 基尔霍夫定律及应用

基尔霍夫电流定律和电压定律，是分析与计算电路时应用十分广泛而且十分重要的基本定律。

电路中的每一分支称为支路，一条支路通过一个电流，称为支路电流。

电路中支路的连接点（一般为三条或三条以上支路相连接的点）称为结点。

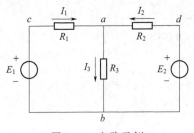

图 1-25　电路示例

由一条或多条支路构成的闭合路径称为回路。

在图 1-25 所示电路中，共有三条支路，两个结点 a 和 b，三个回路 $abca$、$adba$ 和 $adbca$。

电路中的电流和电压受到两类约束。一类是元件的特性造成的约束。例如，线性电阻元件的电压和电流必须满足 $u=iR$ 的关系。这种关系称为元件的组成关系或电压电流关系（VCR）。另一类是元件的相互连接给支路电流和支路电压之间带来的约束，这类约束由基尔霍夫定律体现。

1.4.1 基尔霍夫电流定律（KCL）

基尔霍夫电流定律应用于结点，用来确定连在同一结点上的各支路电流间的关系。在任一瞬时，流向某一结点的电流之和等于流出该结点的电流之和。这是因为电流具有连续性，电路中任何一点包括结点均不能堆积或产生电荷。

以图 1-25 所示电路为例，对结点 a（见图 1-26）可以写出

$$I_1+I_2=I_3 \tag{1-14}$$

或

$$I_1+I_2-I_3=0$$

即

$$\sum I=0 \tag{1-15}$$

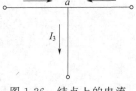

图 1-26　结点上的电流

说明：在任一瞬时，任一结点上电流的代数和恒等于零。如果规定按参考方向流向结点的电流取正号，则流出结点的电流取负号。

这就是基尔霍夫电流定律，式（1-14）和（1-15）是其两种形式的表达式。

计算的结果，有些支路电流的值可能为负值，那是由于所选的电流参考方向与其实际方向相反所致。

基尔霍夫电流定律可推广应用于包围部分电路的闭合面（"大结点"），即在任一瞬时，通过任一闭合面的电流的代数和也恒等于零。

如图 1-27(a) 所示电路，闭合面包围了一个三角形电路，其中有三个结点。对闭合面应用 KCL，可得

$$I_A+I_B+I_C=0 \quad 或 \quad \sum I=0$$

取流入闭合面的电流为正。这可由对 A、B、C 三结点列出的 KCL 方程

$$I_A=I_{AB}-I_{CA}$$
$$I_B=I_{BC}-I_{AB}$$
$$I_C=I_{CA}-I_{BC}$$

三式相加证明。（思考：I_A、I_B、I_C 三个电流有无可能都是正值？）

又如图 1-27(b) 所示，闭合面包围的是一个三极管，取流入闭合面的电流为正，同样

可得

$$I_E = I_B + I_C \quad \text{或} \quad I_B + I_C - I_E = 0$$

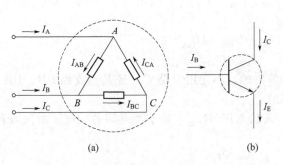

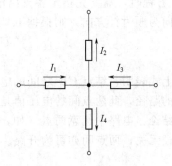

图 1-27　基尔霍夫电流定律的推广应用　　　　图 1-28　例 1-6 的图

【例 1-6】　在图 1-28 所示电路中，$I_1 = 2\text{A}$，$I_2 = 3\text{A}$，$I_3 = -2\text{A}$。求 I_4。

解　由基尔霍夫电流定律可列出

$$I_1 - I_2 + I_3 - I_4 = 0 \text{（或 } I_1 + I_3 = I_2 + I_4\text{）}$$

代入代数值

$$2 - 3 + (-2) - I_4 = 0 \text{（或 } 2 + (-2) = 3 + I_4\text{）}$$

从而解出　$I_4 = -3\text{A}$。"$-$"说明 I_4 的实际电流方向与图中所设参考方向相反。

式中有两套正负号，不同 I 前的正负号是由基尔霍夫电流定律按电流参考方向确定的，括号内数字前的正负号则是电流本身的正负（代数值）。

1.4.2　基尔霍夫电压定律（KVL）

基尔霍夫电压定律应用于回路，用来确定回路中各段电压间的关系。

从回路中的任意一点出发，以顺时针或逆时针方向沿回路循行一周，则在这个方向上，回路中所有电位降的代数和等于所有电位升的代数和。这是由于电路中任意一点的瞬时电位都是唯一的单值。

选图 1-25 所示电路中的 *adbca* 回路（如图 1-29 所示）为例，各电源电动势、电压和电流的参考方向均已给出，按虚线所示方向循行一周，根据各电压参考方向可列出

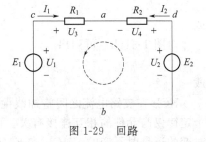

图 1-29　回路

$$U_2 + U_3 = U_1 + U_4 \tag{1-16}$$

将上式改写为

$$-U_1 + U_2 + U_3 - U_4 = 0$$

即　　　　　　　　　　　$$\sum U = 0 \tag{1-17}$$

就是，在任何时刻，沿回路某一方向（顺时针或逆时针）循行一周，则在这一方向上各段电压的代数和恒等于零。

式(1-17) 中的任意电压 U，如果（按循行方向）电位降取正号，则电位升就取负号。这就是基尔霍夫电压定律。

式(1-17) 取和时，需要任意指定一个回路的绕行方向，凡支路电压的参考方向与回路的绕行方向一致者，该电压前面取"+"号，反之电压前面取"$-$"号。

计算的结果，有的电压可能为负值（代数值），这就说明该电压的实际极性与其所设的

参考极性（方向）相反。

以图 1-30 所示电路为例，对由支路 AB、BC、CD、DA 构成的回路 $ABCDA$ 列写 KVL 方程时，需要先指定各支路电压 U_{AB}、U_{BC}、U_{CD}、U_{DA} 的参考方向，并指定回路的绕行方向为顺时针方向。则根据 KVL，有

$$U_{AB}+U_{BC}+U_{CD}+U_{DA}=0$$
$$U_{CD}=-U_{AB}-U_{BC}-U_{DA}$$

上式表明，结点 CD 之间的电压是单值的，不论沿支路 CD 还是沿支路 CB、BA、AD 构成的路径，此两点间的电压值是相等的。

结论：电路中任意两点（如 a、b）间的电压（U_{ab}）等于两点间各段电压的代数和，且与路径无关，两点间亦可为开路。即

$$U_{ab}=\sum U \tag{1-18}$$

上式是 KVL 的又一种表达形式。式中的 U 表示 a 到 b 之间的任意一段电压，其参考方向与由 a 到 b 点的循行方向相同时，电压前取正号，反之取负号。

KVL 实质上是电压与路径无关这一性质的反映。

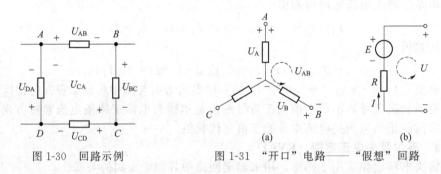

图 1-30　回路示例　　　　图 1-31　"开口"电路——"假想"回路

如图 1-31 所示电路，对图 1-31(a) 可列出

$$U_{AB}=U_A-U_B$$

或

$$\sum U=U_A-U_B-U_{AB}=0$$

对图 1-31(b) 可列出

$$U=-RI+E$$

或

$$\sum U=-RI+E-U=0$$

KCL 在支路电流之间施加线性约束关系；KVL 则对支路电压施加线性约束关系。这两个定律仅与元件的相互连接有关，而与元件的性质无关。不论元件是线性的还是非线性的，时变的还是时不变的，KCL 和 KVL 总是成立的。

【例 1-7】 图 1-30 电路中，已知 $U_{AB}=5V$，$U_{BC}=-4V$，$U_{DA}=-3V$。求 U_{CD} 和 U_{CA}。

解　据 KVL 可列出

$$U_{AB}+U_{BC}+U_{CD}+U_{DA}=0$$

可得

$$U_{CD}=-U_{AB}-U_{BC}-U_{DA}=-5-(-4)-(-3)=2(V)$$

又可列出

$$U_{CA}=-U_{BC}-U_{AB}=-(-4)-5=-1(V)$$

亦可据　　$U_{CA}=U_{CD}+U_{DA}$　或　$U_{CA}+U_{AB}+U_{BC}=0$ 求解。

1.4.3　基尔霍夫定律的基本应用

对一个电路应用 KCL 和 KVL 时，应对各结点和支路编号，并指定有关回路的绕行方向，同时指定各支路电流和支路电压的参考方向，一般两者取关联参考方向。

分析求解电路时，可以多次应用 KCL 和 KVL，有时还需要应用元件的 VCR。

【例 1-8】 在图 1-32 所示电路中，已知 $R_1=10\text{k}\Omega$，$R_2=20\text{k}\Omega$，$U_S=6\text{V}$，$E=6\text{V}$，$U=-0.3\text{V}$。试求 I_3、I_2 及 I_1。

解 应用 KVL 可列出

$$U=-R_2I_2+E$$

即

$$-0.3=-20I_2+6$$

可解得

$$I_2=0.315\text{mA}$$

又可列出

$$-R_2I_2+E+U_S-R_1I_1=0$$
$$-20\times0.315+6+6-10I_1=0$$

解得

$$I_1=0.57\text{mA}。$$

亦可列出 $U=R_1I_1-U_S$，解得 $I_1=0.57\text{mA}$。

应用 KCL 可列出

$$I_2=I_1+I_3$$

可得

$$I_3=I_2-I_1=0.315-0.57=-0.255(\text{mA})$$

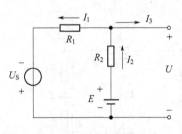

图 1-32 例 1-8 的电路

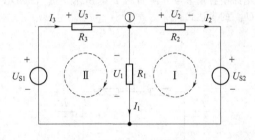

图 1-33 例 1-9 的图

【例 1-9】 图 1-33 所示电路中，电阻 $R_1=1\Omega$，$R_2=2\Omega$，$R_3=3\Omega$，$U_{S1}=3\text{V}$，$U_{S2}=1\text{V}$。求电阻 R_1 两端的电压 U_1。

解 对电路 I（绕行方向见图 1-33）应用 KVL，有

$$I_2R_2+U_{S2}-R_1I_1=0$$
$$2I_2+1-I_1=0 \tag{1}$$

对回路 II 应用 KVL，有

$$I_3R_3+R_1I_1-U_{S1}=0$$
$$3I_3+I_1-3=0 \tag{2}$$

对结点① 应用 KCL，有

$$I_1+I_2-I_3=0 \tag{3}$$

由方程（1）~（3）解出 $I_1=\dfrac{9}{11}\text{A}$

故

$$U_1=I_1R_1=\frac{9}{11}\times1=\frac{9}{11}=0.818(\text{V})$$

【例 1-10】 图 1-34 电路中，已知 $R_1=0.5\text{k}\Omega$，$R_2=1\text{k}\Omega$，$R_3=2\text{k}\Omega$，$u_S=10\text{V}$，电流控制电流源的电流 $i_C=50i_1$。求电阻 R_3 两端的电压 u_3。

解 这是一个含受控源的电路，求解过程应为 $i_1 \rightarrow i_C \rightarrow u_3$

可分以下三步进行：

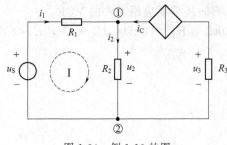

图 1-34 例 1-10 的图

(1) 对结点①应用 KCL：

$$i_2 = i_1 + i_C = i_1 + 50\,i_1 = 51\,i_1$$

(2) 对回路 I（绕行方向见图 1-34）应用 KVL：

$$i_1 R_1 + i_2 R_2 - u_S = 0$$

代入 i_2 式及 u_S、R_1、R_2，得

$$i_1 = \frac{10}{500 + 51 \times 10^3} = \frac{10}{51.5 \times 10^3} \ \text{(A)}$$

(3) 求出 u_3

$$u_3 = -i_C R_3 = -50\,i_1 R_3 = -50 \times \frac{10}{51.5 \times 10^3} \times 2 \times 10^3 = -19.4\,\text{(V)}$$

以上例题主要是为了说明 KCL 和 KVL 的应用。如何根据这两个定律和元件的 VCR 列出电路方程进而求解将在第 2 章中介绍。

【练习与思考】

1-4-1　在如图 1-35 所示电路中，已知 $I_1 = 1\text{A}$，$I_2 = 10\text{A}$，$I_3 = 2\text{A}$，求 I_4。

1-4-2　电路中各量参考方向如图 1-36 所示。选 $ABCDA$ 为回路循行方向，列回路的 KVL 方程，并写出 U_{AC} 的表达式。

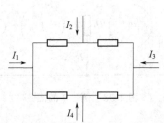

图 1-35　练习与思考 1.4.1 的图

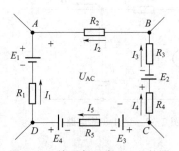

图 1-36　练习与思考 1-4-2 的图

1-4-3　在图 1-37 所示两个电路中，各有多少支路和结点？U_{ab} 和 I 是否等于零？

1-4-4　按图 1-38 中给出的 I,U 及 E 的参考方向写出两电路中表示三者关系的式子。

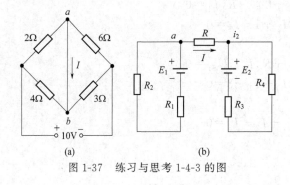

图 1-37　练习与思考 1-4-3 的图

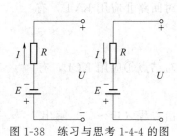

图 1-38　练习与思考 1-4-4 的图

1.5　电位的概念

在分析电子电路时，常用电位这个概念。譬如二极管，只有当它的阳极电位高于阴极电

位时，管子才导通，否则截止。分析三极管的工作状态，也常要分析各个极的电位高低。

两点间的电压表明了两点间电位的相对高低和相差多少，但不表明各点的电位是多少。要计算电路中某点的电位，就要先设立参考点。参考点的电位称参考电位，通常设其为零。其他各点电位与它比较，比它高的为正电位，比它低的为负电位。电路中各点电位就是各点到参考点之间的电压。故电位计算即电压计算。

参考点在电路图中标以"接地"（⊥）符号。所谓"接地"，并非真正与大地相接。以图 1-39 为例说明。

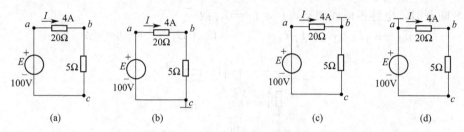

图 1-39 电位计算电路举例

在图 1-39(a) 中，由于无参考点，电位 V_a、V_b、V_c 无法确定。

图 1-39(b) 中选 c 为参考点，则 $V_c=0$，同时可得

$$V_a=U_{ac}=V_a-V_c=E=+100\text{V}$$

$$V_b=U_{bc}=V_b-V_c=5\times4=+20(\text{V})$$

图 1-39(d) 中选 a 为参考点，则 $V_a=0$，而

$$V_b=U_{ba}=-4\times20=-80(\text{V})$$

$$V_c=U_{ca}=-100\text{V}$$

由以上结果可以看出：电路中各点的电位随参考点选择的不同而改变，其高低是相对的；而任意两点间的电压是不变的，与参考点无关，是绝对的。图 1-39(c) 请读者自行分析。

图 1-39(b) 和图 1-39(d) 还可简化为图 1-40(a) 和图 1-40(b) 表示。电源的另一端标以电位值，使电路图得以简化。

【例 1-11】 计算图 1-41 所示电路中 B 点的电位 V_B。

解 将图 1-41(a) 的电路按前面的处理方法，即可得图 1-41(b)，以方便计算。

$$U_{AB}=V_A-V_B=\frac{V_A-V_C}{R_1+R_2}\times R_2=\frac{6-(-9)}{5+10}\times5=5(\text{V})$$

$$V_B=V_A-U_{AB}=6-5=+1(\text{V})$$

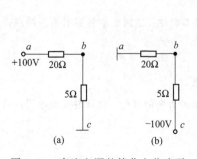

图 1-40 直流电源的简化电位表示

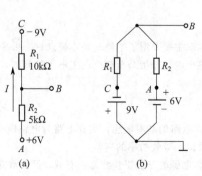

图 1-41 例 1-11 的图

【例 1-12】 在图 1-42 所示电路中，已知：$E_1 = 6V$，$E_2 = 4V$，$R_1 = 4\Omega$，$R_2 = R_3 = 2\Omega$。求开关 S 闭合和断开两种情况下 A 点的电位 V_A。

解 在 S 闭合时

$$I_1 = I_2 = \frac{E_1}{R_1 + R_2} = \frac{6}{4+2} = 1 \text{ (A)}, \quad I_3 = 0$$

故

$$V_A = R_3 I_3 - E_2 + I_2 R_2 = 0 - 4 + 2 \times 1 = -2 \text{ (V)}$$

或

$$V_A = R_3 I_3 - E_2 - I_1 R_1 + E_1 = 0 - 4 - 4 \times 1 + 6 = -2 \text{ (V)}$$

在 S 断开时，电路不形成回路，$I_3 = I_1 = 0$，故

$$V_A = R_3 I_3 - E_2 - I_1 R_1 + E_1 = -E_2 + E_1 = -4 + 6 = +2 \text{ (V)}$$

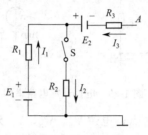

图 1-42 例 1-12 的图

【练习与思考】

1-5-1 如图 1-43 所示电路，①零电位参考点在哪里？画电路表示出来。②当电位 R_P 的触点向下滑动时，A，B 两点的电位增高还是降低了？

1-5-2 计算图 1-44 所示电路在开关 S 断开和闭合时 A 点的电位 V_A。

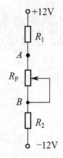

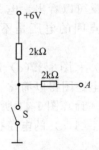

图 1-43 练习与思考 1-5-1 的图   图 1-44 练习与思考 1-5-2 的图

本章小结

本章主要介绍了电路的基本概念——参考方向，电路的基本定律：欧姆定律和基尔霍夫两定律。它们都是整个电路分析乃至整个电工电子的基础，务必很好地掌握。

本章知识点

① 电路的基本概念：实际电路与电路模型；电压、电流参考方向的概念、符号表示和作用；功率的定义和发出、吸收功率的判断。

② 电源的三种工作状态：有载、开路和短路。

③ 电路的基本定律：欧姆定律和基尔霍夫定律。

④ 电位的概念和计算。

习　题

1-1　说明图 1-45 两个电路中：①u、i 的参考方向是否关联？②ui 乘积表示什么功率？③如果在图 1-45(a) 中 $u>0$，$i<0$，图 1-45(b) 中 $u>0$、$i>0$，元件实际发出还是吸收功率？

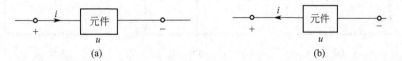

(a)　　　　　　　　　　　　　　　(b)

图 1-45　习题 1-1 的图

1-2　在图 1-46 所示电路中，已知 $I_1=3\text{mA}$，$I_2=1\text{mA}$，$I_3=-2\text{mA}$，$U_3=60\text{V}$。试标出 U_4 和 U_5 的实际极性及数值，说明电路元件 3 是电源还是负载，E_1 和 E_2 各做电源还是负载？检验整个电路的功率是否平衡。

1-3　有一直流电源，其额定功率 $P_N=200\text{W}$，额定电压 $U_N=50\text{V}$，内阻 $R_0=0.5\Omega$，通过开关与负载电阻 R 相连，如图 1-47 所示。试求：①额定工作状态下的电流 I_N 及 R；②开路状态下的电源端电压；③电源短路状态下的电流。

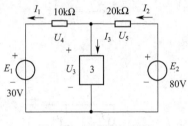

图 1-46　习题 1-2 的图

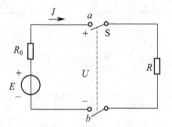

图 1-47　习题 1-3 的图

1-4　有一直流电源，其额定输出电压 $U_N=30\text{V}$，额定输出电流 $I_N=2\text{A}$，从空载到额定负载，其输出的电压变化率为 0.1%（即 $\Delta U=\dfrac{U_0-U_N}{U_0}=0.1\%$），求该电源的内阻。

1-5　一只 110V、8W 的指示灯，要接在 380V 的电源上，需串联多大阻值的电阻？该电阻应选多大瓦数的？

1-6　图 1-48 所示为用变阻器 R 调节直流电机励磁电流 I_f 的电路。已知电机励磁绕组的电阻为 315Ω，其额定电压为 220V。若要求励磁电流在 $0.35\sim0.7\text{A}$ 的范围内变动，试在下列三个变阻器中选用一个合适的：①$1000\Omega$、0.5A；②$200\Omega$、1A；③$350\Omega$、1A。

1-7　检验图 1-49 所示电路中所有元件的功率是否平衡。校核图中解答结果是否正确。

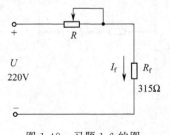

图 1-48　习题 1-6 的图

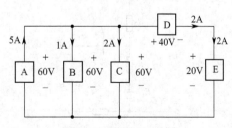

图 1-49　习题 1-7 的图

1-8　试求图 1-50 所示电路中各理想电压源、理想电流源、电阻的功率（说明是发出还是吸收功率）。

1-9　试求图 1-51 所示各电路中的 U，并分别讨论其功率是否平衡。

1-10　有两只电阻，其额定值分别为 40Ω、10W 和 200Ω、40W，若将两者串联起来，其两端允许可加的最高电压为多少？

1-11　求图 1-52 所示电路中 A 点的电位。

1-12　已知图 1-53 中 $I_1=0.01\text{A}$，$I_2=0.3\text{A}$，$I_5=9.61\text{A}$，求电流 I_3，I_4，I_6。

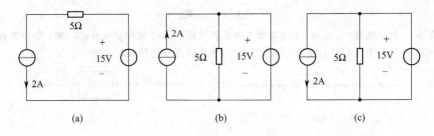

图 1-50 习题 1-8 的图

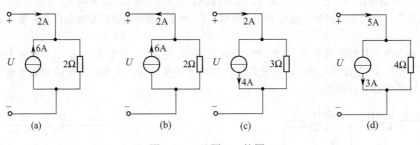

图 1-51 习题 1-9 的图

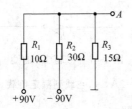

图 1-52 习题 1-11 的图

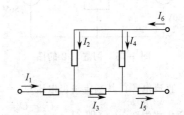

图 1-53 习题 1-12 的图

1-13 在图 1-54 所示电路中，已知 $U_1=10\text{V}$，$E_1=4\text{V}$，$E_2=2\text{V}$，$R_1=4\Omega$，$R_2=2\Omega$，$R_3=5\Omega$。求：1，2 两点间的开路电压 U_2。

1-14 求图 1-55 所示电路中 A 点的电位 V_A。

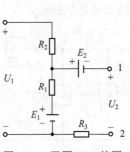

图 1-54 习题 1-13 的图

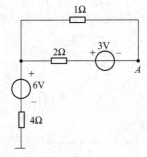

图 1-55 习题 1-14 的图

1-15 试求图 1-56 所示电路中 A 点和 B 点的电位。若将 A，B 两点直接相连或两点间接一电阻，对电路工作有无影响？

1-16 求图 1-57 所示电路在开关 S 断开和闭合两种情况下 A 点的电位。

1-17 已知 $U=100\text{V}$，$I=-2\text{A}$，求图 1-58 所示元件 $N_1 \sim N_4$ 是电源还是负载？各吸收和发出多少功率？

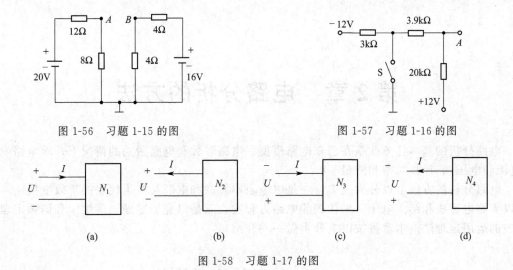

图 1-56　习题 1-15 的图　　　　　图 1-57　习题 1-16 的图

图 1-58　习题 1-17 的图

第 2 章　电路分析的方法

电路分析的基本任务就是在已知电路模型、电路参数和电路激励的情况下，求电路响应（电流和电压）、计算功率和能量等。

电路分析的方法可以分为三类：一是以电阻串并联和电源互换为代表的等效变换法；二是以支路电流法和结点电压法为代表的电路方程法；三是以叠加定理、戴维宁和诺顿定理为代表的运用定理法。本章将按以上分类做一一介绍。

2.1　电阻的串并联

2.1.1　等效变换的概念

如将一个电路人为分为 N_1（内电路）和 N（外电路）两部分，并且 N_1 和 N 都是二端网络。N_1 占电路中的大部分且无需求解任何响应；N 包括需要求解的那部分电路，甚至就是一个支路或元件。等效变换适合于所求电压和电流较少且非常集中的电路，并且按图 2-1 所示的图进行划分，得图 2-2 所示的二端网络。等效变换法是一种特定的方法，对有的电路适用，而对另一些电路就不适合。

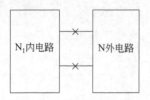

图 2-1　等效变换的概念

图 2-2　二端网络

等效：对两个二端网络 N_1 和 N_2 而言，其端电压 U 和端电流 I 的伏安特性完全相同，则称为等效。由于它们的端口伏安特性相同，所以它们对任意外部电路的影响完全相同。

将一个二端网络 N_1 用一个等效的二端口网络 N_2 代替，称为等效变换。借助等效变换，合并同类元件，甚至是不同类元件，从而简化电路。

2.1.2　电阻的串并联

这里从链接知识的角度，对电阻的串并联做一简介。

如果电路中有两个或更多的电阻串在同一支路上，流过相同的电流，则称为电阻串联，如图 2-3(a) 所示；如果电路中有两个或更多的电阻连接在两个公共结点之间，电阻上电压相同，则称电阻并联，如图 2-3(b) 所示。

串联电阻的分压公式

$$\begin{cases} U_1 = \dfrac{R_1}{R_1 + R_2} U \\ U_2 = \dfrac{R_2}{R_1 + R_2} U \end{cases}$$

$$(2\text{-}1)$$

式中，U_1、U_2、U 的参考方向要符合图 2-3(a) 的规定；否则，会在表达式前加负号。

并联电阻的分流公式

$$\begin{cases} I_1 = \dfrac{R_2}{R_1 + R_2} I \\[2mm] I_2 = \dfrac{R_1}{R_1 + R_2} I \end{cases} \tag{2-2}$$

式中，I_1、I_2、I 的参考方向要符合图 2-3(b) 的规定；否则，就在表达式前加负号。对于公式法而言，一定要明确各物理量参考方向的规定。

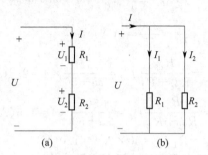

图 2-3　两电阻的串联和并联电路

【例 2-1】　判断图 2-4(a) 所示电路中电阻的连接关系。

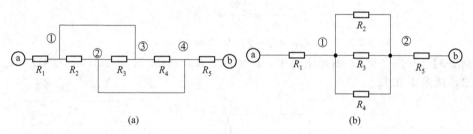

图 2-4　例 2-1 的电路

解　判断电阻的连接关系，要特别注意理想导线的连接作用。合并结点①和结点③，合并结点②和结点④，电阻 R_2、R_3 和 R_4 接在结点①和结点②之间，所以 R_2、R_3、R_4 并联，得到图 2-4(b) 电路，显然 R_2、R_3、R_4 并联后再与 R_1 和 R_5 串联。

【例 2-2】　图 2-5 所示的是用变阻器调节负载电阻 R_L 两端电压的分压电路。$R_L = 50\Omega$，电源电压 $U = 220V$，中间环节是变阻器。变阻器的规格是 100Ω、$3A$，把它平分为四段，用 a，b，c，d，e 等标出。试求滑动触点分别在 a，c，d，e 点时，负载和变阻器各段所通过的电流及负载电压，并就流过变阻器的电流与其额定电流比较来说明是否安全使用。

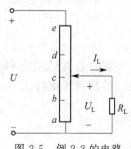

图 2-5　例 2-2 的电路

解　① 在 a 点：

$$U_L = 0, \quad I_L = 0$$

$$I_{ea} = \frac{U}{R_{ea}} = \frac{220}{100}A = 2.2(A)$$

② 在 c 点：等效电阻为

$$R' = \frac{R_{ca} R_L}{R_{ca} + R_L} + R_{ec} = \frac{50 \times 50}{50 + 50} + 50 = 25 + 50 = 75(\Omega)$$

25

$$I_{ec}=\frac{U}{R'}=\frac{220}{75}=2.93(\text{A})$$

$$I_L=I_{ca}=\frac{2.93}{2}=1.47(\text{A})$$

$$U_L=R_LI_L=50\times1.47=73.5(\text{V})$$

注意，这时滑动触点虽然在变阻器的中点，但是输出电压不等于电源电压的一半，而是 73.5V。

③ 在 d 点：$R'=\dfrac{R_{da}R_L}{R_{da}+R_L}+R_{ed}=\dfrac{75\times50}{75+50}+25=30+25=55(\Omega)$

$$I_{ed}=\frac{U}{R'}=\frac{220}{55}=4(\text{A})$$

$$I_L=\frac{R_{da}}{R_{da}+R_L}I_{ed}=\frac{75}{75+50}\times4=2.4(\text{A})$$

$$I=\frac{R_L}{R_{da}+R_L}I_{ed}=\frac{50}{75+50}\times4=1.6(\text{A})$$

$$U_L=R_LI_L=50\times2.4=120(\text{V})$$

因为 $I_{ed}=4\text{A}>3\text{A}$，$ed$ 段电阻有被烧毁的危险。

④ 在 e 点：$\qquad\qquad I_{ea}=\dfrac{U}{R_{ea}}=\dfrac{220}{100}=2.2(\text{A})$

$$I_L=\frac{U}{R_L}=\frac{220}{50}=4.4(\text{A})$$

$$U_L=U=220\text{V}$$

【例 2-3】　在图 2-6(a) 所示电路中，$E=6\text{V}$，$R_1=6\Omega$，$R_2=3\Omega$，$R_3=4\Omega$，$R_4=3\Omega$，$R_5=1\Omega$，试求 I 和 I_4。

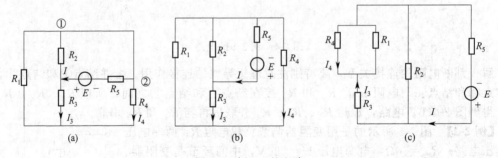

图 2-6　例 2-3 的电路

解　合并结点①和结点②，可得图 2-6(b)，进一步画出图 2-6(c) 电路。先求等效电阻，然后再求电流。

$$R_{eq}=(R_1/\!/R_4+R_3)/\!/R_2+R_5=3\Omega$$

$$I=\frac{E}{R_{eq}}=\frac{6}{3}=2(\text{A})$$

$$I_3=\frac{R_2}{R_2+(R_1/\!/R_4+R_3)}I=\frac{3}{2}\text{A}$$

$$I_4=-\frac{R_1}{R_1+R_4}I_3=-\frac{4}{9}\text{A}$$

2.1.3　电阻的 Y 形连接和△形连接的等效变换

在电路中有时会碰到有些电路元件之间的连接既非串联，也非并联。如图 2-7(a) 中，三个电阻都有一个端子连接在一起构成一个结点，另一个端子则分别与外电路相连这种连接方式称为 Y 连接（星形连接）；如图 2-7(b) 中，三个电阻的端子分别首尾相连，形成三个结点，再由这三个结点作为输出端与外电路相连，这种连接方式称为△连接（三角形连接）。

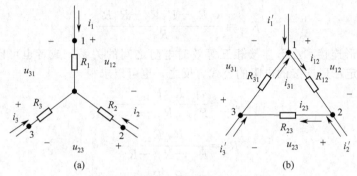

图 2-7　电阻的 Y 形连接和△形连接

对于 Y 形连接和△形连接电路，无法用电阻的串并联对其进行等效化简，但如果对于图 2-7，能在 R_1、R_2、R_3 构成的 Y 连接与 R_{12}、R_{23}、R_{31} 构成的△连接之间进行等效变化，这样就可以进一步通过简单的电阻的串并联对电路进行等效化简了。

电阻的 Y 形连接和△形连接都是通过三个端子与外电路相连的，如果能保证这三个端子 1、2 和 3 的电压 u_{12}、u_{23}、u_{31} 分别对应相等，流入这三个端子的电流 i_1、i_2、i_3 也分别对应相等，则由等效的概念可知，图 2-7 所示的 Y 形连接和△形连接相互等效。

对于△形连接的电路，如图 2-7(b) 所示，各电阻中流过的电流为

$$i_{12}=\frac{u_{12}}{R_{12}}, \quad i_{23}=\frac{u_{23}}{R_{23}}, \quad i_{31}=\frac{u_{31}}{R_{31}}$$

根据 KCL，端子电流为

$$\begin{cases} i_1'=i_{12}-i_{31}=\dfrac{u_{12}}{R_{12}}-\dfrac{u_{31}}{R_{31}} \\[2mm] i_2'=i_{23}-i_{12}=\dfrac{u_{23}}{R_{23}}-\dfrac{u_{12}}{R_{12}} \\[2mm] i_3'=i_{31}-i_{23}=\dfrac{u_{31}}{R_{31}}-\dfrac{u_{23}}{R_{23}} \end{cases} \tag{2-3}$$

对于 Y 形连接的电路，如图 2-7(a) 所示，由 KCL 和 KVL 可列出端子电流和电压之间的关系，方程为

$$i_1+i_2+i_3=0, \quad R_1 i_1-R_2 i_2=u_{12}, \quad R_2 i_2-R_3 i_3=u_{23}$$

对这三个方程联立求解，可得三个端子电流

$$\begin{cases} i_1=\dfrac{R_3 u_{12}}{R_1 R_2+R_2 R_3+R_3 R_1}-\dfrac{R_2 u_{31}}{R_1 R_2+R_2 R_3+R_3 R_1} \\[3mm] i_2=\dfrac{R_1 u_{23}}{R_1 R_2+R_2 R_3+R_3 R_1}-\dfrac{R_3 u_{12}}{R_1 R_2+R_2 R_3+R_3 R_1} \\[3mm] i_3=\dfrac{R_2 u_{31}}{R_1 R_2+R_2 R_3+R_3 R_1}-\dfrac{R_1 u_{23}}{R_1 R_2+R_2 R_3+R_3 R_1} \end{cases} \tag{2-4}$$

若要使这两种连接等效，则必须满足在任何时刻，当两种连接的对应端子之间分别具有相同的电压 u_{12}、u_{23}、u_{31} 时，流入对应端子的电流也应该相等，即有 $i_1=i_1'$，$i_2=i_2'$，$i_3=i_3'$

将式(2-3) 和式(2-4) 相比较，可得

$$\begin{cases} R_{12}=\dfrac{R_1R_2+R_2R_3+R_3R_1}{R_3} \\[3mm] R_{23}=\dfrac{R_1R_2+R_2R_3+R_3R_1}{R_1} \\[3mm] R_{31}=\dfrac{R_1R_2+R_2R_3+R_3R_1}{R_2} \end{cases} \tag{2-5}$$

式(2-5) 就是 Y 形连接和△形连接相互等效时电阻之间的关系，或者也可以认为是根据 Y 形连接的电阻确定△形连接的电阻的公式。反之，也可以求得

$$\begin{cases} R_1=\dfrac{R_{12}R_{31}}{R_{12}+R_{23}+R_{31}} \\[3mm] R_2=\dfrac{R_{23}R_{12}}{R_{12}+R_{23}+R_{31}} \\[3mm] R_3=\dfrac{R_{31}R_{23}}{R_{12}+R_{23}+R_{31}} \end{cases} \tag{2-6}$$

式(2-6) 就是根据△形连接的电阻确定 Y 形连接的电阻的公式。不难看出，上述等效互换公式可归纳为

$$Y\ 形电阻=\frac{△形相邻电阻的乘积}{△形电阻之和}$$

$$△形电阻=\frac{Y\ 形电阻两两乘积之和}{Y\ 形不相邻电阻}$$

当一种连接中的三个电阻相等时，等效成另一种连接的三个电阻也相等，且有

$$R_\triangle=3R_Y \quad 或 \quad R_Y=\frac{1}{3}R_\triangle$$

【**例 2-4**】 求如图 2-8 所示电桥电路的等效电阻。已知：$R_1=50\Omega$，$R_2=40\Omega$，$R_3=15\Omega$，$R_4=26\Omega$，$R_5=10\Omega$。

解 将图 2-8(a) R_1，R_2，R_5 构成的△形连接的电阻用 R_a，R_b，R_c 构成的 Y 形电阻来等效替代得到图 2-8(b)，其中，$R_a=\dfrac{R_1R_2}{R_1+R_2+R_5}=\dfrac{50\times40}{50+40+10}=20(\Omega)$

$$R_b=\frac{R_1R_5}{R_1+R_2+R_5}=\frac{50\times10}{50+40+10}=5(\Omega)$$

$$R_c=\frac{R_2R_5}{R_1+R_2+R_5}=\frac{40\times10}{50+40+10}=4(\Omega)$$

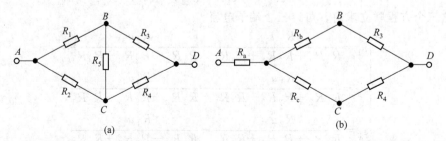

图 2-8 例 2-4 的图

然后用电阻的串并联等效方法，可得：

$$R_{AD} = (R_b + R_3) / / (R_c + R_4) + R_a = (5 + 15) / / (4 + 26) + 20 = 12 + 20 = 32(\Omega)$$

另一种方法是将 R_1，R_3，R_5 构成的 Y 形连接的电阻用△形电阻来等效替代，请读者自己来练习一下。

练习与思考

2-1-1　试估算图 2-9 的两个电路中的电流 I。

2-1-2　计算图 2-10 所示两电路中 a，b 间的等效电阻 R_{ab}。

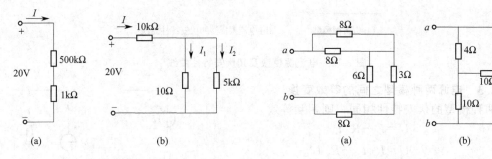

图 2-9　练习与思考 2-1-1 的图　　　　图 2-10　练习与思考 2-1-2 的图

2.2　电源的两种模型及其等效变换

一个实际电源可以用两种不同的电路模型来表示。一种是理想电压源与电阻串联的电压源模型；一种是理想电流源与电阻并联的电流源模型。

2.2.1　电压源模型

电压源模型是理想电压源 E 和内电阻 R_0 的串联，其伏安特性是

$$U = E - R_0 I \tag{2-7}$$

在伏安特性曲线图 2-11(b) 中，当 $I = 0$，$U = U_{OC} = E$（开路电压）；当 $U = 0$，$I = I_{SC}$（短路电流）$= \dfrac{E}{R_0}$。

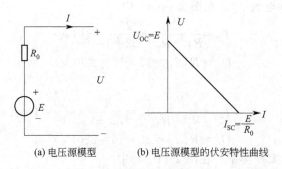

(a) 电压源模型　　　　(b) 电压源模型的伏安特性曲线

图 2-11　电压源模型及其伏安特性曲线

2.2.2　电流源模型

电流源模型是理想电流源 I_S 和内电阻 R_0 的并联，其伏安特性曲线为

$$I = I_S - \dfrac{U}{R_0} \tag{2-8}$$

其伏安特性曲线见图 2-12(b)，当 $I = 0$，$U_{OC} = R_0 I_S$；当 $U = 0$，$I_{SC} = I_S$。

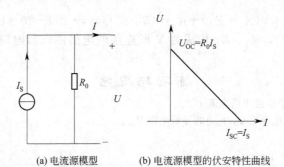

(a) 电流源模型　(b) 电流源模型的伏安特性曲线

图 2-12　电流源模型及其伏安特性曲线

2.2.3　电源两种模型之间的等效变换

当两种模型的伏安特性相同，则相互等效

$$\begin{cases} U = E - R_0 I \\ U = R_0 I_S - R_0 I \end{cases}$$

所以 $\qquad\qquad E = R_0 I_S \qquad\qquad\qquad (2\text{-}9)$

一般地说，一个电动势为 E 的理想电压源和电阻 R_0 串联的电压源模型，可以与一个理想电流源 I_S 和电阻 R_0 并联的电流源模型相互等效，如图 2-13 所示。条件是

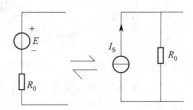

图 2-13　电压源模型与电流源模型的相互等效

$$E = R_0 I_S \quad \text{或} \quad I_S = \frac{E}{R_0}$$

但仍需注意 E 和 I_S 的参考方向。

在电压源模型中 $R_0 = 0$ 时，就是理想电压源，在直流电路中又称为恒压源；在电流源模型中 $R_0 = \infty$ 时，就是理想电流源，在直流电路中又称为恒流源。理想电压源和理想电流源之间不能相互转换，因为其电阻不相同。

【例 2-5】 有一直流发电机，$E = 230\text{V}$，$R_0 = 1\Omega$，当负载电阻 $R_L = 22\Omega$ 时，用电源的两种模型分别求电压 U_L 和电流 I_L，并计算 R_0 的电压、电流和功率。

解

① 计算电压 U_L 和电流 I_L。在图 2-14(a) 中

$$I_L = \frac{E}{R_L + R_0} = \frac{230}{22 + 1} = 10(\text{A})$$

$$U_L = R_L I_L = 22 \times 10 = 220(\text{V})$$

在图 2-14(b) 中

$$I_L = \frac{R_0}{R_0 + R_L} I_S = \frac{1}{22 + 1} \times \frac{230}{1} = 10(\text{A})$$

$$U_L = R_L I_L = 22 \times 10 = 220(\text{V})$$

② R_0 的电压、电流和功率。在图 2-14(a) 中

$$I_R = -I_L = -10\text{A}, \quad U_R = R_0 I_R = -10\text{V}, \quad P_R = U_R I_R = 100\text{W}$$

在图 2-14(b) 中

$$I_R = I_S - I_L = \frac{E}{R_0} - I_L = \frac{230}{1} - 10 = 220(\text{A})$$

$$U_R = U_L = 220\text{V}, \quad P_R = U_R I_R = 48400\text{W}$$

例 2-5 说明，电压源模型和电流源模型对外电路讲，是相互等效的，不论内电路采用何种模型，对 U_L 和 I_L 无影响，但是内电路中 R_0 的电压、电流和功率在不同模型中是不相同

的，即对内不等效。

【**例 2-6**】　讨论图 2-15 所示理想电压源、理想电流源和电阻两两串联或并联的等效电路。

解

图 2-15（a）和图 2-15（c）中，端口伏安特性都是 $U=E$，所以等效为一理想电压源 E；

图 2-15（b）中，端口伏安特性是 $I=I_S$，所以等效为理想电流源 I_S；

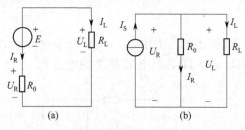

图 2-14　例 2-5 的图

图 2-15（d）中，端口伏安特性是 $I=I_{S1}+I_{S2}$，所以也等效为理想电流源。

等效电路分别为图 2-16（a）～图 2-16（c）。

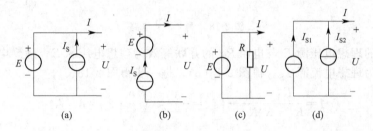

(a)　　　(b)　　　(c)　　　(d)

图 2-15　例 2-6 的电路

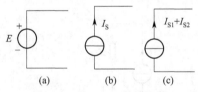

(a)　　(b)　　(c)

图 2-16　例 2-6 的等效电路

由理想电压源、理想电流源和电阻任意两两组合的串联和并联电路还有许多。除了理想电压源和电阻串联电路与理想电流源和电阻并联电路相互等效外，其余电路都等效为一个元件。尽管该等效前后都有两个元件，但它们的相互等效是化简内电路的主要途径。

【**例 2-7**】　试用电压源模型与电流源模型等效变换的方法求图 2-17（a）中 1Ω 电阻上的电流。

解　用等效变换求解电路，就是要简化内电路。内电路是一个二端网络，要从端口的另一侧开始，并且将电压源模型和电流源模型看成一个整体。如果要化简并联结构，应等效为电流源模型；如果要化简串联结构，应等效为电压源模型。

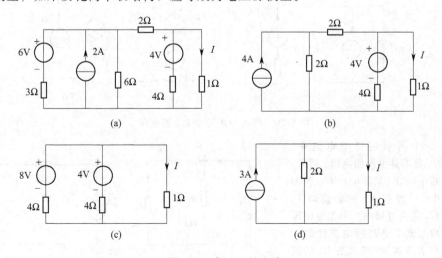

(a)　　　　　　　(b)

(c)　　　　　　　(d)

图 2-17　例 2-7 的电路

$$I = \frac{2}{1+2} \times 3 = 2 \text{(A)}$$

【例 2-8】 如图 2-18(a) 所示电路中，$E = 10\text{V}$，$I_S = 2\text{A}$，$R_1 = 1\Omega$，$R_2 = 5\Omega$，$R_3 = 10\Omega$，$R = 1\Omega$，求电阻 R 上的电流 I。

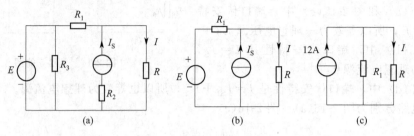

图 2-18　例 2-8 的电路

解　这里的理想电压源 E 与电阻 R_3 的并联等效为理想电压源 E；理想电流源 I_S 与 R_2 串联后仍等效为理想电流源 I_S。得图 2-18(b)，进一步得图 2-18(c)。

$$I = \frac{R_1}{R_1 + R}\left(\frac{E}{R_1} + I_S\right) = \frac{1}{1+1} \times \left(\frac{10}{1} + 2\right) = 6 \text{ (A)}$$

【练习与思考】

2-2-1　把图 2-19 的电压源模型和电流源模型互相转换。

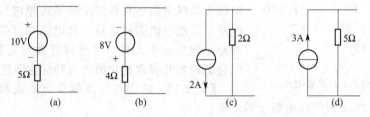

图 2-19　练习与思考 2-2-1 的电路

2-2-2　求图 2-20 电路中的等效电路。

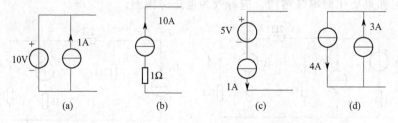

图 2-20　练习与思考 2-2-2 的电路

2-2-3　图 2-21 所示的两个电路中，①R_1 是不是电源的内阻？②R_2 中的电流 I_2 及其电压 U_2 各为多少？③改变 R_1 的阻值对 I_2 和 U_2 是否有影响？④理想电压源的电流 I 和理想电流源的电压 U 各为多少？⑤改变 R_1 的阻值对④中的 I 和 U 是否有影响？

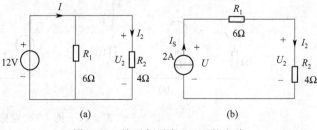

图 2-21　练习与思考 2-2-3 的电路

2.3　支路电流法

在物理中，已经学过用电阻串、并联和全电路欧姆定律来求解电路，可以称为公式法。但对更复杂的电路而言，该方法已经不适用了。因为电路中要么有多个电源，或尽管只有一个电源，但电路中的电阻却无法用串、并联等效来化简。所以就需要列写电路方程来求解电路。可以这样说，简单电路用公式法求解，而复杂电路则列方程来求解。列方程求解电路较其他两类方法，更具有普遍性。在本书中又以支路电流法最具代表性。

支路电流法，就是用支路电流为变量，应用基尔霍夫电压定律和电流定律列写 KCL、KVL 方程，并联立求解。

对于具有 n 个结点和 b 条支路的电路而言，可列写 $(n-1)$ 个独立的 KCL 方程，而且对任意 $(n-1)$ 个结点均可；可列写 $[b-(n-1)]$ 个独立的 KVL 方程，通常取单孔回路（或称网孔）。由于 KCL 方程和 KVL 方程之间彼此独立，所以共有 $(n-1)+b-(n-1)=b$ 个独立方程，而 b 条支路有 b 个支路电流变量。变量数与方程数相同。

用支路电流法的解题步骤如下：

① 确定电路的结点数 n 和支路数 b；

② 规定各支路电流的参考方向；

③ 对任意 $(n-1)$ 个结点列写 KCL 方程，方程中的变量就是支路电流；

④ 对 $[b-(n-1)]$ 个网孔列写 KVL 方程。电阻元件采用关联参考方向时 $U=RI$，电阻电压用支路电流表示；理想电压源的电压 U_S 是已知量；理想电流源的电压是方程的变量，但所在支路的电流是 I_S 已知，即减少了一个支路电流变量，同时电流源两端的电压为未知变量，应列入 KVL 方程中。

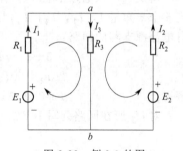

图 2-22　例 2-9 的图

⑤ 用求出的电流再求其余的电路响应，计算功率和能量。

【例 2-9】　在图 2-22 所示电路中，设 $E_1=10V$，$E_2=15V$，$R_1=1\Omega$，$R_2=2\Omega$，$R_3=1\Omega$，试求各支路电流并计算理想电压源发出的功率。

解　该电路有 2 个结点和 3 条支路，I_1，I_2，I_3 的参考方向如图 2-22 所示，列方程如下

$$I_1+I_2-I_3=0,\quad R_1I_1+R_3I_3-E_1=0,\quad R_2I_2+R_3I_3-E_2=0$$

解得 $I_1=3A$，$I_2=4A$，$I_3=7A$

$$P_{E1}=E_1I_1=10\times3=30(W)$$
$$P_{E2}=E_2I_2=15\times4=60(W)$$

由于两理想电压源是非关联参考方向，且大于零，所以是发出功率。

【例 2-10】　求图 2-23 所示电路中的 U_1I_2（支路中含有理想电流源的情况）。

注意：列写 KVL 方程时，理想电流源两端电压未知，这样的电路有两种处理方法：①增加未知量即理想电流源两端的电压。②选择避开理想电流源的回路列写 KVL 方程。

解法一　增补未知量 U_1，该电路中有 4 个结点和 6 条支路，规定 I，I_1，I_2，I_3，I_4 和 U_1 的参考方向如图 2-23 所示，列方程如下

$$-I_1-I_2+0.5=0$$

$$I+I_1-I_3=0$$
$$-I+I_2-I_4=0$$
$$-20I_1+U_I-20I_3=0$$
$$20I_2+30I_4-U_I=0$$
$$20I_3-30I_4-20=0$$

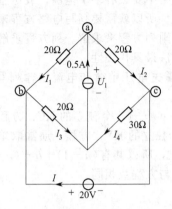

图 2-23 例 2-10 的图（1）

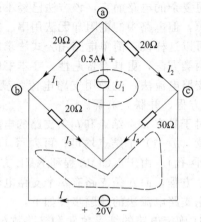

图 2-24 例 2-10 的图（2）

解得 $I=0.95$A，$I_1=-0.25$A，$I_2=0.75$A，$I_3=0.7$A，$I_4=-0.2$A；$U_I=9$V

解法二 该电路中有 4 个结点和 6 条支路，由于理想电流源所在支路电流已知，所以规定 5 个未知量 I，I_1，I_2，I_3，I_4 的参考方向如图 2-24 所示，列回路 KVL 方程时，避开含有电流源支路的回路：

$$0.5-I_1-I_2=0;\quad I_1+I-I_3=0;\quad I_2+I_4-I=0;$$
$$20I_2+30I_4-20I_3-20I_1=0;\quad 20I_3-30I_4-20=0$$

解得： $I=0.95$A，$I_1=-0.25$A，$I_2=0.75$A，$I_3=0.7$A，$I_4=-0.2$A

对 U_I 所在回路列写 KVL：$20I_2+30I_4-U_I=0$ 得 $U_I=9$V

【练习与思考】

2-3-1 图 2-22 所示的电路，是否可以列写三个 KVL 方程，或是两个 KCL 和一个 KVL 方程来求解支路电流？

2-3-2 对图 2-22 所示电路，下列各式是否正确？

$$I_1=\frac{E_1-E_2}{R_1+R_2}\qquad\qquad I_1=\frac{E_1-U_{ab}}{R_1+R_2}$$

$$I_2=\frac{E_2}{R_2}\qquad\qquad I_2=\frac{E_2-U_{ab}}{R_2}$$

2.4 结点电压法

结点电压法：以结点电压为未知量列方程分析电路的方法。本节要求掌握两个结点多条支路的电路中结点电压法方程的列写，其结点电压法方程本质就是对结点列写的 KCL 方程。

以例 2-11 的图为例，来推导结点电压公式。我们对题中 ⓐ 点列写 KCL 方程得

$$I_{S4}-I_1+I_2-I_3=0$$

$$I_{S4} - \frac{U_{ab}}{R_1} - \frac{U_{ab} - E_2}{R_2} - \frac{U_{ab} - E_3}{R_3} = 0 \tag{2-10}$$

对式（2-10）进行整理可得：$U_{ab} = \dfrac{I_{S4} + \dfrac{E_2}{R_2} + \dfrac{E_3}{R_3}}{\dfrac{1}{R_1} + \dfrac{1}{R_2} + \dfrac{1}{R_3}}$

由例题可以推导出对只有两个结点、多条支路并联的电路，其结点电压公式 U_{ab}

$$U_{ab} = \frac{\sum I_{Sk} + \sum \dfrac{E_k}{R_k}}{\sum \dfrac{1}{R_k}} \tag{2-11}$$

式中，I_{Sk} 表示理想电流源的电流，如果 I_{Sk} 流入结点ⓐ则 I_{Sk} 取正号，否则取负号；E_k 是与电阻串联的理想电压源的电压，当电压源电压与 U_{ab} 参考方向相同时，E_k/R_k 前取正号，否则取负号；分母的各项总取正号；R_k 是除理想电流源所在支路外各支路电阻的阻值。

在应用式（2-11）求结点电压时，应首先确定ⓐ，ⓑ结点。求出 U_{ab} 后，再应用基尔霍夫定律和元件电压、电流关系求出电路响应。

【例 2-11】 用结点电压法求图 2-25 所示电路的 U_{ab} 和 I_1、I_2、I_3。

解　现有 4 条支路，但只有两个结点ⓐ和ⓑ，套用结点电压方程得

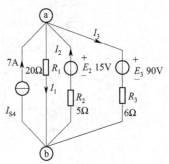

$$U_{ab} = \frac{I_{S4} + \dfrac{E_2}{R_2} + \dfrac{E_3}{R_3}}{\dfrac{1}{R_1} + \dfrac{1}{R_2} + \dfrac{1}{R_3}} = \frac{7 + \dfrac{15}{5} + \dfrac{90}{6}}{\dfrac{1}{20} + \dfrac{1}{5} + \dfrac{1}{6}} = 60\,(V)$$

$$I_1 = \frac{U_{ab}}{R_1} = \frac{60}{20} = 3\,(A); \qquad I_2 = \frac{E_2 - U_{ab}}{R_2} = \frac{15 - 60}{5} = -9\,(A)$$

$$I_3 = \frac{U_{ab} - E_3}{R_3} = \frac{60 - 90}{6} = -5\,(A)$$

图 2-25　例 2-11 的电路

【例 2-12】 用结点电压法求图 2-26 所示电路的 U_{ab} 和 I_1、I_2、I_3。

注意：图 2-26 中比图 2-25 增加了电阻 R，我们把与电流源串联的电阻称为"无效电阻"，列写结点电压方程时，不应把它列入方程中。

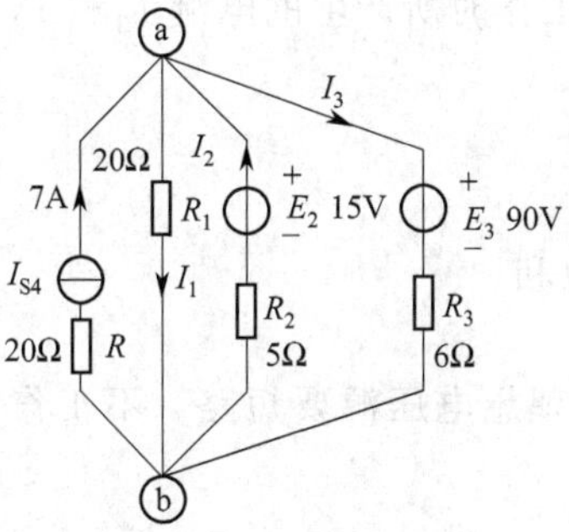

图 2-26　例 2-12 的图

解　列写结点电压方程

$$U_{ab} = \frac{I_{S4} + \dfrac{E_2}{R_2} + \dfrac{E_3}{R_3}}{\dfrac{1}{R_1} + \dfrac{1}{R_2} + \dfrac{1}{R_3}} = \frac{7 + \dfrac{15}{5} + \dfrac{90}{6}}{\dfrac{1}{20} + \dfrac{1}{5} + \dfrac{1}{6}} = 60\,(V)$$

$$I_1 = \frac{U_{ab}}{R_1} = \frac{60}{20} = 3\,(A); \qquad I_2 = \frac{E_2 - U_{ab}}{R_2} = \frac{15 - 60}{5} = -9\,(A)$$

$$I_3 = \frac{U_{ab} - E_3}{R_3} = \frac{60 - 90}{6} = -5\,(A)$$

结果和例 2-11 完全相同，分母中并不含有 $\dfrac{1}{R_1}$，这是我们列方程需要注意的地方。

结点电压法特别适合于支路多、结点少的电路。但本节的结点电压公式只适合于两结点

的电路，使用时受到一定的限制。

2.5 叠 加 定 理

电路定理是电路基本性质的体现。叠加定理是线性电路可叠加性的体现，并贯于线性电路的分析中。

叠加定理可表述为：在线性电路中，任何一条支路中的电流或电压都可以看成是由电路中各独立电源（理想电压源或理想电流源）单独工作时在该支路所产生的电流或电压的代数和。

叠加定理的正确性可用下例说明。

以图 2-27(a) 中的支路电流 I_3 为例，应用结点电压法先求出 U_{ab}，再求 I_3。

$$U_{ab} = \frac{\dfrac{E_1}{R_1} + I_S}{\dfrac{1}{R_1} + \dfrac{1}{R_3}} = \frac{R_3(E_1 + R_1 I_S)}{R_1 + R_3}$$

$$I_3 = \frac{U_{ab}}{R_3} = \frac{E_1 + R_1 I_S}{R_1 + R_3} = \frac{E_1}{R_1 + R_3} + \frac{R_1}{R_1 + R_3} I_S = I_3' + I_3''$$

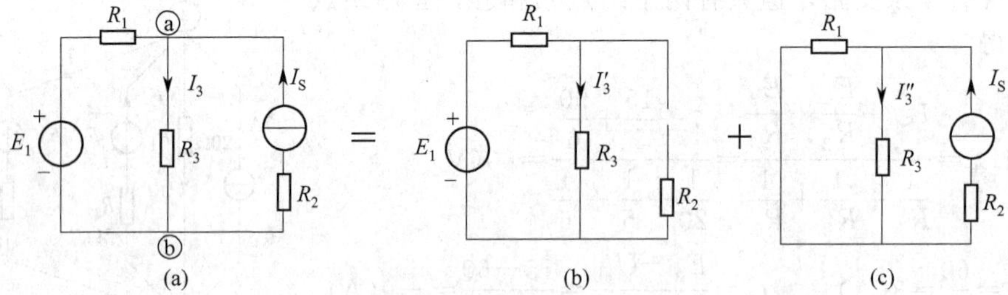

图 2-27 叠加定理的例子

I_3 可认为是由两个分量 I_3' 和 I_3'' 组成。其中 I_3' 是由 E_1 单独工作时产生的（理想电流源 I_S 置零），I_3'' 是由 I_S 单独工作时产生的（理想电压源 E_1 置零）。

而由图 2-27(b) 和图 2-27(c) 可分别求出 E_1 和 I_S 单独工作时所产生的电流 I_3' 和 I_3''

$$I_3' = \frac{E_1}{R_1 + R_3}, \quad I_3'' = \frac{R_1}{R_1 + R_3} I_S$$

与用结点电压求出的结果完全一致。

可见，原电路的响应为各电源单独工作时电路响应的代数和。

运用叠加定理求解电路的步骤如下。

① 画出原电路和各电源单独工作时的电路图，不工作的理想电压源要短路，不工作的电流源要开路，内电阻和受控源要保留。并规定参考方向。

② 分别求解各电源单独工作时的分量。

③ 将各分量求代数和。分量的参考方向与原电路的参考方向一致时取正，相反时取负。

注意：叠加定理只适用于线性电路，且只能求电压和电流响应，元件的功率不可采用叠加的方法求解。

当然，用叠加定理求解电路时，也可根据电路特点将理想电源分成若干组，分组求解，每组独立电源工作一次，然后叠加。

【例 2-13】 求图 2-28 所示电路中的 I 和 U。

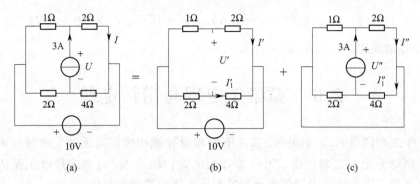

图 2-28　例 2-13 的电路

解　在图 2-28(b) 所示电路中

$$I'=\frac{10}{1+2}=\frac{10}{3}(\mathrm{A})；\qquad I_1'=\frac{10}{2+4}=\frac{5}{3}(\mathrm{A})；\qquad U'=2I'-4I_1'=2\times\frac{10}{3}-4\times\frac{5}{3}=0(\mathrm{V})$$

在图 2-28(c) 所示电路中

$$I''=\frac{1}{1+2}\times3=1(\mathrm{A})，\ I_1''=\frac{2}{2+4}\times3=1(\mathrm{A})，\ U''=2I''+4I_1''=6(\mathrm{V})$$

叠加，求代数和

$$I=I'+I''=\frac{10}{3}+1=\frac{13}{3}(\mathrm{A})，\ U=U'+U''=0+6=6(\mathrm{V})$$

如果该电路列写支路电流方程将有 6 个变量（方程），但用叠加定理求解时，只需用公式法便可求解。

【例 2-14】　求图 2-29 所示电路中的电压 u。

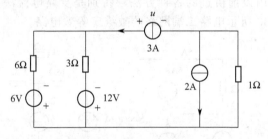

图 2-29　例 2-14 的图

解　① 如图 2-30 所示，3A 理想电流源单独作用：

$$u'=(6//3+1)\times3=9(\mathrm{V})$$

② 如图 2-31 所示，其余独立电源单独作用

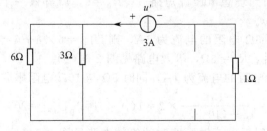

图 2-30　3A 电流源单独工作时的分电路

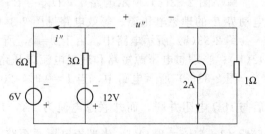

图 2-31　其余电源工作时的分电路

$$i''=(6-12)/(6+3)=-\frac{2}{3}(A), \quad u''=6i''-6+2\times1=-8(V)$$

③ 根据叠加定理：$u=u'+u''=9-8=1(V)$

2.6　戴维宁定理与诺顿定理

对于一个二端网络 N_1，如果 N_1 只由电阻和受控源构成，而无独立的理想电压源和理想电流源，则称为无源二端网络，可以等效为电阻；如果 N_1 内有理想电压源或理想电流源，则称为有源二端网络，可以用电压源模型或电流源模型来等效。

2.6.1　戴维宁定理

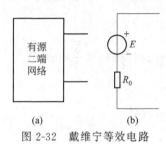

图 2-32　戴维宁等效电路

任何一个有源二端线性网络都可以用一个电动势为 E 的理想电压源和内阻 R_0 串联的电压源模型来等效。理想电压源的电动势等于有源二端网络的开路电压 U_{OC}；电压源模型的内电阻 R_0 等于有源二端网络中所有独立电源均除去（理想电压源短路，理想电流源开路）后所得无源二端网络的等效电阻。这就是戴维宁定理，如图 2-32 所示。

用戴维宁定理化简有源二端网络，称为求戴维宁等效电路。求戴维宁等效电路时，必须要求开路电压 U_{OC}。U_{OC} 是端电流 $I=0$ 时的端电压，且只能通过 KVL 方程求解。简单时，可以找到这样一个开口回路，该回路中除 U_{OC} 外的其余电压都已知，则 U_{OC} 便可得出。在选择回路时优先选择有理想电压源的支路，避开有理想电流源的支路，因为理想电流源两端的电压是未知的。若有电阻应先求出流过电阻的电流，求电流时可以用以前讲过的各种方法，特别是支路电流法。

【例 2-15】　求图 2-33 所示电路二端网络的戴维宁等效电路。

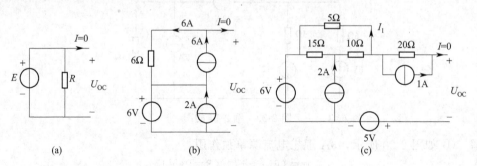

图 2-33　例 2-15 的电路

解　图 2-33(a) 所示电路中，$U_{OC}=E$；而当理想电压源短路后，$R_0=0$，就等效一个电动势 E 的理想电压源。等效电路见图 2-34(a)。

图 2-33(b) 所示电路中，由于 $I=0$，所以 6Ω 电阻的电流为 6A，则 $U_{OC}=6\times6+6=42(V)$；当理想电压源短路和理想电流源开路后，$R_0=6\Omega$，等效电路见图 2-34(b)。

图 2-33(c) 所示电路中，当 $I=0$ 时，20Ω 电阻的电流为 1A，同时 5Ω 与 10Ω 电阻串联后与 15Ω 电阻并联，而并联总电流为 2A，$I_1=\dfrac{15}{15+(10+5)}\times2=1(A)$，所以 $U_{OC}=20\times1+5\times1+6-5=26(V)$；当理想电压源短路和理想电流源开路时的等效电路见图 2-34(c)，$R_0=20+5//(10+15)=24\dfrac{1}{6}(\Omega)$。等效电路图见图 2-34(d) 所示。以上各题中，等效理

想电压源 E 的参考极性与 U_{OC} 的参考极性应相同。

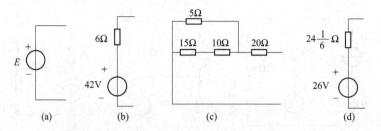

图 2-34　例 2-15 的等效电路

求出戴维宁等效电路后，就可用戴维宁定理求解电路。该方法求解电路的步骤如下：

① 将整个电路划分为内、外电路，需要求解的部分作为外电路，不需要求解的部分作为内电路；

② 求内电路的戴维宁等效电路；

③ 将等效电路与外电路联立求解。

【例 2-16】　用戴维宁定理求图 2-35 所示电路的电流 I_G。

解　内电路如图 2-35(b) 所示，由于 $I = 0$，所以 R_1 和 R_2 串联，R_3 和 R_4 也串联，并且都接在理想电压源 E 上。

$$I_1 = \frac{E}{R_1 + R_2} = \frac{12}{5+5} = 1.2(A)\ ;\quad I_3 = \frac{E}{R_3 + R_4} = \frac{12}{10+5} = 0.8(A)$$

$$E' = U_{OC} = -R_1 I_1 + R_3 I_3 = -5 \times 1.2 + 10 \times 0.8 = 2(V)$$

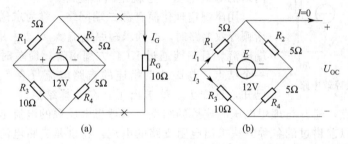

图 2-35　例 2-16 的电路

将理想电压源 E 短路，求等效电阻 R_0，如图 2-36(a) 所示。

$$R_0 = R_1 /\!/ R_2 + R_3 /\!/ R_4 = \left(\frac{5 \times 5}{5+5} + \frac{5 \times 10}{5+10}\right) = 5.83(\Omega)$$

最后由等效电路求出 I_G，如图 2-36(b) 所示。

$$I_G = \frac{E}{R_0 + R_G} = \frac{2}{5.83 + 10} = 0.126(A)$$

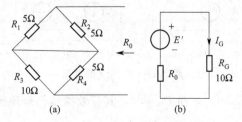

图 2-36　例 2-16 的等效电路

【例 2-17】 用戴维宁定理求图 2-37 所示电路的电流 I。

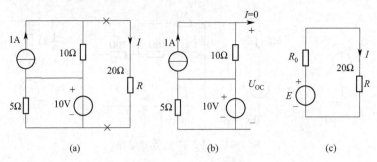

图 2-37 例 2-17 的电路

解 内电路如图 2-37(b) 所示，由于 $I=0$，所以 $E=U_{OC}=1\times 10+10=20(\mathrm{V})$，将理想电压源短路和理想电流源开路后，得 $R_0=10\Omega$。

将戴维宁等效电路和外电路联立求解，如图 2-37(c) 所示，所以

$$I=\frac{E}{R_0+R}=\frac{20}{10+20}=\frac{2}{3}(\mathrm{A})$$

2.6.2 诺顿定理

任何一个有源二端线性网络都可以用一个电流为 I_S 的理想电流源和电阻 R_0 并联的电流源模型来等效。理想电流源的电流 I_S 就是有源二端网络的短路电流。电流源模型的内电阻 R_0 等于有源二端网络中所有独立电源均除去后的无源二端网络的等效电阻。这就是诺顿定理。

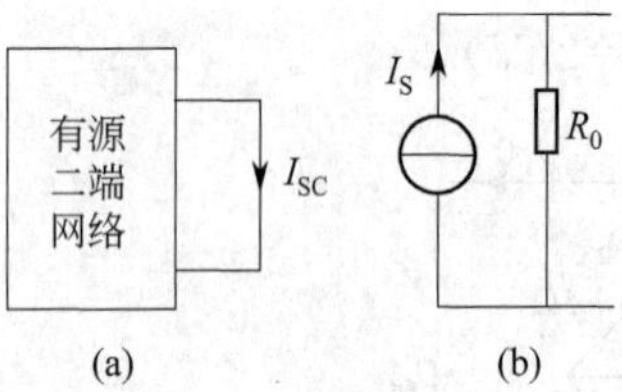

用诺顿定理化简有源二端网络，称为求诺顿等效电路。求诺顿等效电路时，必须求短路电流 I_{SC}。I_{SC} 是端电压 $U=0$ 的端电流，且只能通过 KCL 方程求解。简单时，可以找到这样一个结点，与该结点相连的支路电流只有 I_{SC} 未知，其余都已知，这样 I_{SC} 就求出了。在选择结点时，优先选择与理想电流源连接的结点，避开与理想电压源连接的结点，因理想电压源的电流是未知的。若有电阻支路，应先用以前讲过的各种方法求出电阻支路的电流，特别是支路电流法。求等效内电阻 R_0 与求戴维宁等效电阻相同。应注意的是图 2-38(a) 中的 I_{SC} 与图 2-38(b) 中 I_S 的参考方向对应关系。

图 2-38 诺顿等效电路

【例 2-18】 求图 2-39 所示电路虚线内部分二端网络的诺顿模型。

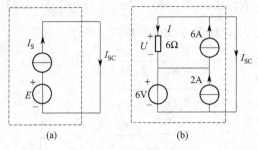

图 2-39 例 2-18 的电路

解 图 2-39(a) 中，$I_{SC}=I_S$，而 $R_0=\infty$，其等效模型仍是理想电流源 I_S，如图 2-40(a) 所示。

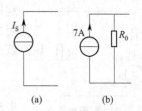

图 2-40　例 2-18 的等效电路

图 2-39(b) 中，求 I_{SC} 时，$U+6=0$，$U=-6V$，$I=\dfrac{U}{6}=-1(A)$，所以 $I_{SC}=6-I=6-(-1)=7(A)$；而 $R_0=6\Omega$，等效电路如图 2-40(b) 所示。

求出诺顿等效电路后，就可用等效电路求解电路。其步骤与戴维宁定理求解电路相似，只需将步骤中戴维宁等效电路改成诺顿等效电路即可。

【例 2-19】　用诺顿定理求图 2-35 所示电路的 I_G。

解　在图 2-41(a) 电路中，R_1 与 R_3 并联再串联 R_2 与 R_4 的并联，得 I、I_1、I_2

$$I=\frac{E}{(R_1\parallel R_3)+(R_2\parallel R_4)}=\frac{12}{5.83}=2.06(A)$$

$$I_1=\frac{R_3}{R_1+R_3}I=\frac{10}{5+10}\times 2.06=1.37(A)$$

$$I_2=\frac{R_4}{R_2+R_4}I=\frac{5}{5+5}\times 2.06=1.03(A)$$

$$I_S=I_{SC}=I_1-I_2=0.34(A)$$

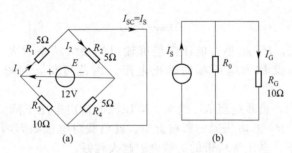

图 2-41　例 2-19 的电路

R_0 与例 2-16 相同，$R_0=5.83(\Omega)$

最后，由图 2-41(b) 求出

$$I_G=\frac{R_0}{R_0+R_G}I_S=\frac{5.83}{5.83+10}\times 0.345=0.126(A)$$

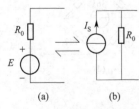

图 2-42　两种模型的相互等效

一个有源二端网络既有戴维宁等效电路，又有诺顿等效电路。两者是可以相互等效的。如图 2-42(a) 戴维宁电路的短路电流 $I_{SC}=\dfrac{E}{R_0}$；同样图 2-42(b) 诺顿电路的开路电压 $U_{OC}=R_0 I_S$。

其等效关系是 $E=R_0 I_S$ 或 $I_S=\dfrac{E}{R_0}$。

也就是说，只需求出开路电压、短路电流和等效电阻中的任意两个，就可求出戴维宁和诺顿两种等效电路。

本节的重点是戴维宁定理，对诺顿定理可一般掌握。

2.6.3　负载获得最大功率的条件

在一个线性有源二端网络的输出端子上，接上不同的负载时，负载将从该网络上获得不同的功率。例如，在扩音机的输出端子上，接入不同阻值的扬声器，扬声器将发出不同音量的声音，说明不同阻值的扬声器从扩音机上获得的音频信号的功率不同。

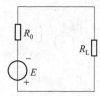

图 2-43 理想电压源与电阻串联模型

利用戴维宁定理，可将像扩音机这样的设备等效为一个理想电压源与电阻的串联模型。若该电压源模型上接有负载电阻 R_L 如图 2-43 所示，该负载从电压源模型上获得的功率为

$$P_L = I_L^2 R_L = \left(\frac{E}{R_0 + R_L}\right)^2 R_L \tag{2-12}$$

由式（2-12）可知，P_L 是 R_L 的函数，即 $P_L = f(R_L)$。当 $R_L = 0$ 时（相当于负载短路的情况），$P_L = 0$；当 $R_L = \infty$ 时（相当于负载开路的情况），$P_L = 0$。一个两头函数值都是 0，中间函数值大于 0 的曲线是一个上凸的曲线，上凸的曲线有最大值点，在最大值点上，负载将从电压源模型上获得最大功率。

根据求极值的方法，可推导出负载获得最大功率的条件

$$\frac{dP_L}{dR_L} = \frac{(R_0 + R_L)^2 - 2(R_0 + R_L)R_L}{(R_0 + R_L)^4}E^2 = \frac{R_0 - R_L}{(R_0 + R_L)^3}E^2 = 0$$

要想使上式等于 0，$R_0 - R_L$ 必须为 0，所以负载获得最大功率的条件是：

$$R_0 = R_L \tag{2-13}$$

获得的最大功率为

$$P_{Lmax} = \frac{E^2}{4R_0} \tag{2-14}$$

由式（2-12）可知，R_0 越小，电压源能够输出的最大功率越大，说明电压源带负载的能力越强，R_0 通常又称为电压源的输出电阻。由此可得，对电压源来说，R_0 越小越好。

由上面的讨论可知，负载电阻 R_L 越大，电压源的输出电压下降的越小，R_L 从电压源上吸收的功率也越小，R_L 对电压源的影响就小。就负载对电压源影响程度的大小而言，在保证正常工作的前提下，电压源所带的负载电阻越大越好。

【练习与思考】

2-6-1 分别应用戴维宁定理和诺顿定理求图 2-44 所示各电路的两种等效模型。

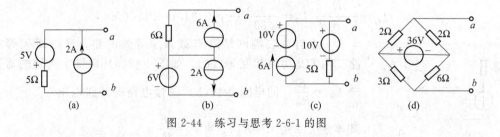

图 2-44 练习与思考 2-6-1 的图

2-6-2 分别应用戴维宁定理和诺顿定理计算图 2-45 所示电路中流过 8kΩ 电阻的电流。

图 2-45 练习与思考 2-6-2 的图

2.7　受　控　源

受控（电）源又称为"非独立"电源。受控电压源的电压或受控电流源的电流与独立电压源的电压或独立电流源的电流有所不同，后者是独立量，前者则受电路中某部分电压或电流的控制。

晶体三极管的集电极电流受基极电流控制，运算放大器的输出电压受输入电压控制，所以这类器件的电路模型要用到受控电源。

受控电压源或受控电流源因控制量是电压或电流可分为电压控制电压源（VCVS）、电压控制电流源（VCCS）、电流控制电压源（CCVS）和电流控制电流源（CCCS）。这四种受控源的图形符号见图 2-46。为了与独立电源相区别，用菱形符号表示其电源部分。图中 U_1 和 I_1 分别表示控制电压和控制电流，μ、γ、g 和 β 分别是有关的控制系数，其中 μ 和 β 是无量纲的常数，γ 和 g 分别具有电阻和电导的量纲。这些系数为常数时，被控制量和控制量成正比，这种受控源为线性受控源（简称受控源）。

在图 2-46 中把受控源表示为具有四个端子的电路模型，其中受控电压源或受控电流源具有一对端子，另一对端子则或为开路，或为短路，分别对应于控制量是开路电压或短路电流。但一般情况下，不一定要在图中专门标出控制量所在处的端子。

独立电源是电路的"输入"，它表示外界对电路的作用，电路中电压和电流是由于独立电源起的"激励"作用产生的。受控源则不同，它反映的是电路中某处的电压或电流能控制另一处的电压或电流这一现象，或表示一处的电路变量与另一处的电路变量之间的一种耦合关系。在求解具有受控源的电路时，可以把受控电压（电流）源作为电压（电流）源处理，但必须注意前者的电压（电流）是取决于控制量的。

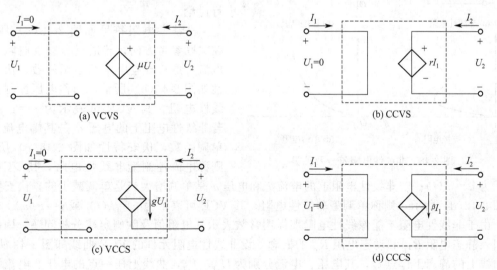

图 2-46　受控源

【例 2-20】　求图 2-47 所示电路中电流 i，其中 VCVS 的电压 $u_2=0.5u_1$，理想电流源的 $i_S=2A$。

解　先求出控制电压 u_1，从左边电路可得

$$u_1=2\times5=10(V),$$

故有
$$i = \frac{0.5u_1}{2} = \frac{0.5 \times 10}{2} = 2.5(A)$$

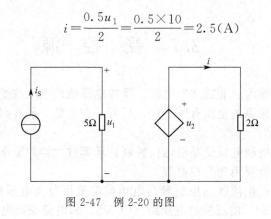

图 2-47 例 2-20 的图

2.8 非线性电阻电路的分析

在前面几节中讨论的都是线性电路，它们是电路分析的核心内容。本节将对简单的非线性电阻电路进行分析，重点介绍求解非线性电阻的电路的图解分析法。分析非线性电阻电路的基本依据仍然是 KCL、KVL 和元件的 VCR。由于非线性电阻元件上的电压与电流之间的关系是 u-i 平面上一条过原点的曲线。不同的非线性电阻，其特性曲线不同，因此可以按照非线性电阻特性曲线的特点对他们进行分类。通常非线性电阻可分为压控、流控及单调型三种类型。下面分别进行讨论。

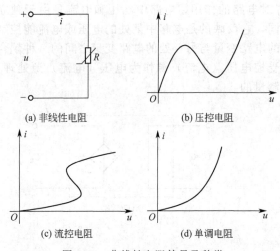

(a) 非线性电阻 (b) 压控电阻

(c) 流控电阻 (d) 单调电阻

图 2-48 非线性电阻符号及种类

非线性电阻符号如图 2-48（a）所示，在关联参考方向，若通过非线性电阻上的电流 i 是其端电压 u 的单调函数，伏安特性如图 2-48（b）所示，则称电压控制型非线性电阻，其 VCR 可表示为 $i = g(u)$；若非线性电阻上的电压 u 是其端电流 i 的单调函数，伏安特性如图 2-48（c）所示，则称电流控制型非线性电阻，其 VCR 可表示为 $u = f(i)$；若非线性电阻上的电流 i 和电压 u 是单调增大或是单调减少的，伏安特性如图 2-48（d）所示，则称单调型非线性电阻，其 VCR 可表示为 $u = f(i)$ 或 $i = g(u)$。

由于非线性电阻不能像线性电阻那样用常数表示其电阻值及欧姆定律分析问题，因此通常引入静态电阻 R_Q 和动态电阻 R_d 的概念。设非线性电阻元件的 VCR 曲线如图 2-49 所示，对曲线上的静态工作点 Q，其电压、电流分别为 U_Q、I_Q，曲线上任一点的电压、电流可表示为：$u = U_Q + \Delta u$，$i = I_Q + \Delta i$。

其静态电阻 R_Q 定义为静态工作点电压与电流的比值，即 $R_Q = \dfrac{U_Q}{I_Q} = \tan\alpha$。

动态电阻 R_d 定义为静态工作点 Q 附近的电压增量 Δu 与电流增量 Δi 之比的极限值，即

$$R_d = \lim_{\Delta i \to 0} \frac{\Delta u}{\Delta i} = \frac{\mathrm{d}u}{\mathrm{d}i} = \tan\beta$$

从数学上看，动态电阻 R_d 的集合意义是 VCR 曲线在静态工作点切线斜率的倒数。在一般情况下，非线性电阻的静态电阻是正值，动态电阻可能是正值也可能是负值。一个非线性电阻元件的动态电阻的正或负是由其伏安特性及静态工作点的位置决定的。

一般来说，线性电路的分析方法对非线性电路是不适用的。可是由于基尔霍夫定律只与网络的结构有关，而与网络中元件的性质无关，因此基尔霍夫定律仍然是分析非线性网络的依据。当非线性电阻元件的伏安特性用曲线形式描述时，使用图解分析方法进行分析较为方便。图解分析法包括曲线相交法和曲线相加法。

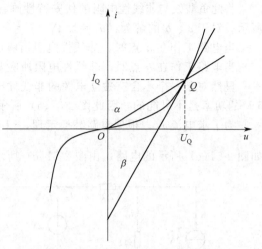

图 2-49　非线性电阻元件的 VCR 曲线

（1）曲线相交法

非线性电路如图 2-50(a) 所示，可以把原电路看成由两个一端口网络组成，一个一端口网络为电路的线性部分，另一个一端口网络为非线性部分。

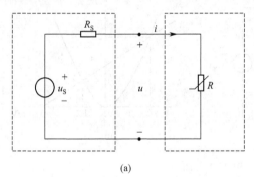

（a）

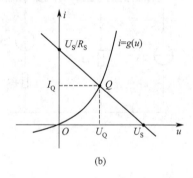

（b）

图 2-50　非线性电路举例

在如图 2-50(a) 所示的参考方向下，线性部分的 VCR 为：$u = u_S - R_S i$。

将 $i = g(u)$ 代入得：$u = u_S - R_S g(u)$，即 $u + R_S g(u) = u_S$。上式为非线性方程。除非 $g(u)$ 是一个简单的函数，否则要用凑试法（Trial and Error）才能求得解答。通常，当 $i = g(u)$ 用曲线表示时，可用图解法求解。设非线性电阻的伏安特性 $i = g(u)$ 在 u-i 平面上的曲线如图 2-50(b) 所示。在同一平面上，画出线性部分的 VCR 曲线，则两曲线交于 Q 点，Q 点的坐标值 (U_Q, I_Q) 即为非线性方程式 $u + R_S g(u) = u_S$ 的解。交点 Q 通常称为非线性元件的"工作点"，图中线性部分的 VCR 直线称为"负载线"，因为从非线性元件的角度来看，线性部分是它的负载。所以上述方法通常也称为"负载线法"。

在求得端口电压 U_Q 和电流 I_Q 后，就可用电压为 U_Q 的理想电压源或电流为 I_Q 的理想电流源置换非线性元件的部分（替代定理）从而求得线性单口网络内部的电压和电流。

【例 2-21】 在如图 2-51(a) 所示的非线性电阻电路中，R 是压控型非线性电阻，其伏安特性曲线为 $i = g(u)$，试求 R 所消耗的功率及 i_1 的值。

解　用戴维宁定理将图 2-51(a) 所示电路转化成如图 2-51(b) 所示的等效电路，其中 $U_{OC} = 3\mathrm{V}$；$R_0 = 2\Omega$，线性部分的端口特性为：$u = 3 - 2i$。

将此负载线与非线性电阻的伏安特性画在同一坐标平面中交于 a、b 两点，如图 2-51(d) 所示。对于 a、b 的解为：$u_a = 1.2\text{V}$，$i_a = 0.9\text{A}$，$u_b = -2\text{V}$，$i_b = 2.5\text{A}$。

当电路工作在 a 点时，非线性电阻所吸收的功率为 $P_a = u_a i_a = 1.2 \times 0.9 = 1.08\text{(W)}$。

当电路工作在 b 点时，非线性电阻所吸收的功率为 $P_b = u_b i_b = -2 \times 2.5 = -5\text{(W)}$。

显然对于一个不含有独立电源的非线性电阻元件，要在如图 2-51(a) 所示的电路中发出 5W 的功率是不可能的，因此图 2-51(a) 所示电路不可能工作在 b 点。

为了求电流 i_1，根据电路替换定理，以 1.2V 的理想电压源置换非线性电阻元件，得到如图 2-51(c) 所示的电路。由图 2-51(c) 所示电路可以求出：$i_1 = 2 + \dfrac{u_a}{2+2} = 2.3\text{(A)}$。

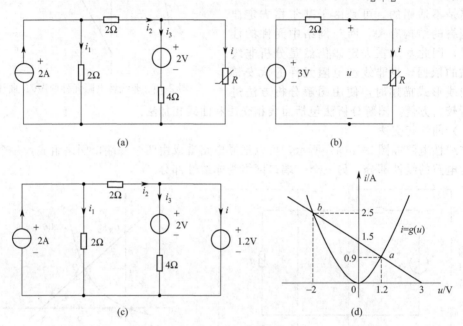

图 2-51 例 2-21 的图

（2）曲线相加法

在一般情况下，非线性元件的 VCR 通常以曲线给出，当求含有非线性元件的电路特性时，常利用非线性电阻伏安特性曲线，逐点相加以获得含非线性电阻电路的等效伏安特性，这种图解法称为曲线相加法。曲线相加法还可推广应用于多个非线性电阻的串联或并联。

在图 2-52(a) 所示电路中，非线性电阻 R 的伏安特性曲线如图 2-52(b) 所示，要求用曲线表示总电压 u 和总电流 i 的约束关系。

首先求含有非线性电阻 R 支路的伏安特性曲线，这条支路中的 R，R_1，u_S 是串联的，流过的是同一电流 i_1，因此在相同电流的情况下，有 $u = u_0 + u_1 + u_S$，因为该支路中有非线性电阻 R，所以 u 和 i_1 不是线性关系，因此必须根据各元件的伏安特性曲线，在同一电流条件下将电压相加，才能得到该支路的伏安特性曲线。R 的伏安特性曲线为 $i_1 = i_1(u_0)$；R_1 的伏安特性曲线为 $i_1 = \dfrac{u_1}{R_1}$；电压源的伏安特性曲线为 $u_S = $ 常量，将它们分别画在图中，取不同的电流值 i_1，对其电压相加，得到图中伏安特性曲线 $i_1 = i_1(u)$。其次，因为线性电阻 R_2 与含非线性电阻 R 的支路是并联的，所以在同一电压下两支路中电流相加就是总电

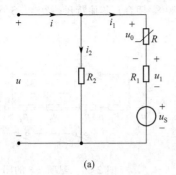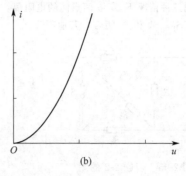

图 2-52　含非线性电阻的电路

流，即 $i=i_1+i_2=i_1(u)+\dfrac{u}{R_2}$，要找到总电压 u 和总电流 i 的关系，需要将上式中的两条曲线在同一电压下取电流和，依次作图就可得出含非线性电阻元件二端网络的伏安特性 $i=g(u)$，如图 2-53 所示。

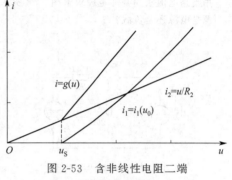

以上分析表明，若干元件串联，要得到这条支路的伏安特性曲线，则应在同一电流条件下将各元件电压相加，便可得到伏安特性曲线上的一点，依次作图可得到伏安特性曲线；若有并联支路，欲求伏安特性曲线，则应在同一电压条件下

图 2-53　含非线性电阻二端
网络的伏安特性

将各元件电流相加，便可得到伏安特性曲线上的一点，依次作图可得到伏安特性曲线。

本章小结

本章介绍了电路分析的三类方法，在电路方程法中重点掌握支路电流法求解电路的步骤，了解两结点的结点电压公式；理解等效的概念，掌握电源变换求解电路的方法；正确理解叠加定理、戴维宁定理和诺顿定理，重点掌握用叠加定理、戴维宁定理分析电路的基本步骤，了解诺顿定理分析电路的步骤。

本章知识点

① 等效的概念，电阻的串、并联分析；独立电源的串并联等效；电源的两种模型及其相互等效及应用等效变换求解电路。

② 支路电流法列写电路方程的步骤。

③ 两结点的结点电压公式。

④ 叠加定理和用叠加定理求解电路的步骤。

⑤ 戴维宁和诺顿定理及应用两定理求解电路的步骤和最大功率传输条件。

习　题

2-1　有一无源二端电阻网络（图 2-54），通过实验测得：当 $U=10\text{V}$ 时，$I=2\text{A}$；并已知该电阻网络由四个 3Ω 电阻构成，试问这四个电阻是如何连接的？

2-2　在图 2-55 中，$R_1=R_2=R_3=R_4=300\Omega$，$R_5=600\Omega$，试求开关 S 断开和闭合时 a 和 b 之间的等效电阻。

2-3　图 2-56 所示的是直流电动机的一种调速电阻，它由四个固定电阻串联而成。利用几个开关的闭合和断开，可以得到多种电阻值。设四个电阻都是 1Ω，

图 2-54　习题 2-1 的图

试求在下列三种情况下 a，b 两点间的电阻值：①S_1 和 S_5 闭合，其他断开；②S_2，S_3 和 S_5 闭合，其他断开；③S_1，S_3 和 S_4 闭合，其他断开。

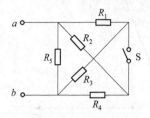

图 2-55　习题 2-2 的图

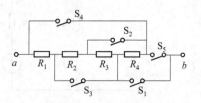

图 2-56　习题 2-3 的图

2-4　用结点电压法求图 2-57 所示电路中理想电流源的端电压、功率及各电阻上所消耗的功率。

2-5　用支路电流法和叠加定理求解图 2-58 所示电路中的 I、I_1、U_S；判断 20V 理想电压源和 5A 理想电流源是电源还是负载？

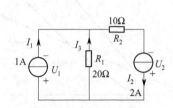

图 2-57　习题 2-4 的图

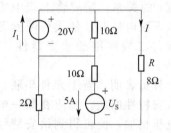

图 2-58　习题 2-5 的图

2-6　试用电压源模型与电流源模型相互等效的方法求图 2-59 所示电路中的电流 I。

2-7　图 2-60 所示电路中，已知 $E_1=15V$，$E_2=13V$，$E_3=4V$，$R_1=R_2=R_3=R_4=1\Omega$，$R_5=10\Omega$。用电压源模型与电流源模型相互等效的方法求电流 I_5。

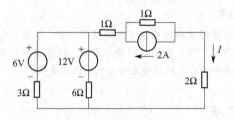

图 2-59　习题 2-6 的图

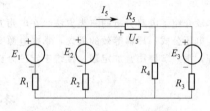

图 2-60　习题 2-7 的图

2-8　用支路电流法、叠加定理和戴维宁定理求图 2-61 所示电路中的 R_4 上的电流。

2-9　用叠加定理、诺顿定理求图 2-62 所示电路中的 U，并计算理想电流源的功率。

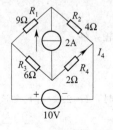

图 2-61　习题 2-8 的图

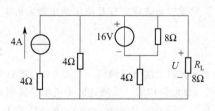

图 2-62　习题 2-9 的图

2-10　用支路电流法、叠加定理和戴维宁定理求图 2-63 所示电路中 1Ω 电阻上的电流。

2-11　用戴维宁定理和诺顿定理求图 2-64 所示电路中电阻 R_L 上的电流 I_L。

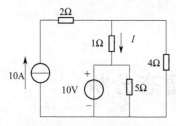

图 2-63　习题 2-10 的图

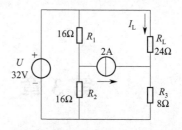

图 2-64　习题 2-11 的图

2-12　图 2-65 所示的电路中，$I_S = 2A$，$U_1 = 10V$，$U_2 = 20V$，$R = 4\Omega$，试求电流 I。

2-13　用戴维宁定理和诺顿定理求图 2-66 电路中的 I_3。

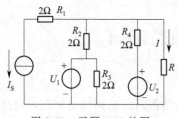

图 2-65　习题 2-12 的图

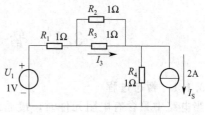

图 2-66　习题 2-13 的图

2-14　试用支路电流法求解图 2-67 中各支路电流。

2-15　分别用支路电流法和结点电压法计算图 2-68 中各支路电流。

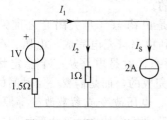

图 2-67　习题 2-14 的图

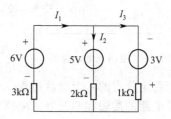

图 2-68　习题 2-15 的图

2-16　将图 2-69 中各电路等效为最简单的形式。

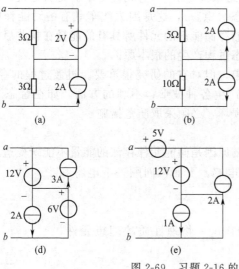

(a)　　　　　(b)　　　　　(c)

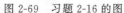

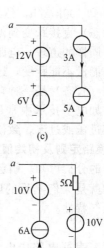

(d)　　　　　(e)　　　　　(f)

图 2-69　习题 2-16 的图

第3章　电路的暂态分析

前面讨论的都是直流电路的稳态分析方法，本章主要讨论电路的暂态分析。首先讨论暂态分析的基本概念和电感、电容两种基本元件，然后介绍电容和电感的充放电规律，最后归纳出一阶电路暂态分析的三要素法。

3.1　暂态过程及换路定则

3.1.1　暂态过程

当电路中只含有电阻元件时，接通或断开电源，电路都瞬间达到稳定状态，但当电路中

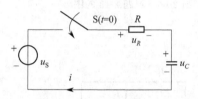

图 3-1　RC 电路充电示意图

有电感元件或电容元件时，电路接通或断开，不会瞬间达到稳定状态。如图 3-1 所示，当开关闭合时，电容处于充电，其上的电压是逐渐增大到稳定值的，电路中有充电电流，是逐渐衰减到零的。

这个变化过程，是由稳态（开关闭合之前）到暂态（电容充电过程），再到稳态（充电完成，电压、电流不再变化）。因此，所谓暂态，就是电路从一个稳定状态变化到另一个稳定状态的一个过渡过程，这个过程不是瞬间完成的，而是需要一定时间的。

除了电路的接通和断开外，电路暂态还可以由短路、电压改变或参数改变等原因产生。通常把上述电路工作状态发生变化统称为换路。那么换路之后为什么会产生暂态呢？可以先看个实际的例子，一辆汽车以 200km/h 的速度行驶，如果想停下来，踩下刹车后汽车从 200km/h 减小到 100km/h，然后减小到 50km/h……直到停下来。也就是说，汽车不可以从高速运动（稳态）直接跃变到停止状态（稳态），这是因为汽车具有的动能释放（暂态）需要一定时间。同样的道理，电路中能够存储能量的元件所具有的能量在换路后也不能在瞬间释放，也就是能量不能跃变，这是暂态过程产生的根本原因。

过渡过程（暂态）是一种自然现象，但对它的研究很重要。过渡过程的存在有利有弊。有利的方面，如电子技术中常用它来产生各种波形；不利的方面，如在暂态过程发生的瞬间，可能出现过压或过流，致使设备损坏，必须采取防范措施。

3.1.2　换路定则及初始值的确定

通过上节的分析可知，引起暂态的原因是储能元件存储的能量不能跃变造成的。这里所说的储能元件就是人们熟悉的电容和电感，下面再回顾一下电容和电感的主要电气特性。

（1）电容

电容是用来表征电路中电场能储存这一物理性质的理想元件，如图 3-2 所示。其参数

$$C = \frac{q}{u} \qquad (3-1)$$

图 3-2　理想电容元件

50

称为电容。式中，q 的单位为 C；u 的单位为 V；C 的单位为 F。当电容两端的电压发生变化时，则在电路中引起电荷的移动，形成电流。电流和电压的关系为

$$i = C \frac{\mathrm{d}u}{\mathrm{d}t} \tag{3-2}$$

上式是在 u、i 的参考方向相同的情况下得出的，否则要加一负号。它是电容元件的电流、电压关系式，是分析电容元件的基本依据。

当电容元件两端加恒定的直流电压时，则由上式可知，$i = 0$，此时电容元件可视为开路。

当电压和电流随时间变化时，它们的乘积称为瞬时功率，也是随时间变化的。在 $0 \sim t$ 时间范围内：

$$W = \int_0^t ui\,\mathrm{d}t = \int_0^u Cu\,\mathrm{d}u = \frac{1}{2}Cu^2 \tag{3-3}$$

上式表明 $\frac{1}{2}Cu^2$ 就是电容元件的电场能量。当电容元件上电压增高时，电场能量增大，此时电容取用能量（充电）；当电压降低时，电场能量减小，电容向电源放还能量（放电）。电容元件不消耗能量，是储能元件。

（2）电感

电感是描述线圈通有电流时产生磁场、储存磁场能量性质的理想元件。如图 3-3 所示，其参数

$$L = N \frac{\Phi}{i} \tag{3-4}$$

称为电感。式中，磁通 Φ 的单位是 Wb；i 的单位是 A；电感 L 的单位 H。

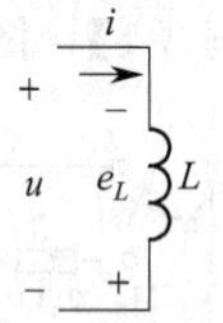

当电感元件中磁通 Φ 或电流 i 发生变化时，则在电感元件中产生的感应电动势为

图 3-3 理想电感元件

$$e_L = -N \frac{\mathrm{d}\Phi}{\mathrm{d}t} = -L \frac{\mathrm{d}i}{\mathrm{d}t} \tag{3-5}$$

由 KVL 得

$$u = -e_L = L \frac{\mathrm{d}i}{\mathrm{d}t} \tag{3-6}$$

当线圈中的电流为直流时，磁通 $\frac{\mathrm{d}\Phi}{\mathrm{d}t} = 0$，$\frac{\mathrm{d}i}{\mathrm{d}t} = 0$，$e_L = 0$，此时电感线圈可视为短路。

当电压和电流随时间变化时，它们的乘积称为瞬时功率，也是随时间变化的。在 $0 \sim t$ 时间范围内：

$$W = \int_0^t ui\,\mathrm{d}t = \int_0^i Li\,\mathrm{d}i = \frac{1}{2}Li^2 \tag{3-7}$$

即电感将电能转换为磁场能储存在线圈中，当电流增大时，磁场能增大，电感元件从电源取用电能；当电流减小时，磁场能减小，电感元件向电源放还能量。电感元件不消耗能量，是储能元件。

（3）换路定则及初始值确定

通常把引起电路工作状态发生变化的诸因素统称为换路。以图 3-1 为例，设开关在 $t = 0$ 时闭合（换路），闭合之前电路处于稳态，闭合之后电路变为暂态，时间趋向于无穷大时电路又处于稳态。也就是说，换路过程是稳态和暂态的连接点。

可以设 $t = 0$ 为换路瞬间，$t = 0_-$ 为换路前的终了瞬间，$t = 0_+$ 为换路后的初始瞬间，

$t=0_-$ 和 $t=0_+$ 都等于 0，但前者是 t 从负值趋近于 0，后者是从正值趋近于 0。很明显，$t=0_-$ 时刻电路处于稳态，$t=0_+$ 时刻电路已经处于暂态，是暂态的初始瞬间，$t=\infty$ 时刻电路又达到稳态。本节所要研究的就是 $t=0_-$ 时刻、$t=0_+$ 时刻和 $t=\infty$ 时刻电路的响应。

① $t=0_-$ 时刻和 $t=\infty$ 时刻：电路处于稳态，可以利用前几章所学的电路的各种分析方法求解电路中各部分电压和电流，电感线圈可视为短路，电容元件可视为开路。不同的是前者是换路之前的稳态，后者是换路之后的稳态。

② $t=0_+$ 时刻：电容和电感都是储能元件，它们具有的能量不能跃变，也就是说 $\frac{1}{2}Cu_C^2$ 和 $\frac{1}{2}Li_L^2$ 在 $t=0$ 时（包含 $t=0_-$ 时刻和 $t=0_+$ 时刻）不能跃变，即

$$\frac{1}{2}Cu_C^2(0_-)=\frac{1}{2}Cu_C^2(0_+)，\frac{1}{2}Li_L^2(0_-)=\frac{1}{2}Li_L^2(0_+)$$

化简可得

$$u_C(0_-)=u_C(0_+) \tag{3-8}$$
$$i_L(0_-)=i_L(0_+) \tag{3-9}$$

式(3-8) 和式(3-9) 称为换路定则，用来确定电路暂态过程的初始值。

对于电阻元件来说，它不存储能量，因此电阻上的电压和流经电阻的电流不存在换路定则。

【例 3-1】 图 3-4 中，已知 K 在 "1" 处停留已久，在 $t=0$ 时合向 "2"，求 $t=0_+$ 时刻 i、i_1、i_2、u_C、u_L 的值。

解 求 $t=0_+$ 时刻的电路各响应，可首先求解 $t=0_-$ 时刻（稳态）的 $u_C(0_-)$ 和 $i_L(0_-)$，再利用换路定则求解 $t=0_+$ 时刻各响应的值。$t=0_-$ 时刻的电路见图 3-5，由于是稳态，电感线圈可视为短路，电容元件可视为开路。

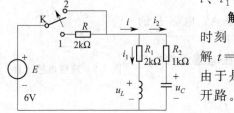

图 3-4 例 3-1 的图

可得 $i_L(0_-)=i_1(0_-)=\dfrac{E}{R+R_1}=1.5\text{mA}$，$u_C(0_-)=$ $i_1(0_-)\times R_1=3\text{V}$，根据换路定则，$u_C(0_-)=u_C(0_+)=3\text{V}$，$i_L(0_-)=i_L(0_+)=1.5\text{mA}$，因此在 $t=0_+$ 时刻（仅在此时刻）电感相当于理想电流源，电容相当于理想电压源。

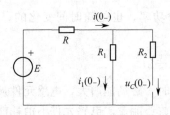

图 3-5 例 3-1 $t=0_-$ 时刻的电路图

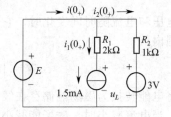

图 3-6 例 3-1 $t=0_+$ 时刻的电路图

$t=0_+$ 时刻等效电路见图 3-6。可见：

$$i_1(0_+)=i_L(0_+)=1.5\text{mA}，i_2(0_+)=\frac{E-u_C(0_+)}{R_2}=3\text{mA}$$

$$i(0_+)=i_1(0_+)+i_2(0_+)=4.5\text{mA}，u_L(0_+)=E-i_1(0_+)\times R_1=3\text{V}$$

【练习与思考】

3-1-1　电阻元件和直流电源接通时，有没有过渡过程？

3-1-2　什么叫换路？画出两个以上电路的换路例子。

3-1-3　根据换路定则，可否得出 $u_L(0_-) = u_L(0_+)$ 和 $i_C(0_-) = i_C(0_+)$ 的结论？

3-1-4　在图 3-7 中，已知 $R = 2\Omega$，电压表的内阻为 $2.5\text{k}\Omega$，电源电压 $U = 4\text{V}$。试求开关 S 断开瞬间电压表两端的电压。换路前电路已处于稳态。

3-1-5　已知电路如图 3-8 所示，开关闭合之前，电路已经工作了很长时间。其中 $U_S = 12\text{V}$，$R_1 = 4\text{k}\Omega$，$R_2 = 2\text{k}\Omega$。求开关闭合后的电容电压初始值及各个支路的电流初始值。

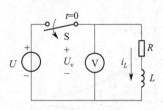

图 3-7　练习与思考 3-1-4 图

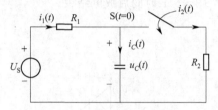

图 3-8　练习与思考 3-1-5 图

3.2　RC 电路的响应

在分析 RC 电路暂态规律之前，首先给出求解动态电路的基本步骤：

① 分析电路情况，得出待求响应的初始值；

② 根据基尔霍夫定律列写电路方程；

③ 解微分方程，得出待求量。

可见，无论电路的阶数如何，初始值的求取、电路方程的列写和微分方程的求解是解决动态电路的关键。

3.2.1　RC 电路的零输入响应

所谓 RC 电路的零输入响应，即电路在无激励的情况下，由电容元件本身释放能量的一个放电过程，如图 3-9 所示。换路前，开关 S 是合在位置 2 上，电源对电容充电。在 $t = 0$ 时刻，开关从位置 2 合到位置 1，使电路脱离电源，输入信号为零。此时，电容已储有能量，其上电压初始值 $u_C(0_+) = U$，于是电容经过电阻 R 开始放电。

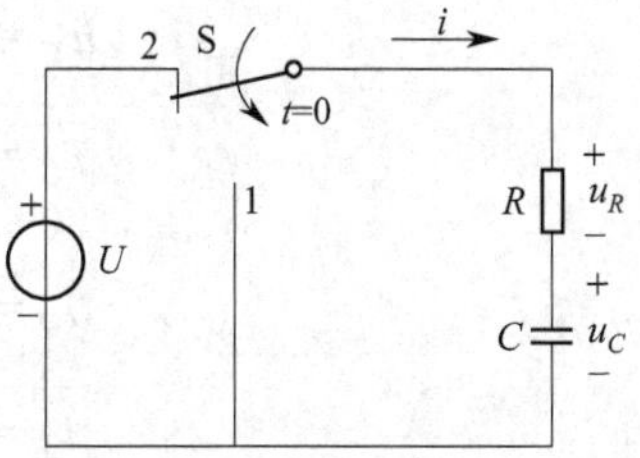

根据 KVL 得

$$RC \frac{\mathrm{d}u_C}{\mathrm{d}t} + u_C = 0 \qquad (3\text{-}10)$$

式中

$$i = C \frac{\mathrm{d}u_C}{\mathrm{d}t}$$

图 3-9　RC 放电电路

式（3-10）为一阶线性齐次微分方程，其通解为 $A\mathrm{e}^{pt}$ 的形式，代入得 $RCp + 1 = 0$，则 $p = -\dfrac{1}{RC}$，通解变为 $u_C = A\mathrm{e}^{-\frac{t}{RC}}$。下一步要求定积分常数 A，根据换路定则，$t = 0_+$ 时，$u_C(0_+) = A = U$，则

$$u_C = U\mathrm{e}^{-\frac{t}{RC}} = u_C(0_+)\mathrm{e}^{-\frac{t}{\tau}} \quad (t \geqslant 0) \qquad (3\text{-}11)$$

电容电压 u_C 从初始值按指数规律衰减，衰减的快慢由 RC 决定。

53

放电电流
$$i_C = C\frac{\mathrm{d}u_C}{\mathrm{d}t} = -\frac{U}{R}\mathrm{e}^{-\frac{t}{RC}} \tag{3-12}$$

电阻电压
$$u_R = Ri_C = -U\mathrm{e}^{-\frac{t}{RC}} \tag{3-13}$$

u_C、u_R、i 的变化曲线如图 3-10 所示。时间常数 $\tau = RC$（单位为 s），决定电路暂态过程变化的快慢，通常称为 RC 电路的时间常数。τ 越大，变化越慢。当 $t = \tau$ 时，$u_C = U\mathrm{e}^{-1} = 36.8\%U$，所以时间常数等于电容电压衰减到初始值 U 的 36.8% 所需的时间。时间 $t \to \infty$ 时，电容电压趋近于零，放电过程结束，电路处于另一个稳态。而在工程中，常常认为电路经过 $(3 \sim 5)\tau$ 时间后放电结束。

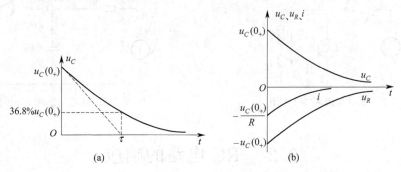

图 3-10　u_C、u_R、i 的变化曲线

【例 3-2】　电路如图 3-11 所示，开关闭合前电路已处于稳态，在 $t = 0$ 时，将开关闭合，试求 $t \geqslant 0$ 时的电压 u_C 和电流 i_C、i_1 及 i_2。

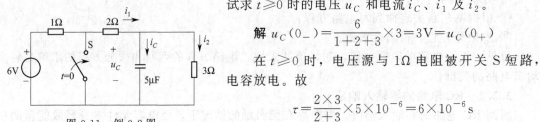

图 3-11　例 3-2 图

解　$u_C(0_-) = \dfrac{6}{1+2+3} \times 3 = 3\mathrm{V} = u_C(0_+)$

在 $t \geqslant 0$ 时，电压源与 1Ω 电阻被开关 S 短路，电容放电。故

$$\tau = \frac{2 \times 3}{2+3} \times 5 \times 10^{-6} = 6 \times 10^{-6}\,\mathrm{s}$$

可得

$$u_C = u_C(0_+)\mathrm{e}^{-\frac{t}{\tau}} = 3 \times \mathrm{e}^{-\frac{10^6}{6}t} = 3\mathrm{e}^{-1.7 \times 10^5 t}\,\mathrm{V}$$

$$i_C = C\frac{\mathrm{d}u_C}{\mathrm{d}t} = -2.5\mathrm{e}^{-1.7 \times 10^5 t}\,\mathrm{A}$$

$$i_2 = \frac{u_C}{3} = \mathrm{e}^{-1.7 \times 10^5 t}\,\mathrm{A}$$

$$i_1 = i_2 + i_C = -1.5\mathrm{e}^{-1.7 \times 10^5 t}\,\mathrm{A}$$

3.2.2　RC 电路的零状态响应

所谓 RC 电路的"零状态响应"，即为电路的储能元件电容的初始储能为零，仅由外部电源为储能元件输入能量的充电过程，如图 3-12 所示。

已知其中电容元件的初始值为零，由电路可得

$$u_C + RC\frac{\mathrm{d}u_C}{\mathrm{d}t} = U \tag{3-14}$$

式(3-14) 为一阶线性非齐次微分方程。它的解由对应齐次方程的通解与非齐次方程的特解两部分组成。其中，通解取决于对应齐次方程的解，特解则取决于输入函数的形式。

式(3-14) 对应的齐次微分方程为

$$RC \frac{\mathrm{d}u_C}{\mathrm{d}t} + u_C = 0$$

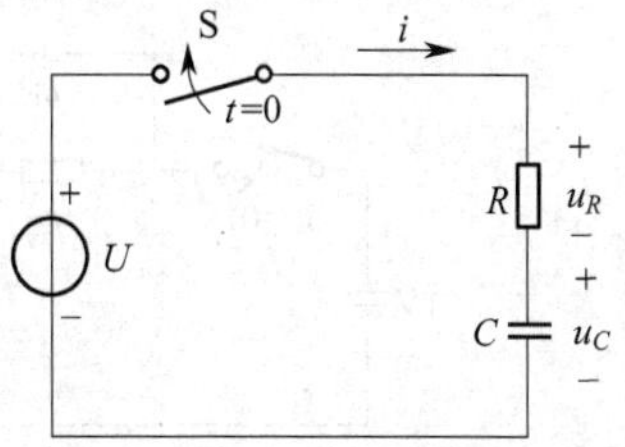

其通解为 $u_C = A\mathrm{e}^{-\frac{1}{RC}t}$（见 RC 电路零输入响应分析）。

而求式(3-14) 的特解，可以使 $\dfrac{\mathrm{d}u_C}{\mathrm{d}t} = 0$，即时间为 ∞ 时的 u_C 的状态，此时 $u_C = U$。因此式(3-14) 的通解即为

图 3-12　RC 充电电路

$$u_C = A\mathrm{e}^{-\frac{t}{\tau}} + U$$

由初始值意义：当 $t = 0$ 时，$u_C(0_+) = u_C(0_-) = 0$，有

$$u_C(0_+) = A\mathrm{e}^{-\frac{0}{\tau}} + U = A + U = 0$$

所以

$$A = -U$$

因此，在该电路中，当电压源为直流电压源时，满足初始条件的电路方程的解为

$$u_C = -U\mathrm{e}^{-\frac{t}{\tau}} + U = U(1 - \mathrm{e}^{-\frac{t}{\tau}}) = u_C(\infty)(1 - \mathrm{e}^{-\frac{t}{\tau}}) \tag{3-15}$$

由式(3-15) 可知，当时间 $t \to \infty$ 时，电容电压趋近于充电值，充电过程结束，电路处于另一个稳态。而在工程中，常常认为电路经过（3~5）τ 时间后充电结束。暂态响应 u_C 可视为由两个分量相加而得：其一是达到稳定时的电压 $u_C(\infty)$，称为稳态分量；其二是仅存在于暂态过程中的 $U\mathrm{e}^{-\frac{t}{\tau}}$，称为暂态分量，总是按指数规律衰减。其变化规律与电源电压无关，大小与电源电压有关。暂态分量趋于零时，暂态过程结束。

$t \geqslant 0$ 时，电容上的充电电流及电阻 R 上的电压如图 3-13 和图 3-14 所示，分别为

$$i = C \frac{\mathrm{d}u_C}{\mathrm{d}t} = \frac{U}{R}\mathrm{e}^{-\frac{t}{\tau}} \tag{3-16}$$

$$u_R = Ri = U\mathrm{e}^{-\frac{t}{\tau}} \tag{3-17}$$

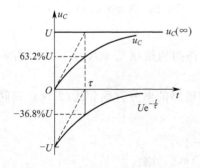

图 3-13　u_C 的变化曲线

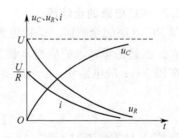

图 3-14　u_C、u_R、i 的变化曲线

分析较复杂电路的暂态过程时，可以应用戴维宁定理或诺顿定理将储能元件（电容或电感）划出，而将换路后其余部分看作一个等效电压源，于是化为一个简单电路。求时间常数时，等效电阻可用戴维宁定理求解等效电阻的方法。

【例 3-3】　图 3-15 中，已知 $t < 0$ 时，原电路已稳定，$t = 0$ 时合上 S，求 $t > 0$ 时的 $u_C(t)$、$u_0(t)$，并画出曲线图。

解　由题目可知 $u_C(0_+) = 0$，换路后的能量仅靠电源提供，因此为零状态响应。由 $u_C = u_C(\infty)(1 - \mathrm{e}^{-\frac{t}{\tau}})$ 可知，只要求出 $u_C(\infty)$ 和时间常数 τ 即可。

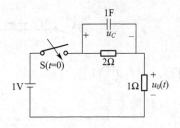

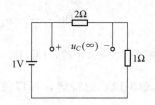

图 3-15 例 3-3 图 　　　　　　　　　　　图 3-16 例 3-3 时间趋向无穷大时

① 求 $u_C(\infty)$：$t \to \infty$ 时，见图 3-16，$u_C(\infty) = \dfrac{2}{3}$ V。

② 求 τ：如图 3-17 所示，$R_{eq} = \dfrac{2}{3}$ Ω，$\tau = R_{eq}C = \dfrac{2}{3}$ s。所以

$$u_C(t) = \frac{2}{3}(1 - e^{-1.5t}) \text{ V} \quad (t \geq 0_+)$$

$$u_0(t) = 1 - u_C(t) = \frac{1}{3} + \frac{2}{3}e^{-1.5t} \text{ V} \quad (t \geq 0_+)$$

$u_C(t)$ 和 $u_0(t)$ 均为指数函数曲线，如图 3-18 所示。

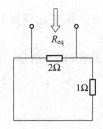

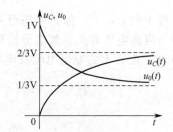

图 3-17 例 3-3 求等效电阻图 　　　　　　图 3-18 例 3-3 $u_C(t)$，$u_0(t)$ 图

3.2.3 RC 电路的全响应

所谓 RC 电路的全响应，是指电源激励和电容元件的初始状态 $u_C(0_+)$ 均不为零时电路的响应。也就是零输入响应与零状态响应两者的叠加。

若在图 3-12 的电路中，$u_C(0_-) \neq 0$。$t \geq 0$ 时的电路的微分方程和式（3-14）相同，也可得

$$u_C = U + Ae^{-\frac{t}{RC}} = u_C(\infty) + Ae^{-\frac{t}{RC}}$$

但积分常数 A 与零状态时不同。在 $t = 0_+$ 时，$u_C(0_+) \neq 0$，则

$$A = u_C(0_+) - U = u_C(0_+) - u_C(\infty)$$

因此 　　　　　　$u_C = u_C(\infty) + [u_C(0_+) - u_C(\infty)]e^{-\frac{t}{RC}}$ 　　　　　　　(3-18)

即 　　　　　　　　　　　全响应＝稳态分量＋暂态分量

还可改写为

$$u_C = u_C(0_+)e^{-\frac{t}{\tau}} + u_C(\infty)(1 - e^{-\frac{t}{\tau}})$$ 　　　　　　　(3-19)

即 　　　　　　　　　　全响应＝零输入响应＋零状态响应

这是叠加定理在电路暂态分析中的体现。$u_C(0_+)$ 和电源分别单独作用的结果即是零输入响应和零状态响应。

【例 3-4】　见图 3-19 所示，已知开关 K 原处于闭合状态，$t=0$ 时打开。求 $u_C(t)$。

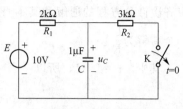

图 3-19　例 3-4 图

解　换路（开关动作）前电容上已经存储了能量，换路后电路中各响应靠电源和电容上的能量共同激发，因此为全响应。由式（3-19）可知，需求出 $u_C(0_+)$、$u_C(\infty)$ 和 τ。

由换路定则得

$$u_C(0_-)=u_C(0_+)=\frac{R_2}{R_1+R_2}E=6\text{V}$$

$$u_C(\infty)=10\text{V}\quad（此时电容上电流为 0）$$

$$\tau=2\text{k}\Omega\times1\times10^{-6}\text{F}=2\text{ms}$$

因此

$$u_C(t)=10-4\mathrm{e}^{-\frac{t}{0.002}}\ \text{V}$$

3.3　RL 电路的响应

RL 电路发生换路后，同样会产生类似于 RC 电路的三种响应模式：零输入响应、零状态响应和全响应。

3.3.1　RL 电路的零输入响应

电路如图 3-20 所示，由 KVL 可得 $u_R+u_L=0$，即

$$L\frac{\mathrm{d}i}{\mathrm{d}t}+Ri=0 \tag{3-20}$$

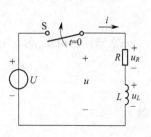

此一阶线性齐次微分方程的通解为

$$i(t)=A\mathrm{e}^{-\frac{t}{L/R}}$$

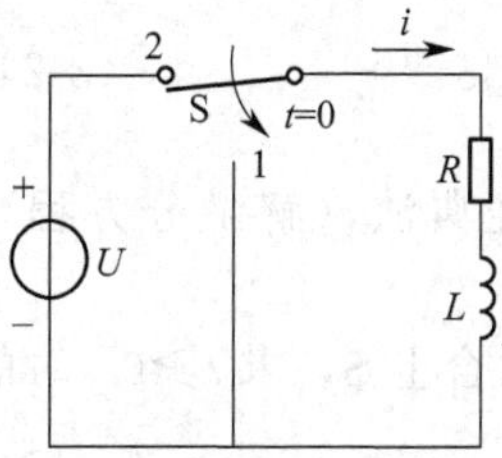

图 3-20　RL 电路的零输入响应

其中 A 为待定常数，由电路的初始条件得

$$i(0_+)=i(0_-)=\frac{U}{R}=A$$

得电感的零输入响应电流

$$i(t)=\frac{U}{R}\mathrm{e}^{-\frac{t}{L/R}}=i(0_+)\mathrm{e}^{-\frac{t}{\tau}} \tag{3-21}$$

并得

$$u_L(t)=L\frac{\mathrm{d}i}{\mathrm{d}t}=-Ri(0_+)\mathrm{e}^{-\frac{t}{\tau}}$$

$$u_R(t)=Ri=Ri(0_+)\mathrm{e}^{-\frac{t}{\tau}}$$

式中，$\tau=\dfrac{L}{R}$，单位为 s，称为 RL 电路的时间常数，作用与 RC 电路中的时间常数类似。

3.3.2　RL 电路的零状态响应

如图 3-21 所示电路，换路前，$i_L(0_-)=0$，换路后，由 KVL 可得回路中的电压方程：

$$L\frac{\mathrm{d}i}{\mathrm{d}t}+Ri=U$$

此方程为一阶线性非齐次微分方程，其通解仍由两部分组成：对

图 3-21　RL 电路的零状态响应

应齐次微分方程的通解和其本身的一个特解。其中对应齐次方程的通解为 $A\mathrm{e}^{-\frac{t}{\tau}}$，其本身的一个特解为 $\dfrac{U}{R}$。

其中，$\tau = L/R$，所以

$$i = \frac{U}{R} + A\mathrm{e}^{-\frac{t}{\tau}}$$

代入初始条件 $i(0_+) = i(0_-) = 0$，可得

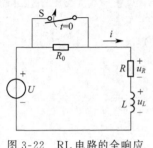

图 3-22　RL 电路的全响应

$$i = \frac{U}{R}(1 - \mathrm{e}^{-\frac{t}{\tau}}) = i(\infty)(1 - \mathrm{e}^{-\frac{t}{\tau}}) \tag{3-22}$$

并得

$$u_R = U(1 - \mathrm{e}^{-\frac{t}{\tau}})$$

$$u_L = U\mathrm{e}^{-\frac{t}{\tau}}$$

3.3.3　RL 电路的全响应

电路如图 3-22 所示。RL 电路全响应的公式和零状态响应的微分方程一样，见式(3-23)，只是 0_+ 时刻的初始值有所变化。

$$L\frac{\mathrm{d}i}{\mathrm{d}t} + Ri = U \tag{3-23}$$

求解得 RL 电路的全响应为

$$i = \frac{U}{R} + \left[i(0_+) - \frac{U}{R}\right]\mathrm{e}^{-\frac{R}{L}t} = i(\infty) + [i(0_+) - i(\infty)]\mathrm{e}^{-\frac{t}{\tau}} \tag{3-24}$$

可以看出，RL 电路的响应也完全符合三要素法的公式，相比经典法（解微分方程），三要素法更容易掌握。

【例 3-5】　如图 3-23 所示，已知 $t < 0$ 时，原电路已稳定，$t = 0$ 时合上 S，求 $t \geqslant 0_+$ 时的 $i_L(t)$，$i_\circ(t)$。

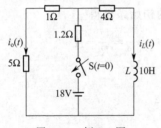

图 3-23　例 3-5 图

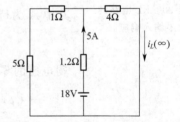

图 3-24　例 3-5 时间趋于无穷大时的图

分析可知
$$i_L(0_+) = i_L(0_-) = 0$$

① 求 $i_L(\infty)$。$t \to \infty$ 时，电路等效为图 3-24，所以

$$i_L(\infty) = 3\mathrm{A}$$

② 求 τ。由图 3-25 可知

$$\tau = \frac{L}{R} = \frac{10}{5} = 2\mathrm{s}$$

则

$$i_L(t) = 3(1 - \mathrm{e}^{-\frac{t}{2}})\ \mathrm{A} \quad (t \geqslant 0_+)$$

$$i_\circ(t) = \frac{4i_L + 10\dfrac{\mathrm{d}i_L}{\mathrm{d}t}}{6} = 2 + 0.5\mathrm{e}^{-\frac{t}{2}}\ \mathrm{A} \quad (t \geqslant 0_+)$$

$i_L(t)$，$i_o(t)$ 曲线见图 3-26。

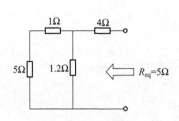

图 3-25　例 3-5 求等效电阻图

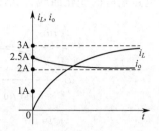

图 3-26　例 3-5 $i_L(t)$，$i_o(t)$ 曲线

【练习与思考】

3-3-1　一个线圈的电感 $L=0.1\text{H}$，通有直流 $I=5\text{A}$，现将此线圈短路，经过 $t=0.01\text{s}$ 后，线圈中电流减小到初始值的 36.8%。试求线圈的电阻 R。

3-3-2　如图 3-27 电路，$I_S=10\text{mA}$，$U=50\text{V}$，$R_1=R_2=10\text{k}\Omega$，$L=10\text{mH}$，开关闭合前电路处于稳态，$t=0$ 时开关 S 闭合，试求 $u(t)$。

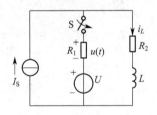

图 3-27　练习与思考 3-3-2 图

3.4　一阶线性电路暂态分析的三要素法

从以上对 RC 电路的三种响应模式的分析可以看出，对于求解直流激励作用的一阶电路中的各个电量的问题，均可以直接根据电路中电量的初始值、稳态值和时间常数三个要素来决定要求的解。在直流输入的情况下，一阶动态电路中的任意支路电压、电流均可用三要素法来求解。其计算公式为

$$f(t)=f(\infty)+[f(0_+)-f(\infty)]\text{e}^{-\frac{t}{\tau}}$$

其中，$f(t)$ 为任意瞬时电路中的待求电压或电流，$f(0_+)$ 为相应所求量的初始值（$t=0_+$ 时的值），$f(\infty)$ 为相应的稳态值，τ 为时间常数。三要素法的计算步骤如下。

（1）计算初始值

首先用换路前的电路 $u_C(0_-)$ 及 $i_L(0_-)$ 计算出所求量的初始值。在换路后的电路中，用相应的电压源和电流源替代 $u_C(0_-)$ 及 $i_L(0_-)$，计算出所求量的初始值（0_+ 时的值）。

（2）计算稳态值

用换路后的电路计算所求量的稳态值。在计算稳态值时，用断路代替电容，用短路代替电感。

（3）计算时间常数

用戴维宁或诺顿等效法计算电路的时间常数。对于电容电路，$\tau=RC$。求 R 的方法可

以用戴维宁或诺顿等效法来计算。

至于电路响应的变化曲线，如图 3-28 所示，都是按照指数规律变化的（增加或衰减）。

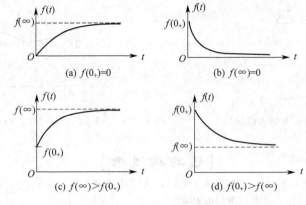

图 3-28　$f(t)$ 的变化曲线

【例 3-6】　电路如图 3-29 所示，已知 $t<0$ 时已稳定，求 $t>0_+$ 时，i_L、i_o。

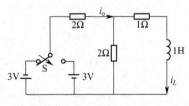

图 3-29　例 3-6 图

解　① 求 $i_L(0_+)$，$i_o(0_+)$

$t=0_-$ 时　　$i=-\dfrac{3}{2+\dfrac{2}{3}}=-\dfrac{9}{8}$(A)

$$i_o(0_-)=-\frac{9}{8}\text{A}$$

所以　　$i_L(0_+)=i_L(0_-)=-\dfrac{9}{8}\times\dfrac{2}{3}=-\dfrac{3}{4}$(A)

$t=0_+$ 时，$i_o(0_+)=\dfrac{3}{4}+\dfrac{1}{2}\left(-\dfrac{3}{4}\right)=\dfrac{3}{8}$(A)

② 求 $i_L(\infty)$，$i_o(\infty)$

$$i_L(\infty)=\frac{3}{4}\text{A}, \quad i_o(\infty)=\frac{9}{8}\text{A}$$

③ 求 τ

$$\tau=\frac{L}{R}=\frac{1}{2}\text{s}$$

所以　　　　$i_L(t)=\dfrac{3}{4}-\dfrac{3}{2}\mathrm{e}^{-2t}$ A　　$(t\geq0_+)$

$$i_o(t)=\frac{9}{8}-\frac{3}{4}\mathrm{e}^{-2t}\text{ A} \quad (t\geq0_+)$$

【例 3-7】　电路如图 3-30 所示，已知 $t<0$ 时原电路已稳定，$t=0$ 时合上开关 S。求 $t\geq0_+$ 时 $u_C(t)$、$i(t)$。

解　① 求 $u_C(0_+)$，$i(0_+)$

$t=0_-$ 时，$u_C(0_-)=20\times1-10=10$(V)

所以　　　　$u_C(0_+)=10$V

$t=0_+$ 时，$i(0_+)=\dfrac{20}{20}=1$(mA)

② 求 $u_C(\infty)$，$i(\infty)$

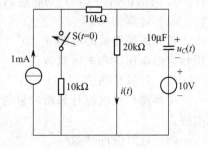

图 3-30　例 3-7 图

$$t \to \infty 时，i(\infty) = \frac{10}{30+10} \times 1 = \frac{1}{4} (\text{mA})$$

$$u_C(\infty) = 20 \times \frac{1}{4} - 10 = -5 (\text{V})$$

③ 求 τ

$$\tau = 10 \times 10^3 \times 10 \times 10^{-6} = 0.1 (\text{s})$$

所以　　　$u_C(t) = -5 + (10+5)\mathrm{e}^{-10t} = -5 + 15\mathrm{e}^{-10t} (\text{V}) \quad (t \geqslant 0_+)$

$$i(t) = \frac{1}{4} + \left(1 - \frac{1}{4}\right)\mathrm{e}^{-10t} = \frac{1}{4} + \frac{3}{4}\mathrm{e}^{-10t} (\text{mA}) \quad (t \geqslant 0_+)$$

或　　　　$i(t) = \frac{u_C + 10}{20} = \frac{1}{4} + \frac{3}{4}\mathrm{e}^{-10t} (\text{mA}) \quad (t \geqslant 0_+)$

$u_C(t)$ 和 $i(t)$ 的变化曲线如图 3-31 所示。

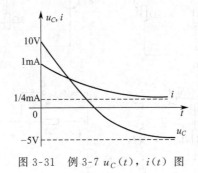

图 3-31　例 3-7 $u_C(t)$，$i(t)$ 图

【练习与思考】

3-4-1　有一 RC 放电电路，放电开始（$t=0$）时，电容电压为 10V，放电电流为 1mA，经过 0.1s（5τ）后电流趋近于零，试求电阻 R 和电容 C 的数值，并写出放电电流 i 的方程。

3-4-2　在图 3-32 所示的电路中，$U=9\text{V}$，$R_1=6\text{k}\Omega$，$R_2=3\text{k}\Omega$，$C=10^3\text{pF}$，$u_C(0)=0$。试求 $t \geqslant 0$ 的电压 u_C。

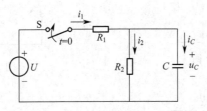

图 3-32　练习与思考 3-4-2 图

本章小结

本章讨论了直流激励下，一阶 RC 和 RL 电路的暂态响应。掌握换路定则确定初始值的方法，掌握一阶 RC 和 RL 电路的零输入、零状态、全响应分析。重点是利用一阶电路的三要素公式求电路响应。

本章知识点

① 换路定则和用该定则求初始值的方法。

② 一阶 RC 和 RL 电路的零输入、零状态、全响应的时域分析。

③ 利用一阶电路的三要素公式求直流激励下的 RC 和 RL 响应的方法。

习　题

3-1　图 3-33 所示各电路换路前都处于稳态，试求换路后其中电流 i 的初始值 $i(0_+)$ 和稳态值 $i(\infty)$。

3-2　如图 3-34 所示，在 $t=0$ 时，开关 S 闭合前电路处于直流稳态，求 $t \geqslant 0$ 时，$i_1(t)$、$i_2(t)$、$i_C(t)$。

3-3　如图 3-35 所示，已知 $R_1=10\text{k}\Omega$，$R_2=40\text{k}\Omega$，$R_3=10\text{k}\Omega$，$U_S=250\text{V}$，$C=0.01\mu\text{F}$，开关 S 原闭合，求开关 S 断开（$t=0$）后的电压 u_{AB}，并画出 u_{AB} 的变化曲线。

3-4　电路如图 3-36 所示，$t=0$ 时，开关 S 打开，求 $u_C(t)$ 和 $u_R(t)$。

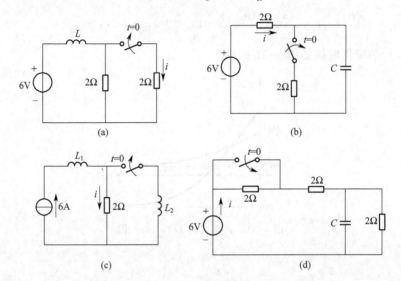

图 3-33　习题 3-1 图

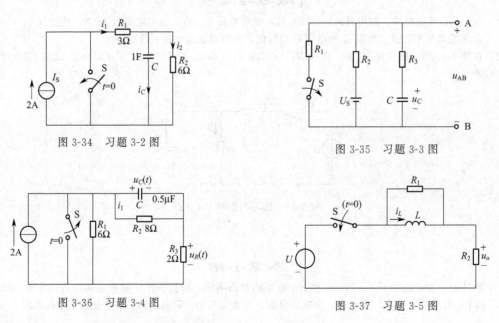

图 3-34　习题 3-2 图

图 3-35　习题 3-3 图

图 3-36　习题 3-4 图

图 3-37　习题 3-5 图

3-5　电路如图 3-37 所示，设 S 闭合前电路已处于稳态，且已知 $U=20\text{V}$，$R_1=50\text{k}\Omega$，$R_2=20\text{k}\Omega$，$L=0.1\text{H}$，求 $i_L(t)$ 和 $u_o(t)$。

3-6　电路如图 3-38 所示，$R_1=10\Omega$，$R_2=20\Omega$，$R_3=10\Omega$，$U_S=10V$，$L=1H$，电路原已稳定。求开关 S 换接后的电流 i_L 和电压 u_L。

3-7　试用三要素法写出图 3-39 所示指数函数表达式。

3-8　已知全响应 $u_C=20+(5-20)e^{-\frac{t}{10}}$ V，试作出它的随时间变化的曲线，并在同一图上分别作出稳态分量、暂态分量和零输入响应、零状态响应。

3-9　图 3-40 中，已知 $I=10mA$，$R_1=3k\Omega$，$R_2=3k\Omega$，$R_3=6k\Omega$，$C=2\mu F$。开关闭合前电路已处于稳态，求 $t\geqslant0$ 时的 u_C 和 i_1，并作出它们随时间变化的曲线。

3-10　电路如图 3-41 所示，换路前电路处于稳态，试求换路后的 u_C。

3-11　如图 3-42 所示，已知 $R_1=3\Omega$，$R_2=6\Omega$，$U_S=6V$，$I_S=2A$，$C=1F$，开关闭合前 $u_C=6V$，求开关闭合后 u_C 和 i_C 并画出 u_C 曲线。

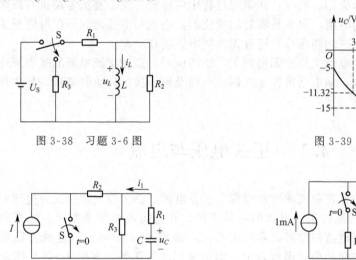

图 3-38　习题 3-6 图　　　　　　　　　图 3-39　习题 3-7 图

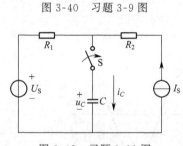

图 3-40　习题 3-9 图　　　　　　　　　图 3-41　习题 3-10 图

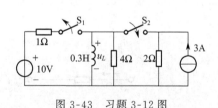

图 3-42　习题 3-11 图　　　　　　　　　图 3-43　习题 3-12 图

3-12　在图 3-43 所示电路中，$t=0$ 时开关 S_1 打开，S_2 闭合，在开关动作前电路已达到稳态，试求 $t\geqslant0$ 时的电压 $u_L(t)$，$i_L(t)$。

第 4 章　正弦交流电路

本章在介绍正弦交流电路基本概念的基础上讨论电路的基本规律与分析方法。最终应明确，对于正弦交流电路，只要电流、电压都用相量表示，并引入复数阻抗的概念，则直流电阻电路的分析方法都可以应用。此外，在学习过程中应注意，交、直流电路也有许多不同的地方。由于交流电路中的电流、电压是随时间变化的，电流与电压之间不仅有数量关系，而且还有相位关系；功率除平均功率外，还有无功功率、视在功率。

正弦交流电在电力和电信工程中都得到了广泛的应用。正弦交流电路的基本理论和基本分析方法是学习后续内容，如电动机、变压器、电器及电子技术的重要基础，是本课程的重要内容之一，应很好掌握。

4.1　正弦电压与电流

若电流的量值随时间按正弦规律变动则称为正弦电流。在工程上常把正弦电流归之于所谓交流❶，图 4-1(a) 表示流过正弦电流的一条支路，在指定电流参考方向和计算时间的坐标原点之后，可画出正弦电流的波形，称为正弦波，如图 4-1(b) 所示。正弦波既可用时间的正弦函数表示也可用时间的余弦函数表示，本书采用正弦函数，与图 4-1(b) 所示正弦波对应的正弦函数表达式为

$$i = I_{\mathrm{m}} \sin(\omega t + \varphi) \tag{4-1}$$

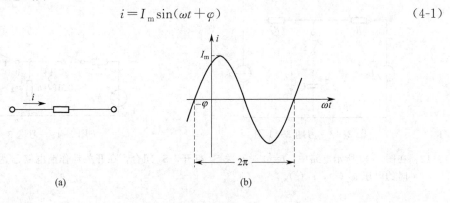

图 4-1　正弦电流的波形

按正弦规律变动的电压称为正弦电压，也称为交流电压。以后用正弦量一词泛指随时间按正弦规律变化的电压和电流等物理量。

式(4-1) 中 i 表示电流在瞬间 t 的值，称为电流的瞬时值，此正弦电流的特征表现在大小、变化的快慢和初始值三个方面，而它们分别由幅值 I_{m}、角频率 ω 和初相位 φ 三个量描述，这三个量称为正弦量的三要素。

---

❶　交流是指平均值为零的周期电流，但习惯上把正弦电流简称为交流。

4.1.1　频率与周期

正弦量变化一次所需的时间称为周期 T，单位是秒（s）。每秒内变化的次数称为频率 f，单位是赫［兹］（Hz）。频率是周期的倒数，即

$$f = \frac{1}{T}$$

正弦量变化的快慢除了可以用周期和频率表示外，还可以用角频率 ω 来表示。因为一个周期相位角变动了 2π 弧度，故单位时间内相位（$\omega t + \varphi$）变动的角度

$$\omega = \frac{2\pi}{T} = 2\pi f$$

ω 称为角频率，单位是弧度/秒（rad/s）。我国电力系统所用的标准频率为 50Hz，称为工频，相应的角频率 $\omega = 2\pi \text{rad} \times 50\text{s}^{-1} = 100\pi \text{rad/s}$。

【例 4-1】　已知 $f = 50\text{Hz}$，试求 T 和 ω。

解　$T = \dfrac{1}{f} = \dfrac{1}{50} = 0.02(\text{s})$，$\omega = 2\pi f = 2 \times 3.14 \times 50 = 314(\text{rad/s})$

4.1.2　幅值与有效值

I_{m} 是正弦量的最大值，称为振幅或幅值。正弦电流、电压和电动势的大小往往不是用它们的幅值，而是常用有效值来计量的。

有效值是从电流的热效应来规定的，因为在电工技术中，电流常表现出其热效应。不论是周期变化的交流还是直流，只要它们在相等的时间内通过同一电阻而两者的热效应相等，就把它们的安［培］值看作是相等的。就是说，某一个周期电流 i 通过电阻 R，在一个周期内产生的热量和另一个直流电流 I 通过同样大小的电阻在相等的时间内产生的热量相等，那么这个周期电流 i 的有效值在数值上就等于这个直流电流 I 的值。

由上所述，可得

$$\int_0^T R i^2 \, dt = R I^2 T$$

于是得到周期电流的有效值

$$I = \sqrt{\frac{1}{T} \int_0^T i^2 \, dt} \tag{4-2}$$

式（4-2）表明：周期电流的有效值乃是瞬时值的平方在一个周期内的平均值再开平方根。因此，有效值按其计算方法又称为方均根植。

将式（4-1）代入式（4-2）得到正弦电流的有效值

$$I = \sqrt{\frac{1}{T} \int_0^T I_{\text{m}}^2 \sin^2(\omega t + \varphi) \, dt} = \frac{I_{\text{m}}}{\sqrt{2}} \tag{4-3}$$

上面的讨论虽然是以周期电流为例，但所得结论完全适用于其他周期变化的物理量，为了与瞬时值区别，有效值都用大写字母（如 I、U 等）表示。有效值比振幅更为适用，工程中谈到正弦电流和电压的量值时，若无特殊声明总是指有效值。一般交流仪表上所标示的电流电压量值也都是有效值。

【例 4-2】　已知 $u = U_{\text{m}} \sin \omega t$，$U_{\text{m}} = 310\text{V}$，$f = 50\text{Hz}$，试求有效值 U 和 $t = 0.1\text{s}$ 时的瞬时值。

解　$U = \dfrac{U_{\text{m}}}{\sqrt{2}} = \dfrac{310}{\sqrt{2}} = 220\text{V}$，$u = U_{\text{m}} \sin 2\pi f t = 310 \sin 10\pi = 0$

4.1.3　初相位

正弦电流变动的进程取决于角度 $\omega t + \varphi$，这个角度称为正弦电流的相位角或相位。φ 为

$t=0$ 时的相位，称为初相位。

电工技术中常引入相位差来描述两个同频正弦量之间的相位关系。正弦电压 $u=U_\mathrm{m}\sin$ $(\omega t+\varphi_\mathrm{u})$ 和正弦电流 $i=I_\mathrm{m}\sin(\omega t+\varphi_i)$ 的相位差为

$$(\omega t+\varphi_u)-(\omega t+\varphi_i)=\varphi_u-\varphi_i$$

可见，同频正弦量的相位差乃是一常数，就等于它们的初相位之差。若两个同频正弦量的相位差为零，则称它们为同相；若 $\varphi_u-\varphi_i>0$（图 4-2 所示），则称 u 超前 i，意思是说 u 比 i 先达到最大值或先达到零值，也可以说 i 滞后 u，超前或滞后的相角通常以 180° 为限；若两个正弦量的相位差为 90°，则称它们为相位正交；若为 180° 则称为相位反相。

在写出正弦量的函数时，需要确定时间 t 的坐标原点，即 $t=0$ 的点。所取坐标原点不同，正弦量初始值就不同，达到最大值或某一特定值的时间也不同。在图 4-3 中，取电压 u 通过零值的瞬间为时间坐标原点，这时其初相位 $\varphi_u=0$，正弦电压记为

$$u=U_\mathrm{m}\sin\omega t$$

通常把这个被选为初相位为零的正弦量称为参考正弦量。参考正弦量可以任意选取，但各正弦量之间的相位差是不变的，所以一旦把某一正弦量选作参考正弦量（初相位为零），其余各正弦量的初相位也就被相应地确定了。图 4-3 中电流应为 $i=I_\mathrm{m}\sin(\omega t-\varphi_i)$，其初相位为 $-\varphi_i$。当相位角 $\omega t-\varphi_i=0$ 时，$i=0$，即当 $\omega t=\varphi_i$ 时，电流 i 达到其零值，故 i 的波形较参考正弦量 u 的波形沿横轴右移 φ_i 角。

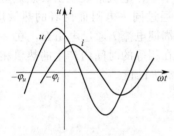

图 4-2　u 超前 i 的波形

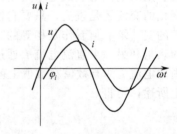

图 4-3　u 为参考正弦量的波形

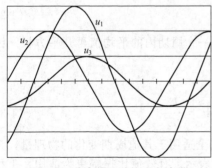

图 4-4　示波器显示的三个波形

【例 4-3】 示波器显示三个工频正弦电压的波形如图 4-4 所示，已知图中纵坐标每格表示 5V。试写出各电压的瞬时值表达式。

解 设 u_1、u_2 和 u_3 依次表示图中振幅最大、中等和最小的电压，其幅值分别为 15V、10V 和 5V。取 u_1 为参考正弦量，则

$$u_1=15\sin\omega t\,\mathrm{V}$$

正弦波一个周期 360°，在图中占横坐标的 12 格，故每格表示 30°。由图可见 u_2 比 u_1 超前 60°，u_3 比 u_1 滞后 30°，于是得到

$$u_2=10\sin(\omega t+60°)\mathrm{V},\ u_3=5\sin(\omega t-30°)\mathrm{V}$$

4.2　正弦量的相量表示法

一个正弦量由它的振幅、初相和角频率来确定，其一般表达式为

$$f(t)=A_\mathrm{m}\sin(\omega t+\varphi) \tag{4-4}$$

在本章所研究的交流电路中，各正弦量的角频率
都相同，等于交流电源的角频率，因此只需计算
各正弦量的有效值和初相位。下面将要证明，可
以用复数的运算代替正弦量的运算，使交流电路
获得一种简便的计算方法。

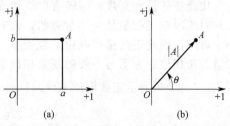

图 4-5　用复平面上的点或有向线段表示复数

　　复平面中有一有向线段 A（或点 A），如图 4-5
所示，其实部为 a，虚部为 b，于是有向线段 A
可用复数表示为

$$A = a + jb \tag{4-5}$$

由图 4-5 可见
$$|A| = \sqrt{a^2 + b^2}$$

是有向线段的长度，称为复数的模；$\theta = \arctan \dfrac{b}{a}$

是有向线段与实轴正方向的夹角，称为复数的辐角。

　　因为　　　　　　　　$a = |A|\cos\theta,\ b = |A|\sin\theta$

　　所以　　　　$A = a + jb = |A|\cos\theta + j|A|\sin\theta = |A|(\cos\theta + j\sin\theta)$

根据欧拉公式 $e^{j\theta} = \cos\theta + j\sin\theta$ 得到变换公式

$$A = |A|e^{j\theta} \tag{4-6}$$

上式简写为　　　　　　　　$A = |A|\angle\theta \tag{4-7}$

　　因此，一个复数 A 可以用上述几种复数式来表示。其中式（4-5）称为复数的直角坐标
式；式（4-6）称为复数的指数式；式（4-7）称为复数的极坐标式。三者之间可以相互转换。

　　下面介绍复数的运算。复数的加减运算必须采用直角坐标式进行，其运算法则为实部与
实部相加减，虚部与虚部相加减。例如，设

$$A_1 = a_1 + jb_1,\ A_2 = a_2 + jb_2$$

则

$$A_1 \pm A_2 = (a_1 + jb_1) \pm (a_2 + jb_2) = (a_1 \pm a_2) + j(b_1 \pm b_2)$$

复数相乘用指数式或极坐标式比较方便，运算法则为模相乘，辐角相加。即

$$A_1 A_2 = |A_1|e^{j\theta_1}|A_2|e^{j\theta_2} = |A_1||A_2|e^{j(\theta_1 + \theta_2)}$$

所以

$$|A_1 A_2| = |A_1||A_2|;\qquad \theta = \theta_1 + \theta_2$$

或

$$A_1 A_2 = |A_1|\angle\theta_2|A_2|\angle\theta_2 = |A_1||A_2|\angle(\theta_1 + \theta_2)$$

复数相除的运算为模相除，辐角相减。即

$$\frac{A_1}{A_2} = \frac{|A_1|\angle\theta_1}{|A_2|\angle\theta_2} = \frac{|A_1|}{|A_2|}\angle(\theta_1 - \theta_2)$$

如果用直角坐标式有

$$\frac{A_1}{A_2} = \frac{a_1 + jb_1}{a_2 + jb_2} = \frac{(a_1 + jb_1)(a_2 - jb_2)}{(a_2 + jb_2)(a_2 - jb_2)} = \frac{a_1 a_2 + b_1 b_2}{(a_2)^2 + (b_2)^2} + j\frac{a_2 b_1 - a_1 b_2}{(a_2)^2 + (b_2)^2}$$

不难得出 $j = 1\angle 90°$，$-j = 1\angle -90°$，$-1 = 1\angle 180°$。因此"$\pm j$"和"-1"都可以看成旋
转因子。当一个复数乘以 j，等于该复数模不变辐角增加 90° 即在复平面上逆时针旋转了
90°；一个复数除以 j 等于该复数乘以 $-j$，即模不变辐角减小 90°，顺时针旋转 90°。

　　由上可知，一个复数由模和辐角两个特征来确定。而线性交流电路中，各正弦量的角频率
都相同，等于交流电源的角频率，是已知的，因此，一个正弦量由有效值和初相位就可以确定。

比照正弦量和复数，旋转有向线段在纵轴上的投影即为正弦量，如果不考虑频率的话那么有向线段与正弦量是一一对应的，而有向线段又与复数是一一对应的，所以正弦量与复数一一对应，因此正弦量可以用复数表示。复数的模即为正弦量的有效值，复数的辐角即为正弦量的初相位。为了与一般的复数相区别，把表征正弦量的复数称为相量，并在大写字母上打"·"。于是表示正弦电压 $u = \sqrt{2}U\sin(\omega t + \phi)$ 的相量式为

$$\dot{U} = U\angle\varphi \quad \text{（有效值相量）} \tag{4-8}$$

或

$$\dot{U}_m = U_m\angle\varphi \quad \text{（最大值相量）} \tag{4-9}$$

注意，相量 $\dot{U}$ 是复数，而 u 是时间的正弦函数，相量只是表示正弦量，而不是等于正弦量。

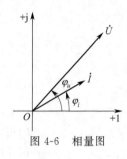

图 4-6 相量图

相量作为一个复数，也可以用复平面内的有向线段来表示。图 4-6 中画出了代表两个相量 $\dot{U} = U\angle\varphi_u$ 和 $\dot{I} = I\angle\varphi_i$ 的有向线段。按着一定的振幅和相位关系画出若干相量的图形称为相量图。从相量图上可清晰地看出各正弦量的大小和相位关系。只有同频率的正弦量才可以画在同一相量图中，不同频率的正弦量不能画在同一个相量图上，否则就无法比较和计算。

【例 4-4】 在图 4-7 所示电路中，设

$$i_1 = 100\sqrt{2}\sin(\omega t + 45°)$$

$$i_2 = 60\sqrt{2}\sin(\omega t - 30°)$$

求总电流 i，并画出相量图。

解 将 $i = i_1 + i_2$ 写成相量表示式，求相量 $\dot{I}$

$$\dot{I} = \dot{I}_1 + \dot{I}_2 = 100\angle45° + 60\angle-30°$$
$$= (100\cos45° + j100\sin45°) + (60\cos30° - j60\sin30°)$$
$$= (70.7 + j70.7) + (52 - j30)$$
$$= 122.7 + j40.7 = 129\angle18.33° \text{ (A)}$$

于是得 $i = 129\sqrt{2}\sin(\omega t + 18.33°)$

相量图如图 4-8 所示。

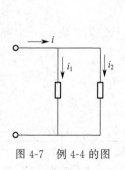

图 4-7 例 4-4 的图

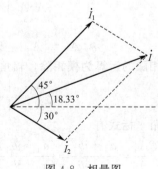

图 4-8 相量图

【练习与思考】

4-2-1 已知复数 $A = -2 + j3$，$B = 3 + j4$，试求 $A + B$，$A - B$，AB 和 A/B。

4-2-2 已知相量 $\dot{I}_1 = (2 + j\sqrt{3})$A，$\dot{I}_2 = (-2 + j\sqrt{3})$A，$\dot{I}_3 = (-2 - j\sqrt{3})$A，$\dot{I}_4 = (2 - j\sqrt{3})$A，并已知 ω，写出正弦量 i_1，i_2，i_3 和 i_4。

4-2-3　写出下列正弦量的相量，并计算 $\dot{U}_1 + \dot{U}_2 + \dot{U}_3$。① $u_1 = 220\sqrt{2}\sin(\omega t - 30°)$ V；② $u_2 = 220\sqrt{2}\sin(\omega t - 150°)$ V；③ $u_3 = 220\sqrt{2}\sin(\omega t + 90°)$ V；

4-2-4　电流 $i = 50\sqrt{2}\sin\left(314t - \dfrac{\pi}{3}\right)$ mA，①试指出它的频率，周期，角频率，幅值，有效值以及初相位各是多少；②画出 i 波形图；③如果 i 的参考方向选得相反，再回答①。

4-2-5　已知 $i_1 = 5\sin(314t + 45°)$ A，$i_2 = 10\sqrt{2}\cos(314t - 30°)$ A，i_1 和 i_2 的相位差是多少？哪个超前，哪个滞后？

4-2-6　指出下列各式的错误，并加以纠正：① $i = 5\sin(\omega t - 30°)$ A $= 5\mathrm{e}^{-\mathrm{j}30}$ A；② $\dot{U} = 100\angle 45°$ V $= 100\sqrt{2}\sin(\omega t + 45°)$ V；③ $\dot{I} = 20\mathrm{e}^{20°}$ A

4-2-7　已知 $i_1 = 8\sqrt{2}\sin\left(\omega t + \dfrac{\pi}{3}\right)$ A 和 $i_2 = 6\sqrt{2}\sin\left(\omega t - \dfrac{\pi}{4}\right)$ A，试用相量表达式计算 $i_1 + i_2$，并画出相量图。

4.3　单元件的正弦交流电路

　　分析各种正弦交流电路，不外乎要确定电路中电压与电流之间的关系，并讨论电路中能量的转换和功率问题。

　　分析各种交流电路时，必须首先掌握单一参数元件（电阻、电感、电容）电路中电压与电流的关系，因为其他电路无非是一些单一参数元件的组合而已。

4.3.1　电阻元件的正弦交流电路

　　图 4-9（a）是一个线性电阻元件的交流电路。电压和电流的参考方向如图所示。两者的关系由欧姆定律确定，即

$$u = Ri \tag{4-10}$$

　　为了分析方便，设电流的初相位为零，即设

$$i = \sqrt{2}\,I\sin\omega t$$

为参考正弦量，则

$$u = Ri = \sqrt{2}\,RI\sin\omega t = \sqrt{2}\,U\sin\omega t \tag{4-11}$$

也是同频的正弦量。

　　比较式（4-10）和式（4-11）可见，在电阻元件的交流电路中，电流和电压是同相的（相位差 $\varphi = 0$）。表示电压和电流的波形如图 4-9（b）所示。

　　在式（4-11）中，

$$U = RI \quad 或 \quad \frac{U_{\mathrm{m}}}{I_{\mathrm{m}}} = \frac{U}{I} = R \tag{4-12}$$

由此可知，在电阻元件交流电路中，电压的有效值（或幅值）与电流的有效值（或幅值）之比，就是电阻 R。

　　如用相量表示电压与电流的关系，则为

$$\dot{U} = U\angle 0°, \quad \dot{I} = I\angle 0°$$

$$\frac{\dot{U}}{\dot{I}} = \frac{U}{I}\angle(0° - 0°) = R \quad 或 \quad \dot{U} = R\dot{I} \tag{4-13}$$

此式即欧姆定律的相量形式。电压和电流的相量图如图 4-9（c）所示。

　　知道了电压电流的变化规律和相互关系后，便可计算出电路的功率。在任意瞬间，电压

与电流瞬时值的乘积称为瞬时功率，即

$$p = p_R = ui = 2UI\sin^2\omega t = UI(1 - \cos 2\omega t) \tag{4-14}$$

由上式可见，p 由两部分组成，第一部分是常数 UI，第二部分是幅值为 UI，并以 2ω 为角频率随时间而变化的交变量 $UI\cos 2\omega t$，p 随时间变化的波形如图 4-9(d) 所示。

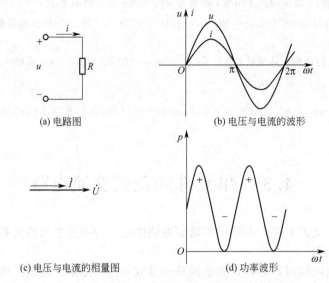

(a) 电路图   (b) 电压与电流的波形

(c) 电压与电流的相量图   (d) 功率波形

图 4-9 电阻元件的交流电路及波形

由式(4-14) 可见，电阻元件上瞬时功率总是大于等于零的，即 $p \geq 0$。瞬时功率为正，表示外电路从电源取用能量。在这里就是电阻元件从电源取用电能转化为热能。一个周期内电路消耗电能的平均速度，即瞬时功率的平均值，称为平均功率。在电阻元件交流电路中，平均功率为

$$P = \frac{1}{T}\int_0^T p\,dt = \frac{1}{T}\int_0^T UI(1 - \cos 2\omega t)\,dt = UI = RI^2 = \frac{U^2}{R} \tag{4-15}$$

【例 4-5】 把一个 100Ω 的电阻元件接到频率 50Hz，电压有效值为 10V 的正弦电源上，电流是多少？若保持电压值不变，电源频率变为 5000Hz，这时电流将是多少？

解 因为电阻与频率无关，所以电压有效值保持不变时，电流有效值相等，即

$$I = \frac{U}{R} = \frac{10}{100} = 0.1 \,(\text{A})$$

4.3.2 电感元件的正弦交流电路

图 4-10(a) 是一个线性电感元件的交流电路。当电感线圈中通过交流电流 i 时，其中产生自感电动势 e_L。设电流 i，电压 u 和感应电动势 e_L 的参考方向如图 4-10(a) 所示。根据基尔霍夫电压定律可得

$$u = -e_L = L\frac{di}{dt} \tag{4-16}$$

设电流为参考正弦量，即

$$i = \sqrt{2}\,I\sin\omega t \tag{4-17}$$

则

$$u = L\frac{d(\sqrt{2}\,I\sin\omega t)}{dt} = \sqrt{2}\,\omega LI\sin(\omega t + 90°) = \sqrt{2}\,U\sin(\omega t + 90°) \tag{4-18}$$

也是一个同频的正弦量。

比较式(4-17) 与式(4-18) 可知，在电感元件交流电路中，在相位上电流比电压滞后

90°（相位差 $\varphi = \varphi_u - \varphi_i = 90°$）。表示电压 u 和电流 i 的波形图如图 4-10(b) 所示。

在式(4-18) 中

$$U = \omega L I \quad \text{或} \quad \frac{U_m}{I_m} = \frac{U}{I} = \omega L \tag{4-19}$$

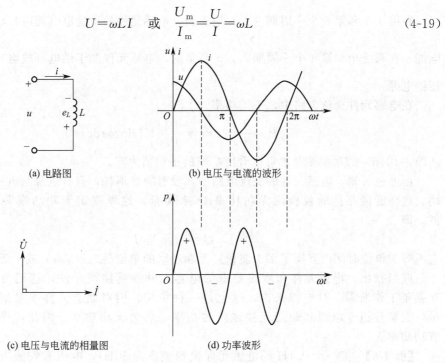

(a) 电路图　　　(b) 电压与电流的波形

(c) 电压与电流的相量图　　　(d) 功率波形

图 4-10　电感元件的交流电路

可见，在电感元件交流电路中，电压的有效值与电流的有效值之比为 ωL。显然，它的单位是欧［姆］。当电压 U 一定时，ωL 越大，则电流 I 越小，故 ωL 具有对交流电流起阻碍作用的物理性质，所以称为感抗，用 X_L 表示，即

$$X_L = \omega L = 2\pi f L \tag{4-20}$$

感抗 X_L 与电感 L，频率 f 成正比。因此，电感线圈对高频电流的阻碍作用很大，对直流则可视为短路，即对直流讲，$X_L = 0$（注意不是 $L = 0$ 而是 $f = 0$）。当 U 和 L 一定时，X_L 和 I 同 f 的关系表示在图 4-11 中。

应该注意，感抗只是电压与电流的有效值或幅值之比，而不是它们的瞬时值之比，即 $\dfrac{u}{i} \neq X_L$。因为这与上述电阻电路不一样，在这里电压与电流之间成导数的关系，而不是成正比关系。

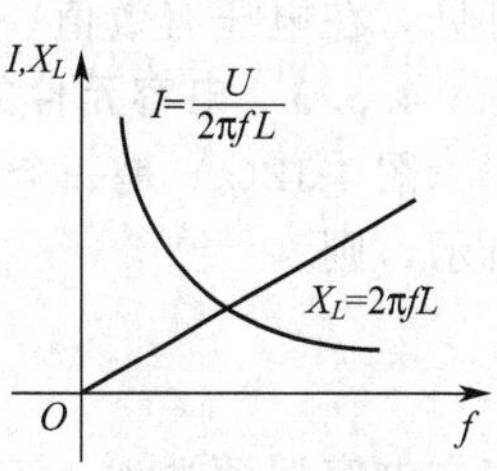

如用相量表示电压与电流的关系，则为

$$\dot{U} = U \angle 90°, \quad \dot{I} = I \angle 0°$$

$$\frac{\dot{U}}{\dot{I}} = \frac{U}{I} \angle 90° = \mathrm{j} X_L$$

图 4-11　X_L 和 I 同 f 的关系

或　　　　　　　　$$\dot{U} = \mathrm{j}\omega L \dot{I} \tag{4-21}$$

式(4-21) 表示电压的有效值等于电流有效值与感抗的乘积，在相位上电压比电流超前 90°。电压与电流的相量图如图 4-10(c) 所示。

知道了电压电流的变化规律和相互关系后，便可计算出电路的功率。即

$$p = p_C = ui = 2UI \sin\omega t \sin(\omega t + 90°) = 2UI \sin\omega t \cos\omega t = UI \sin2\omega t \tag{4-22}$$

可见，p 是一个幅值为 UI，并以 2ω 的角频率随时间而变化的交变量，其波形如图 4-10(d) 所示。

在第 1 个和第 3 个 $\frac{1}{4}$ 周期内，p 是正的，电感元件处于受电（充电）状态，从电源取用电能；在第 2 个和第 4 个 $\frac{1}{4}$ 周期内，p 是负的，电感元件处于供电（放电）状态，把电能归还给电源。

在电感元件交流电路中，平均功率

$$P = \frac{1}{T}\int_0^T p\,\mathrm{d}t = \frac{1}{T}\int_0^T UI\sin 2\omega t\,\mathrm{d}t = 0 \tag{4-23}$$

从图 4-10(d) 的功率波形也可以看出功率的平均值为零。

由上述可知，电感元件的交流电路中，没有能量消耗，只有电源与电感元件间的能量互换。这种能量互换的规模用无功功率 Q 来衡量。这里规定无功功率等于瞬时功率的幅值，即

$$Q = UI = X_L I^2 \tag{4-24}$$

它不等于单位时间内互换了多少能量。无功功率的单位是乏（Var）或千乏（kVar）。

应当指出，电感元件和后面要讲的电容元件都是储能元件，它们与电源间进行能量互换是工作所需。对电源来讲，这也是一种负担。但对储能元件本身来说，没有消耗能量，故将往返于电源和储能元件之间的功率命名为无功功率。因此，平均功率也可称为有功功率。

【例 4-6】 把一个 0.1H 的电感元件接到频率为 50Hz，电压有效值为 10V 的正弦电源上，电流是多少？若保持电压值不变，电源频率变为 5000Hz，这时电流将是多少？

解 当 $f = 50\mathrm{Hz}$ 时

$$X_L = 2\pi fL = 2\times 3.14\times 50\times 0.1 = 31.4(\Omega), \quad I = \frac{U}{X_L} = \frac{10}{31.4} = 0.318(\mathrm{A}) = 318\mathrm{mA}$$

当 $f = 5000\mathrm{Hz}$ 时

$$X_L = 2\pi fL = 2\times 3.14\times 5000\times 0.1 = 3140(\Omega)$$

$$I = \frac{U}{X_L} = \frac{10}{3140} = 0.00318(\mathrm{A}) = 3.18\mathrm{mA}$$

可见，在电压有效值一定时，频率越高，则通过电感元件的电流有效值越小。

4.3.3 电容元件的正弦交流电路

图 4-12(a) 是一个线性电容元件的交流电路。设电流 i 和电压 u 的参考方向如图 4-12(a) 所示，则

$$i = C\frac{\mathrm{d}u}{\mathrm{d}t} \tag{4-25}$$

若在电容器两端加一正弦电压

$$u = \sqrt{2}\,U\sin\omega t \tag{4-26}$$

则

$$i = C\frac{\mathrm{d}(\sqrt{2}\,U\sin\omega t)}{\mathrm{d}t} = \sqrt{2}\,\omega CU\sin(\omega t + 90°) = \sqrt{2}\,I\sin(\omega t + 90°) \tag{4-27}$$

也是一个同频的正弦量。

比较上列两式可知，在电容元件交流电路中，在相位上电流比电压超前 90°（相位差 $\varphi = \varphi_u - \varphi_i = -90°$）。表示电压 u 和电流 i 的波形图如图 4-12(b) 所示。

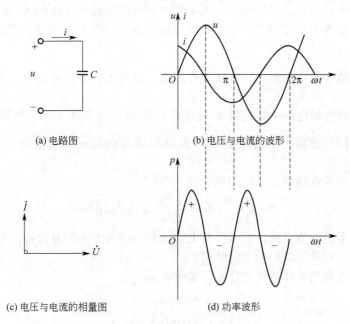

(a) 电路图　　　　(b) 电压与电流的波形

(c) 电压与电流的相量图　　　(d) 功率波形

图 4-12　电容元件的交流电路

在式（4-27）中

$$I = \omega C U$$

或

$$\frac{U_m}{I_m} = \frac{U}{I} = \frac{1}{\omega C} \tag{4-28}$$

可见，在电容元件交流电路中，电压的有效值与电流的有效值之比为 $\frac{1}{\omega C}$。显然，它的单位是欧［姆］。当电压 U 一定时，$\frac{1}{\omega C}$ 越大，则电流 I 越小，可见它具有对交流电流起阻碍作用的物理性质，故称为容抗，用 X_C 表示，即

$$X_C = \frac{1}{\omega C} = \frac{1}{2\pi f C} \tag{4-29}$$

容抗 X_C 与电容 C、频率 f 成反比。所以，电容元件对高频电流所呈现的容抗很小，而对直流（$f=0$）所呈现的容抗趋向于无穷大，可视为开路。因此，电容元件有隔断直流的作用。当 U 和 C 一定时，X_C 和 I 同 f 的关系表示在图 4-13 中。

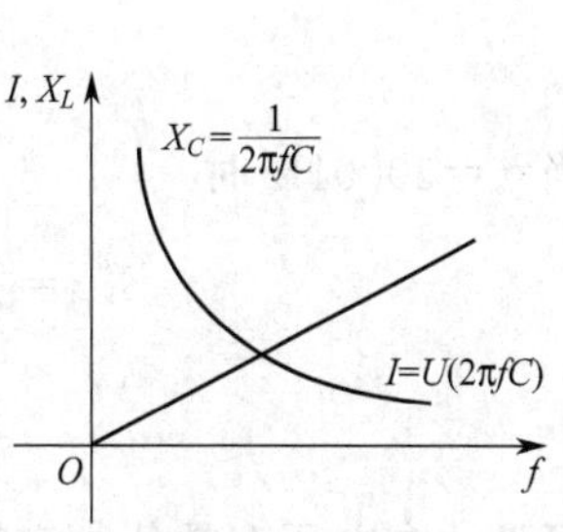

如用相量表示电压与电流的关系，则为

$$\dot{U} = U \angle 0°, \quad \dot{I} = I \angle 90°$$

$$\frac{\dot{U}}{\dot{I}} = \frac{U}{I} \angle -90° = -\mathrm{j}X_C$$

图 4-13　X_C 和 I 同 f 的关系

或

$$\dot{U} = -\mathrm{j}\frac{1}{\omega C}\dot{I} = \frac{1}{\mathrm{j}\omega C}\dot{I} \tag{4-30}$$

式（4-30）表示电压的有效值等于电流有效值与容抗的乘积，而在相位上电压比电流滞后 90°。电压与电流的相量图如图 4-12（c）所示。

知道了电压电流的变化规律和相互关系后，便可计算出电路的功率。即

$$p = p_C = ui = 2UI\sin\omega t \sin(\omega t + 90°) = 2UI\sin\omega t\cos\omega t = UI\sin2\omega t \tag{4-31}$$

可见，p 是一个幅值为 UI，并以 2ω 的角频率随时间而变化的交变量，其波形如图 4-12(d) 所示。

在第 1 个和第 3 个 $\frac{1}{4}$ 周期内，电压值在增高，就是电容元件在充电。这时电容元件从电源取用电能储存在它的电场中，所以 p 是正的；在第 2 个和第 4 个 $\frac{1}{4}$ 周期内，电压值在降低，就是电容元件在放电。这时电容元件放出所储存的能量，把它还给电源，所以 p 是负的。

在电容元件交流电路中，平均功率

$$P = \frac{1}{T}\int_0^T p\,\mathrm{d}t = \frac{1}{T}\int_0^T UI\sin2\omega t\,\mathrm{d}t = 0 \tag{4-32}$$

说明电容元件是不消耗能量的，在电源与电容元件之间只发生能量互换。用无功功率来衡量能量互换的规模，它等于瞬时功率的幅值。

为了同电感电路的无功功率相比较，也设电流

$$i = \sqrt{2}\,I\sin\omega t$$

则

$$u = \sqrt{2}\,U\sin(\omega t - 90°)$$

于是得出瞬时功率

$$p = p_C = ui = -UI\sin2\omega t$$

可见，电容元件的无功功率

$$Q = -UI = -X_C I^2 \tag{4-33}$$

即电容性无功功率取负值，而电感性无功功率取正值。无功功率的正负表明了两种元件与电源能量互换的时刻正好相反。

【例 4-7】 把一个 $25\mu\mathrm{F}$ 的电容元件接到频率为 $50\mathrm{Hz}$，电压有效值为 $10\mathrm{V}$ 的正弦电源上，电流是多少？若保持电压值不变，电源频率变为 $5000\mathrm{Hz}$，这时电流将是多少？

解 当 $f = 50\mathrm{Hz}$ 时

$$X_C = \frac{1}{2\pi fC} = \frac{1}{2\times3.14\times50\times25\times10^{-6}} = 127.4(\Omega)$$

$$I = \frac{U}{X_C} = \frac{10}{127.4} = 0.078\,(\mathrm{A}) = 78\mathrm{mA}$$

当 $f = 5000\mathrm{Hz}$ 时

$$X_C = \frac{1}{2\pi fC} = \frac{1}{2\times3.14\times5000\times25\times10^{-6}} = 1.274(\Omega)$$

$$I = \frac{U}{X_C} = \frac{10}{1.274} = 7.8(\mathrm{A})$$

可见，在电压有效值一定时，频率越高，则通过电容元件的电流有效值越大。

【练习与思考】

4-3-1　指出下列各式哪些正确，哪些错误。

　　① $\dfrac{u_L}{i_L} = X_L$；② $\dfrac{u_C}{i_C} = \omega C$；③ $\dot{I}_L = -\mathrm{j}\dfrac{\dot{U}}{\omega L}$；④ $X_L = \mathrm{j}2\pi fL$；⑤ $Q_C = X_C I_C^2$；⑥ $P_L = U_L I_L$

4-3-2　在电容元件的正弦交流电路中，$C = 1\mu\mathrm{F}$，$f = 50\mathrm{Hz}$。

　　① 已知 $u = 220\sqrt{2}\sin(\omega t + 30°)\mathrm{V}$，求电流 i；

② 已知 $\dot{I}=0.2\angle-\dfrac{\pi}{3}\,\mathrm{A}$，求 u。

4-3-3　在电感元件的正弦交流电路中，$L=0.2\mathrm{H}$，$f=50\mathrm{Hz}$。

① 已知 $i=5\sqrt{2}\sin(\omega t-30°)\,\mathrm{A}$，求电压 u；

② 已知 $\dot{U}=100\angle-60°\,\mathrm{V}$，求 i。

4.4　电路定律的相量形式及阻抗

电路的分析依据有两条，一是基尔霍夫定律，二是各元件电压电流的约束关系（VCR方程）。

4.4.1　基尔霍夫定律的相量形式

对于电路中任一结点，根据 KCL 有瞬时关系式

$$\sum i=0$$

由于所有支路电流都是同频正弦量，故相量形式为

$$\sum \dot{I}=0 \tag{4-34}$$

对于电路中任一回路，根据 KVL 有瞬时关系式

$$\sum u=0$$

由于所有支路电压都是同频正弦量，故相量形式为

$$\sum \dot{U}=0 \tag{4-35}$$

4.4.2　单元件电压电流关系的相量形式

现将电阻、电感、电容元件的电压电流关系列于表 4-1 中，分成瞬时值和相量两种表达形式。

表 4-1　电阻、电感、电容元件的电压电流关系式

元件	电阻	电感	电容
瞬时关系式	$u=Ri$	$u=L\dfrac{\mathrm{d}i}{\mathrm{d}t}$	$i=C\dfrac{\mathrm{d}u}{\mathrm{d}t}$
相量关系式	$\dot{U}=R\dot{I}$	$\dot{U}=\mathrm{j}X_L\dot{I}$	$\dot{U}=-\mathrm{j}X_C\dot{I}$

从表 4-1 中可以看出，在瞬时关系式中，电阻、电感、电容元件有本质上的差别；而在相量关系式中，已有一定的相似性。

为统一三元件电压电流的相量形式，定义复数阻抗 Z

$$Z=\frac{\dot{U}}{\dot{I}}=\frac{U}{I}\angle\varphi_u-\varphi_i=|Z|\angle\varphi \tag{4-36}$$

式中，$\dot{U}=U\angle\varphi_u$，$\dot{I}=I\angle\varphi_i$ 是元件上的电压电流相量；Z 为复数阻抗，简称为阻抗；Z 的模 $|Z|$ 称为阻抗模，它等于电压电流有效值之比，Z 的辐角 φ 称为阻抗角，它等于电压电流的相位差。

这样，电阻、电感、电容元件的电压电流相量关系式都可写成

$$\dot{U}=Z\dot{I} \tag{4-37}$$

式(4-37) 在形式上与欧姆定律的表达式相似，所以也可称之为欧姆定律的相量形式。式(4-13)、式(4-21)、式(4-30) 都是式(4-37) 的特例。注意，阻抗是复数，但它不是相量，更不代表正弦量，它只是一个运算复数。

4.4.3　RLC 串联的正弦交流电路

前面讨论了单一参数电路元件的正弦交流电路。但实际的电路模型并不都是只由一个理想元件构成的，而往往是几种理想元件的组合。本节以电阻、电感、电容元件串联交流电路为例讨论简单正弦交流电路的电压电流关系和功率计算。RLC 串联电路是一种典型电路，单一参数电路、RL 串联电路和 RC 串联电路都可以看成是它的特例。因此本节所得出的结论更具一般性。

RLC 串联交流电路如图 4-14 所示。根据基尔霍夫定律列写出其电流的时域形式的方程

$$u=u_R+u_L+u_C=Ri+L\frac{\mathrm{d}i}{\mathrm{d}t}+\frac{1}{C}\int i\,\mathrm{d}t$$

如用相量表示，则方程为

$$\dot{U}=\dot{U}_R+\dot{U}_L+\dot{U}_C=R\dot{I}+\mathrm{j}X_L\dot{I}-\mathrm{j}X_C\dot{I}$$
$$=[R+\mathrm{j}(X_L-X_C)]\dot{I}=Z\,\dot{I} \tag{4-38}$$

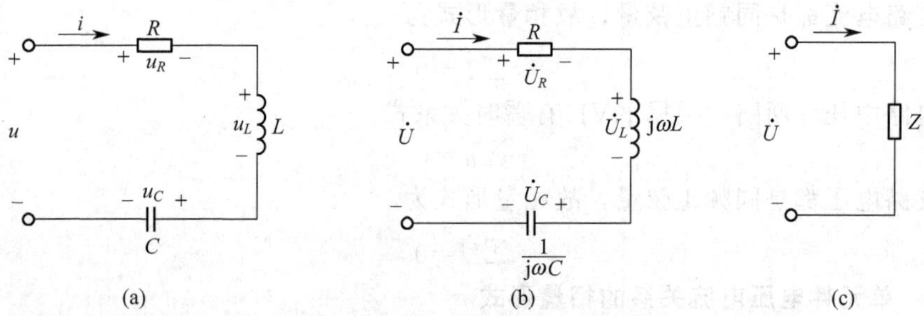

图 4-14　RLC 串联交流电路的时域模型和相量模型

上式方括号中的复数为 RLC 串联交流电路的阻抗，其实部是电路的电阻，虚部则是电抗，即 $X_L-X_C=X$。从电路构成来看，阻抗是由电阻和电抗串联组成，可看成是一个电路元件，即阻抗元件，其参数为复数 Z，电路符号如图 4-14(c) 所示。

由式(4-38) 可得

$$Z=R+\mathrm{j}(X_L-X_C)=\sqrt{R^2+(X_L-X_C)^2}\angle\arctan\frac{X_L-X_C}{R}=|Z|\angle\varphi \tag{4-39}$$

上式中

$$|Z|=\sqrt{R^2+(X_L-X_C)^2}=\sqrt{R^2+\left(\omega L-\frac{1}{\omega C}\right)^2}=\frac{U}{I} \tag{4-40}$$

是阻抗的模，称为阻抗模，其单位是欧［姆］，也具有对电流起阻碍作用的性质

$$\varphi=\arctan\frac{X_L-X_C}{R}=\varphi_u-\varphi_i \tag{4-41}$$

是阻抗的辐角，即为电压超前电流的相位差。

由式(4-41) 可知，当 $X_L>X_C$ 时阻抗角 $\varphi>0$，在相位上电压超前电流 φ 角，电路呈现电感性；当 $X_L<X_C$ 时阻抗角 $\varphi<0$，在相位上电压滞后电流 φ 角，电路呈现电容性；当 $X_L=X_C$ 时阻抗角 $\varphi=0$，电压与电流同相，电路呈现电阻性。

设电流

$$i=\sqrt{2}\,I\sin\omega t$$

为参考正弦量，则

$$\begin{cases} \dot{U}_R = R\dot{I} \\ \dot{U}_L = j\omega L\dot{I} = jX_L\dot{I} \\ \dot{U}_C = \dfrac{1}{j\omega C}\dot{I} = -jX_C\dot{I} \end{cases}$$

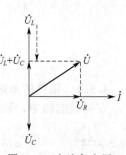

图 4-15　电流与电压的相量图

根据上述关系式可画出 RLC 串联电路的相量图，如图 4-15 所示。从相量图中可以看出 $\dot{U} = \dot{U}_R + \dot{U}_L + \dot{U}_C$，而 $U = \sqrt{U_R^2 + (U_L - U_C)^2}$。注意 $U \neq U_R + U_L + U_C$。

【例 4-8】 图 4-16 所示的 RLC 串联电路中，已知 $R = 40\Omega$，$L = 127\text{mH}$，$C = 40\mu\text{F}$。设 $u = 220\sqrt{2}\sin(\omega t + 30°)\text{V}$。①求电流 i 及 u_R，u_C，u_L；②作相量图。

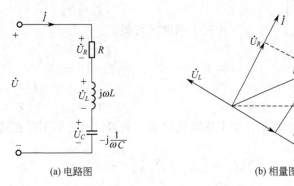

(a) 电路图　　　　(b) 相量图

图 4-16　例 4-8 的图

解　电阻、电感、电容三元件的串联，即三阻抗的串联，套用电阻串联的公式。

① $X_L = \omega L = 314 \times 127 \times 10^{-3}\ (\Omega) = 40\Omega$

$$X_C = \frac{1}{\omega C} = \frac{1}{314 \times 40 \times 10^{-6}}\ (\Omega) = 80\Omega$$

串联等效阻抗

$$Z = Z_R + Z_L + Z_C = R + j(X_L - X_C) = (40 - j40)\Omega = 40\sqrt{2}\angle{-45°}\Omega$$

等效阻抗 $Z = R + jX$，$X < 0$，则为容性负载；如果 $X > 0$，则为感性负载。

$$\dot{I} = \frac{\dot{U}}{Z} = \frac{220\angle 30°}{40\sqrt{2}\angle{-45°}}\text{A} = 2.75\sqrt{2}\angle 75°\text{A}$$

$$\dot{U}_R = R\dot{I} = 40 \times 2.75\sqrt{2}\angle 75°\text{V} = 110\sqrt{2}\angle 75°\text{V}$$

$$\dot{U}_L = jX_L\dot{I} = j40 \times 2.75\sqrt{2}\angle 75°\text{V} = 110\sqrt{2}\angle 165°\text{V}$$

$$\dot{U}_C = -jX_C\dot{I} = -j80 \times 2.75\sqrt{2}\angle 75°\text{V} = 220\sqrt{2}\angle{-15°}\text{V}$$

于是

$i = 5.5\sin(314t + 75°)\text{A}$ 　　　　$u_L = 220\sin(314t + 165°)\text{V}$

$u_R = 220\sin(314t + 75°)\text{V}$ 　　　$u_C = 440\sin(314t - 15°)\text{V}$

注意 $\dot{U} = \dot{U}_R + \dot{U}_L + \dot{U}_C$，但 $U \neq U_R + U_L + U_C$。

② 电压和电流的相量图如图 4-16（b）所示。其中电压相量体现了 KVL 的图解形式。

4.5 阻抗的串并联

4.5.1 阻抗的串联

在交流电路中，阻抗的连接形式是多种多样的，其中最简单和最常用的是串联和并联。

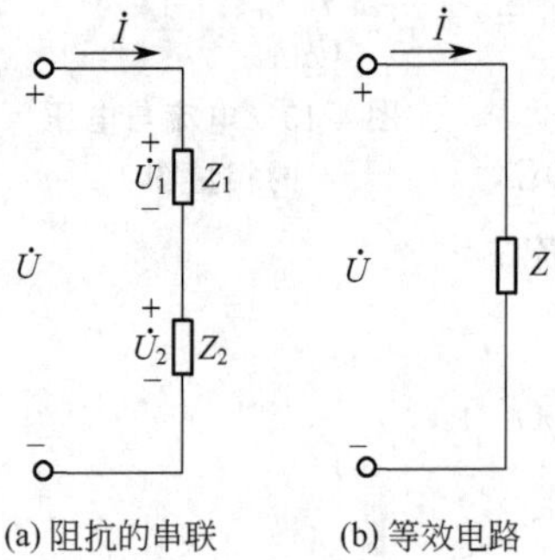

图 4-17(a) 是两个阻抗的串联电路，根据基尔霍夫电压定律可写出

$$\dot{U}=\dot{U}_1+\dot{U}_2=Z_1\dot{I}+Z_2\dot{I}=(Z_1+Z_2)\dot{I} \qquad (4\text{-}42)$$

两个阻抗的串联可用一个等效阻抗 Z 来代替，根据图 4-17(b) 所示的等效电路可写出

$$\dot{U}=Z\dot{I} \qquad (4\text{-}43)$$

比较上列两式可得

$$Z=Z_1+Z_2 \qquad (4\text{-}44)$$

因为　　　　　$U \neq U_1+U_2$

即　　　　　$|Z|I \neq |Z_1|I+|Z_2|I$

所以　　　　　$|Z| \neq |Z_1|+|Z_2|$

(a) 阻抗的串联　(b) 等效电路

图 4-17　阻抗的串联
及等效电路

由此可见，只有复数阻抗才等于各个串联阻抗之和，而阻抗模之间不存在这种关系。一般情况下，等效阻抗可写成

$$Z=\sum Z_k=\sum R_k+\mathrm{j}\sum X_k=|Z|\angle\varphi \qquad (4\text{-}45)$$

式中

$$|Z|=\sqrt{\left(\sum R_k\right)^2+\left(\sum X_k\right)^2}$$

$$\varphi=\arctan\frac{\sum X_k}{\sum R_k}$$

串联阻抗分电压，其分压公式形式上与电阻串联分压类似，不难证明

$$\dot{U}_1=\frac{Z_1}{Z_1+Z_2}\dot{U} \qquad (4\text{-}46)$$

$$\dot{U}_2=\frac{Z_2}{Z_1+Z_2}\dot{U} \qquad (4\text{-}47)$$

但应该明确的是，电阻的分压是实数的计算而阻抗分压是复数的计算，所以不存在大电阻分大电压小电阻分小电压的规律，而且串联阻抗总电压不一定大于分电压。

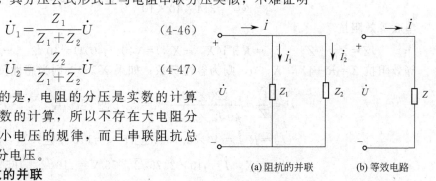

(a) 阻抗的并联　(b) 等效电路

图 4-18　阻抗的并联及等效电路

4.5.2 阻抗的并联

图 4-18(a) 是两个阻抗的并联电路，根据基尔霍夫电流定律可写出

$$\dot{I}=\dot{I}_1+\dot{I}_2=\frac{\dot{U}}{Z_1}+\frac{\dot{U}}{Z_2}=\left(\frac{1}{Z_1}+\frac{1}{Z_2}\right)\dot{U} \qquad (4\text{-}48)$$

两个阻抗的并联也可用一个等效阻抗 Z 来代替，根据图 4-18(b) 所示的等效电路可写出

$$\dot{I}=\frac{\dot{U}}{Z} \qquad (4\text{-}49)$$

比较上列两式可得

$$\frac{1}{Z}=\frac{1}{Z_1}+\frac{1}{Z_2} \tag{4-50}$$

或

$$Z=\frac{Z_1 Z_2}{Z_1+Z_2} \tag{4-51}$$

因为

$$I\neq I_1+I_2$$

即

$$\frac{U}{|Z|}\neq\frac{U}{|Z_1|}+\frac{U}{|Z_2|}$$

所以

$$\frac{1}{|Z|}\neq\frac{1}{|Z_1|}+\frac{1}{|Z_2|}$$

由此可见，只有复数阻抗的倒数才等于各个并联阻抗的倒数之和，而阻抗模之间不存在这种关系。一般情况下，等效阻抗可写成

$$\frac{1}{Z}=\sum\frac{1}{Z_k} \tag{4-52}$$

阻抗并联分电流，其分流公式形式上与电阻并联分电流的公式相似，不难证明

$$\dot{I}_1=\frac{Z_2}{Z_1+Z_2}\dot{I} \tag{4-53}$$

$$\dot{I}_2=\frac{Z_1}{Z_1+Z_2}\dot{I} \tag{4-54}$$

同样电阻的分流是实数的计算而阻抗分流是复数的计算，所以不存在大电阻分小电流小电阻分大电流的规律，而且并联阻抗总电流不一定大于分电流。

【例 4-9】　图 4-19 所示电路中，$X_L=X_C=R$，且已知电流表 A_1 的读数为 1A，则 A_2 和 A_3 的读数为多少？

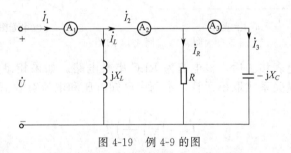

图 4-19　例 4-9 的图

解题思路： 一般情况下不计电表对电路的影响，即电流表相当于短路，电压表相当于开路。由于电表仅读有效值，不能直接用相量关系式。如果电路中没有任何一个角度给出，可设某物理量的初相为 0°，该物理量应当很好地联系已知和未知。一般并联电路设并联电压的初相而串联电路设串联电流的初相为 0°。

解　设 $\dot{U}=U\angle0°$

$$\dot{I}_L=-\mathrm{j}\frac{\dot{U}}{X_L}=-\mathrm{j}\frac{\dot{U}}{R},\ \dot{I}_3=\mathrm{j}\frac{\dot{U}}{X_C}=\mathrm{j}\frac{\dot{U}}{R},\ \dot{I}_R=\frac{\dot{U}}{R}$$

由 KCL　　　　　　　　　　$\dot{I}_1=\dot{I}_L+\dot{I}_R+\dot{I}_3=\frac{\dot{U}}{R}$

A_1 测 I_1 为 1A，所以 $\dot{I}_L=-\mathrm{j}1\mathrm{A}$，$\dot{I}_3=\mathrm{j}1\mathrm{A}$，$\dot{I}_R=1\mathrm{A}$

$\dot{I}_3=\dot{I}_C$　A_3 的读数为 1A

$\dot{I}_2=\dot{I}_R+\dot{I}_3=\sqrt{2}\angle45°\mathrm{A}$，$A_2$ 的读数为 1.41A

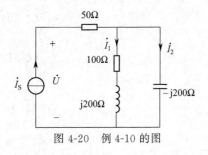

图 4-20 例 4-10 的图

【例 4-10】 在图 4-20 中，已知 $\dot{I}_S=1\angle 0°$，试求：①等效阻抗 Z；②电路中的 $\dot{U}$，$\dot{I}_1$，$\dot{I}_2$。

解 阻抗串并联与电阻串并联公式相仿。

① 等效阻抗

$$Z=\left[50+\frac{(100+\mathrm{j}200)(-\mathrm{j}200)}{100+\mathrm{j}200-\mathrm{j}200}\right]\Omega$$
$$=492.4\angle -24°\Omega$$

② 根据分流公式：

$$\dot{I}_1=\frac{-\mathrm{j}200}{100+\mathrm{j}200-\mathrm{j}200}\times 1\angle 0°\mathrm{A}=2\angle -90°\mathrm{A}$$

$$\dot{I}_2=\frac{100+\mathrm{j}200}{100+\mathrm{j}200-\mathrm{j}200}\times 1\angle 0°\mathrm{A}=\sqrt{5}\angle 63.4°\mathrm{A}$$

$$\dot{U}=Z\dot{I}_S=492.4\angle -24°\times 1\angle 0°\mathrm{V}=492.4\angle -24°\mathrm{V}$$

【例 4-11】 图 4-21(a) 中，已知电压表 V，V_1，V_2 的读数为 100V，电流表的读数为 1A。求参数 R，L，C，并作出电路相量图。（$\omega=314\mathrm{rad/s}$）

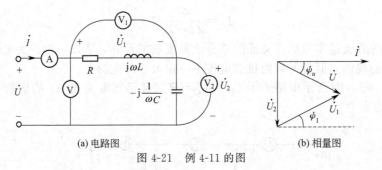

(a) 电路图   (b) 相量图

图 4-21 例 4-11 的图

解 **方法一** 将电表移去后，该电路为 RLC 串联电路。如果相量关系式中只涉及复数的乘除法，则可对相量关系式取模运算。本题中已知电压和电流有效值，以及所求参数都与模有直接关系。

$$\dot{U}_2=\left(-\mathrm{j}\frac{1}{\omega C}\right)\dot{I}$$

$$U_2=\frac{1}{\omega C}I,\ C=\frac{1}{\omega U_2}I=\frac{1}{314\times 100}\mathrm{F}=31.85\mu\mathrm{F}$$

串联电路中电流相同，阻抗之比即电压相量之比，然后取模

$$\frac{-\mathrm{j}\dfrac{1}{\omega C}}{R+\mathrm{j}\omega L}=\frac{\dot{U}_2}{\dot{U}_1},\quad \frac{\dfrac{1}{\omega C}}{\sqrt{R^2+(\omega L)^2}}=\frac{U_2}{U_1}$$

$$\frac{R+\mathrm{j}\omega L}{R+\mathrm{j}\left(\omega L-\dfrac{1}{\omega C}\right)}=\frac{\dot{U}_1}{\dot{U}},\quad \frac{\sqrt{R^2+(\omega L)^2}}{\sqrt{R^2+\left(\omega L-\dfrac{1}{\omega C}\right)^2}}=\frac{U_1}{U}$$

得 $R=86.6\Omega$，$L=0.159\mathrm{H}$。

方法二 直接用相量关系式列写电路方程，串联电路设 $\dot{I}=1\angle 0°\mathrm{A}$，则 $\dot{U}=100\angle \psi_u\mathrm{V}$，$\dot{U}_1=100\angle \psi_1\mathrm{V}$（$0°<\psi_1<90°$），$\dot{U}_2=100\angle -90°\mathrm{V}$，由 KVL 得

$$100\angle \psi_u=100\angle \psi_1+100\angle -90°$$

所以　　$100\cos\psi_u=100\cos\psi_1$，$100\sin\psi_u=100\sin\psi_1-100$，$\psi_1=30°$

由 $\dot{U}_1=(R+j\omega L)\dot{I}$

$$R+j\omega L=\frac{\dot{U}_1}{\dot{I}}=100\angle30°\,\Omega=(50\sqrt{3}+j50)\,\Omega$$

$$R=86.6\,\Omega,\quad L=0.159\text{H}$$

注意，一个复数关系式，可写出两个实数关系式，既可以是模和幅角的关系，也可以是实部和虚部的关系。

方法三　仍设 $\dot{I}=1\angle0°$A，由 KVL 和元件 VCR 画出相量图 4-21（b）。由于 $U=U_1=U_2$，组成等边三角形。由相量图得，$\dot{U}_2=100\angle-90°$V，$\dot{U}_1=100\angle30°$V，$\dot{U}=100\angle-30°$V，后同方法二。相量图的特点是直观，特别当相量图为等边、等腰、直角三角形时更方便。即使是一般三角形，也可用三角中的余弦、正弦定理来分析。

由此题可以看出，在恰当的情况下，利用相量图中的几何关系进行分析，可以简化电路的求解过程。

对于复杂的正弦交流电路的计算，和第 2 章计算复杂直流电路一样，也要应用支路电流法、结点电压法、叠加定理和戴维宁定理等方法来分析和计算。所不同者，电压和电流应以相量表示，电阻、电感和电容及其组成的电路应以阻抗表示。下面举例说明。

【例 4-12】　求图 4-22 所示电路 i_L，图中 $u_S=10\sqrt{2}\sin(t+60°)$V，$i_S=5\sqrt{2}\sin(t-30°)$A。

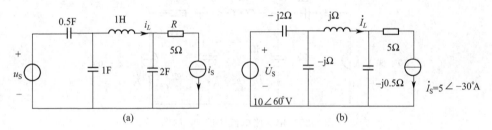

图 4-22　例 4-12 的图

解　① 用叠加定理求解，画出两理想电源单独作用的电路（见图 4-23），并求解之。

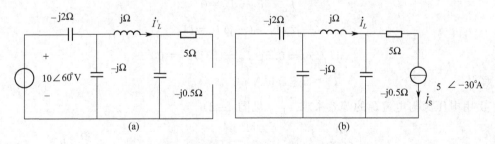

图 4-23　两理想电源单独作用时的电路图

$$\dot{I}_L'=\frac{10\angle60°}{-j2+(-j)//(j0.5)}\times\frac{-j}{-j+j-0.5j}\text{A}=-20\angle-30°\text{A}$$

$$\dot{I}_L''=\frac{-j0.5}{-j0.5+j+(-j)//(-j2)}\times5\angle-30°\text{A}=15\angle-30°\text{A}$$

$$\dot{I}_L=\dot{I}_L'+\dot{I}_L''=-5\angle-30°\text{A}=5\angle150°\text{A}$$

② 用戴维宁定理求 $\dot{U}_{OC}$（见图 4-24）

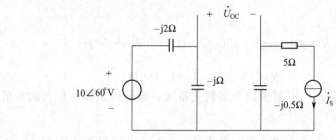

图 4-24　求 $\dot{U}_{OC}$ 的电路

$$\dot{U}_{OC}=\left[\frac{-j}{-j-j2}\times10\angle60°+(-j0.5)\times5\angle-30°\right]V=\frac{5}{6}\angle60°V$$

$$Z_{eq}=\left[(-j)//(-j2)-j0.5\right]\Omega=-j\frac{7}{6}\Omega$$

$$\dot{I}_L=\frac{\dot{U}_{OC}}{Z_{eq}+Z_L}=\frac{\frac{5}{6}\angle60°}{-j\frac{7}{6}+j}A=5\angle150°A$$

③ 用支路电流法求解 $\dot{I}_L$（见图 4-25）

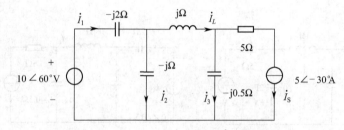

图 4-25　用支路电流法求 $\dot{I}_L$ 的图

$$\dot{I}_1-\dot{I}_2-\dot{I}_L=0$$

$$\dot{I}_L-\dot{I}_3-\dot{I}_S=0$$

$$(-j2)\dot{I}_1+(-j)\dot{I}_2=\dot{U}_S$$

$$j\dot{I}_L+(-0.5j)\dot{I}_3-(-j)\dot{I}_2=0$$

解得　　　　　　　　$$\dot{I}_L=5\angle150°A$$

④ 用电压源与电流源的等效来求 $\dot{I}_L$（见图 4-26）

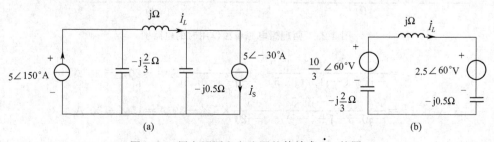

图 4-26　用电压源和电流源的等效求 $\dot{I}_L$ 的图

$$\dot{I}_L = \frac{\dfrac{10}{3}\angle 60° - 2.5\angle 60°}{-\mathrm{j}\dfrac{2}{3} + \mathrm{j} - \mathrm{j}0.5}\mathrm{A} = 5\angle 150°\mathrm{A}$$

4.6　正弦交流电路的功率及功率因数的提高

4.6.1　正弦交流电路的功率

下面讨论一般正弦交流电路的功率。图 4-27 所示为无源二端网络，端口电流、电压为

$$i = \sqrt{2}\,I\sin\omega t$$
$$u = \sqrt{2}\,U\sin(\omega t + \varphi)$$

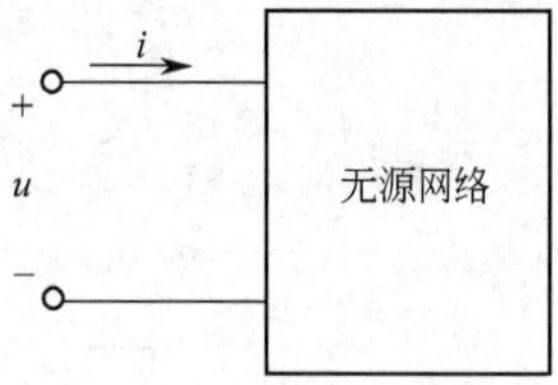

参考方向如图 4-27 所示，其乘积为二端网络的输入功率

$$
\begin{aligned}
p &= ui = 2UI\sin(\omega t + \varphi)\sin\omega t \\
&= UI\cos\varphi - UI\cos(2\omega t + \varphi) \qquad\qquad (4\text{-}55) \\
&= UI\cos\varphi(1 + \cos 2\omega t) - UI\sin\varphi\sin 2\omega t
\end{aligned}
$$

上式中第一项是非负的，反映二端网络吸收电能；第二项是时间的正弦函数，反映二端网络与外电路交换能量。

瞬时功率的使用价值不大。通常所说的交流电路的功率是指瞬时功率在一个周期内的平均值，即平均功率，此二端网络的平均功率

$$
\begin{aligned}
P &= \frac{1}{T}\int_0^T p\,\mathrm{d}t = \frac{1}{T}\int_0^T [UI\cos\varphi - UI\cos(2\omega t + \varphi)]\mathrm{d}t \\
&= UI\cos\varphi = UI\lambda \qquad\qquad\qquad\qquad (4\text{-}56)
\end{aligned}
$$

式中

$$\lambda = \cos\varphi = \cos(\varphi_u - \varphi_i) \qquad\qquad (4\text{-}57)$$

称为二端网络的功率因数。

从图 4-15 的相量图中可得出

$$U\cos\varphi = U_R = RI$$

于是，RLC 串联交流电路的平均功率

$$P = P_R = U_R I = RI^2 = UI\cos\varphi$$

由上式可见，电路的平均功率等于电阻吸收的平均功率，这是因为阻抗 $Z = R + \mathrm{j}X$ 中只有电阻消耗电能，吸收平均功率。

电抗元件与电源之间要进行能量互换，式(4-55)中等号右面第二项反映二端网络与电源交换能量，仍取其最大值作为无功功率，则二端网络的无功功率为

$$Q = UI\sin\varphi \qquad\qquad\qquad\qquad (4\text{-}58)$$

从图 4-15 的相量图中可得出

$$U\sin\varphi = U_L - U_C = (X_L - X_C)I$$

于是，RLC 串联交流电路的无功功率为

$$Q = (U_L - U_C)I = (X_L - X_C)I^2 = UI\sin\varphi$$

一般电气设备都要规定额定电压和额定电流，工程上用它们的乘积来表示某些电气设备的容量，并称为视在功率，用 S 表示，即

$$S = UI \qquad\qquad\qquad\qquad\qquad (4\text{-}59)$$

为了与平均功率相区别，视在功率不用瓦作单位，而直接用伏安（V·A）或千伏安（kV·A）作单位。例如说 560kV·A 的变压器，是指这台变压器的额定视在功率是 560kV·A。

图 4-27　无源二端网络

应当注意，功率和阻抗都不是正弦量，所以不能用相量表示。

【例 4-13】 图 4-28 所示电路是用三表法（交流电压表、电流表及功率表）测电感线圈参数 R，L 的实验电路。已知电压表的读数为 220V，电流表的读数为 2.2A，功率表的读数为 48.4W，工频电源，求 R，L 的值。

解 $Z=|Z|\angle\varphi=R+j\omega L$，$|Z|=\dfrac{U}{I}=\dfrac{220}{2.2}=100(\Omega)$

功率表测线圈吸收的有功功率，有

$$UI\cos\varphi=48.4$$

$$\varphi=\arccos\left(\frac{48.4}{220\times2.2}\right)=84.26°$$

$$Z=100\angle84.26°\Omega=(10+j99.5)\Omega$$

$$R=10\Omega,\quad L=\frac{99.5}{\Omega}=317\text{mH}$$

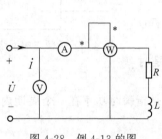

图 4-28　例 4-13 的图

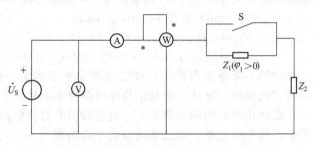

图 4-29　例 4-14 的图

【例 4-14】 图 4-29 中，当 S 闭合时，电流表读数为 10A，功率表读数为 1000W；当 S 打开后电流表的读数 $I'=12$A，功率表读数为 $P'=1600$W，试求 Z_1 和 Z_2。（$U_S=220$V）

解 因 $\varphi_1>0$，所以 Z_1 为感性，设 $Z_1=R_1+jX_1=|Z_1|\angle\varphi_1$（$X_1>0$）；而 Z_2 可以是感性也可是容性，设 $Z_2=R_2\pm jX_2=|Z_2|\angle\varphi_2$（$X_2>0$）。当 S 闭合时，$Z_1$ 被短路，有

$$|Z_2|=\frac{U}{I}=\frac{220}{10}=22(\Omega),\quad R_2=\frac{P}{I^2}=\frac{1000}{10^2}=10(\Omega)$$

$$X_2=\sqrt{|Z_2|^2-R_2^2}=\sqrt{22^2-10^2}=19.6(\Omega)$$

当 S 打开时，Z_1 和 Z_2 串联，则

$$Z=Z_1+Z_2=(R_1+R_2)+j(X_1\pm X_2)=|Z|\angle\varphi$$

$$|Z|=\frac{U}{I'}=\frac{220}{12}=18.33(\Omega)$$

依题意，$$P'=R_1I'^2+R_2I'^2=(R_1+R_2)I'^2$$

即 $$R_1=\frac{1600}{144}-10=1.11(\Omega)$$

$$X=\sqrt{|Z|^2-R_1^2}=\sqrt{18.33^2-11.11^2}=14.58(\Omega)$$

由于 $X=14.58\Omega$，$X_2=19.6\Omega$，即 $X<X_2$，而 Z_1 为感性，则 Z_2 为容性，应有

$$\pm X=X_1-X_2,\quad 即\ X_1=\pm X+X_2$$

$$X_1=X+X_2=14.58+19.6=34.18(\Omega)$$

$$X_1=-X+X_2=-14.58+19.6=5.02(\Omega)$$

则所求

$$Z_1=R_1+jX_1=(1.11+j34.18)\Omega \text{ 或 } Z_1=R_1+jX_1=(1.11+j5.02)\Omega$$
$$Z_2=R_2-jX_2=(10-j19.6)\Omega$$

注意：要全面考虑问题，没有依据不要轻率下结论。

4.6.2　功率因数的提高

在计算交流电路的功率时，不仅要考虑电压电流的大小，还要考虑电压与电流之间的相位关系，即

$$P=UI\cos\varphi$$

上式中的 $\cos\varphi$ 是电路的功率因数。而功率因数取决于电路的参数。只有在电阻负载（例如白炽灯、电阻炉等）的情况下，电压和电流才同相，其功率因数为 1。对其他负载来说，功率因数均介于 0 与 1 之间。

当电路的功率因数不等于 1 时，电路中发生能量互换，出现无功功率 $Q=UI\sin\varphi$。这样就引起下面两个问题。

(1) 发电设备的容量不能充分利用

$$P=U_N I_N\cos\varphi$$

由上式可见，当负载的功率因数 $\cos\varphi<1$ 时，而发电机的电压和电流又不允许超过额定值，显然这时发电机所能发出的有功功率就减小了。功率因数越低，发电机所发出的有功功率就越小，而无功功率却越大，即电路中能量互换的规模越大，则发电机发出的能量就不能充分利用，其中有一部分在发电机和负载间进行互换。

例如容量为 560kV·A 的变压器，如果它所接负载的功率因数为 1，由式(4-56) 可知它能传输的功率是 560kW；若 $\lambda=0.5$，它就只能传输 280kW 了。

(2) 增大线路和发电机绕组的损耗

当发电机的电压 U 和输出的功率 P 一定时，电流 I 与功率因数成反比。而线路和发电机绕组上的功率损耗为

$$\Delta P=rI^2=\left(r\frac{P^2}{U^2}\right)\frac{1}{\cos^2\varphi}$$

式中，r 是发电机绕组和线路的电阻。可见 ΔP 与功率因数的平方成反比。

由上述可知，提高电网的功率因数对国民经济有着极为重要的意义。功率因数的提高能使发电设备的容量得到充分利用，同时也能使电能得到大量节约。

功率因数不高，根本原因就是大量电感性负载的存在。例如生产中最常用的异步电动机在额定负载时的功率因数约为 0.7～0.9，如果轻载其功率因数就更低。电感性负载的功率因数之所以小于 1，是因为负载本身需要一定的无功功率。从技术经济观点出发，既要减少电源与负载之间的能量互换，又要使电感性负载取得所需的无功功率，这就是提高功率因数的实际意义。

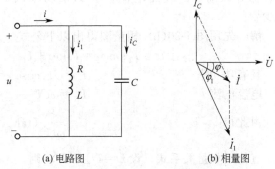

(a) 电路图　　　　(b) 相量图

图 4-30　电容器与电感性负载
并联以提高功率因数

按照供用电规则，高压供电的工业企业的平均功率因数不低于 0.95，其他单位不低于 0.9。

提高功率因数，常用的方法就是与电感性负载并联静电电容器（设置在用户或变电所中），其电路图和相量图如图 4-30 所示。

并联电容以后，电感性负载的电流 I_1 和功率因数 $\cos\varphi_1$ 均未变化，这是因为所加电压 u 和负载参数没有改变。但电压 u 和线路电流 i 之间的相位差变小了，即 $\cos\varphi$ 变大了。这里所讲的提高功率因数，是指提高电源或整个电路的功率因数，而不是指某个感性负载的功率因数。

在感性负载上并联电容后，减少了电源与负载之间的能量互换，这时感性负载所需的无功功率，大部分或者全部由电容器供给，就是说能量互换现在主要或者完全发生在感性负载和电容元件之间，因而使发电机容量得到充分利用。

由相量图可见，并联电容器后，线路电流 i 也减小了，因而减少了线路损耗。同时应该注意，并联电容器后有功功率并未改变，这是因为电容不消耗电能。

下面分析并联电容器补偿电容值得确定，用相量分析如下。

设 $\dot{U}=U\angle 0°$，则

$$\dot{I}_C=\mathrm{j}\omega C\dot{U}, \quad \dot{I}_1=I_1\angle-\varphi_1=I_1\cos\varphi_1-\mathrm{j}I_1\sin\varphi_1$$

$$\dot{I}=I\angle-\varphi=I\cos\varphi-\mathrm{j}I\sin\varphi$$

由 $\dot{I}=\dot{I}_1+\dot{I}_C$ 得

$$I\sin\varphi+I_C=I_1\sin\varphi_1$$

如果有功功率 P、电源电压 U 及频率 f、$\cos\varphi$ 和 $\cos\varphi_1$ 已知，可得

$$I_C=I_1\sin\varphi_1-I\sin\varphi=\frac{P}{U\cos\varphi_1}\sin\varphi_1-\frac{P}{U\cos\varphi}\sin\varphi=\frac{P}{U}(\tan\varphi_1-\tan\varphi)$$

所以

$$\omega CU=\frac{P}{U}(\tan\varphi_1-\tan\varphi)$$

即

$$C=\frac{P}{\omega U^2}(\tan\varphi_1-\tan\varphi) \tag{4-60}$$

此式即补偿电容的计算公式。

【例 4-15】 有一电感性负载，其功率 $P=20\text{kW}$，功率因数 $\cos\varphi_1=0.6$，接在 220V、50Hz 的工频电源上。①如果将功率因数提高到 $\cos\varphi=0.9$，试求并联电容量和电容器并联前后的线路电流；②如果功率因数从 0.9 提高到 1，并联电容器还需增加多少？

解 先用图 4-30(b) 相量图得出以下公式

$$I_1\sin\varphi_1=I\sin\varphi+I_C, \quad I_1\cos\varphi_1=I\cos\varphi$$

且有功功率 $\qquad\qquad P=UI_1\cos\varphi_1=UI\cos\varphi$

电容电流 $\qquad\qquad I_C=\omega CU$

由此得 $\qquad\qquad C=\frac{P}{\omega U^2}(\tan\varphi_1-\tan\varphi)$

直接用相量关系式，设 $\dot{U}=U\angle 0°\text{V}$，则

$$\dot{I}_1=I_1\angle-\varphi_1(\varphi_1\text{ 为阻抗角}), \dot{I}=I\angle-\varphi, \dot{I}_C=\mathrm{j}\omega CU$$

由 KCL 得

$$\dot{I}=\dot{I}_1+\dot{I}_C, \quad I\angle-\varphi=I_1\angle-\varphi_1+\mathrm{j}\omega CU$$

所以 $\qquad I\cos\varphi=I_1\cos\varphi_1, \quad -I\sin\varphi=-I_1\sin\varphi_1+\omega CU$

由此得 $\qquad\qquad C=\frac{P}{\omega U^2}(\tan\varphi_1-\tan\varphi)$

① $\cos\varphi_1=0.6$，$\varphi_1=53°$；$\cos\varphi=0.9$，$\varphi=25.8°$

所需电容值

$$C=\frac{20\times10^3}{2\pi\times50\times220^2}(\tan53°-\tan25.8°)\mathrm{F}=55.5\mathrm{mF}$$

并联电容前的线路电流（即负载电流）为

$$I_1=\frac{P}{U\cos\varphi_1}=\frac{20\times10^3}{220\times0.6}=151.5(\mathrm{A})$$

并联电容后的线路电流

$$I=\frac{P}{U\cos\varphi}=\frac{20\times10^3}{220\times0.9}=101.0(\mathrm{A})$$

② 如果将 $\cos\varphi$ 由 0.9 提高到 1，则需要增加的电容值为

$$C=\frac{20\times10^3}{2\pi\times50\times220^2}(\tan25.8°-\tan0°)\mathrm{F}=31.8\mathrm{mF}$$

可见当功率因数已接近 1 时再继续提高，则所需电容量很大，因此一般不要求提高到 1。

【练习与思考】

4-6-1　计算下列各题，并说明电路的性质：

① $\dot{U}=10\angle60°\mathrm{V}$，$Z=(5-\mathrm{j}5)\Omega$，$\dot{I}$ 为多少？

② $\dot{U}=-50\angle30°\mathrm{V}$，$\dot{I}=5\mathrm{e}^{-\mathrm{j}60°}\mathrm{A}$，求 R，X。

4-6-2　RLC 串联电路中，是否会出现 $U_L>U$？$U_C>U$？$U_R>U$？

4-6-3　在图 4-31 所示电路中，判断电路图中的电压、电流和电路的阻抗模的答案对不对。

4-6-4　在图 4-32 所示电路中，试求各电路的阻抗，电压 u 是超前还是滞后于 i？

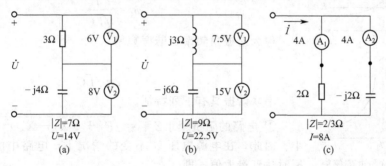

图 4-31　练习与思考 4-6-3 的图

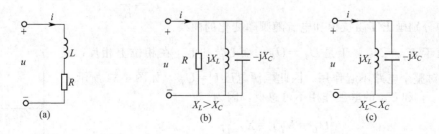

图 4-32　练习与思考 4-6-4 的图

4-6-5　在正弦稳态电路中，电感元件和电容元件不仅阻抗相差一个负号，而且无功功率也一正一负，但在电阻电路中却没有类似的情况，为什么？

4-6-6 一个无源二端网络由若干个电阻和一个电容元件组成，能判断无功功率的正负吗？

4-6-7 为什么不用串联电容器来提高功率因数？

4-6-8 功率因数提高后，线路电流减小了，电度表会走得慢些（省电）吗？

4-6-9 试用相量图说明并联电容过大，功率因数下降的原因。

4.7　电路的谐振

在交流电路中，由于电感和电容元件的阻抗与频率有关，所以调节电路的 L、C 或电源频率可以使电路两端的电压与电流同相位。如果我们调节电路的参数或电源的频率而使它们同相，这时电路就发生谐振现象。因发生谐振电路的不同，谐振现象可分为串联谐振和并联谐振。我们将分别讨论这两种谐振的条件和特征以及谐振电路的频率特性。

4.7.1　串联谐振

谐振发生在串联电路中的称为串联谐振。

RLC 串联电路的阻抗为

$$Z = R + j(X_L - X_C)$$

当阻抗的虚部为零时，$Z = R$，其呈电阻性，端口电压与电流同相，电路发生谐振。所以发生串联谐振的条件为

$$X_L = X_C$$

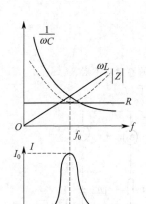

即

$$\omega L = \frac{1}{\omega C} \tag{4-61}$$

改变电源频率，或改变电感、电容均可实现串联谐振。发生谐振的角频率

$$\omega_0 = \frac{1}{\sqrt{LC}} \tag{4-62}$$

称为谐振角频率，谐振频率

$$f_0 = \frac{1}{2\pi\sqrt{LC}} \tag{4-63}$$

串联谐振具有下列特征。

① 电路的阻抗模 $|Z| = \sqrt{R^2 + (X_L - X_C)^2} = R$，其值最小。因此，在电源电压 U 不变的情况下，电路中的电流将在谐振时达到最大值，即

图 4-33　阻抗与电流等随
　　　频率变化的曲线

$$I_0 = \frac{U}{R}$$

图 4-33 中分别画出了阻抗模和电流随频率变化的曲线。

② 由于 $X_L = X_C$，于是 $U_L = U_C$。而 $\dot{U}_L$ 和 $\dot{U}_C$ 在相位上相反，互相抵消，对整个电路不起作用，因此电源电压 $\dot{U} = \dot{U}_R$，如图 4-34 所示。

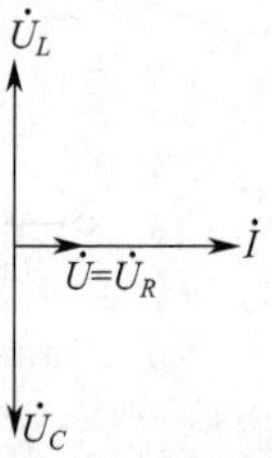

但是 U_L 和 U_C 的单独作用不可忽视，因为

$$\begin{cases} U_L = X_L I = X_L \dfrac{U}{R} \\ U_C = X_C I = X_C \dfrac{U}{R} \end{cases}$$

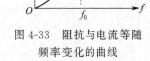

图 4-34　串联谐振
　　　时的相量

当 $X_L = X_C > R$ 时，U_L 和 U_C 都高于电源电压 U。电压过高可能会击穿

线圈和电容器的绝缘。因此，在电力工程中一般应避免发生串联谐振。但在无线电工程中则常利用串联谐振获得较高电压，电容或电感元件上的电压常高于电源电压几十倍或几百倍。所以串联谐振也称为电压谐振。

U_L 或 U_C 与电源电压 U 的比值，通常用 Q 来表示

$$Q = \frac{U_L}{U} = \frac{U_C}{U} = \frac{1}{\omega_0 CR} = \frac{\omega_0 L}{R} = \frac{1}{R}\sqrt{\frac{L}{C}} \tag{4-64}$$

称为电路的品质因数，或简称 Q 值，表示在谐振时电容或电感元件电压是电源电压的 Q 倍。

③ 由于电源电压与电路中电流同相（$\varphi=0$），因此电路对电源呈现电阻性。电源供给电路的能量全被电阻所消耗，电源与电路之间不发生能量的互换。能量的互换只发生在电感线圈与电容器之间。

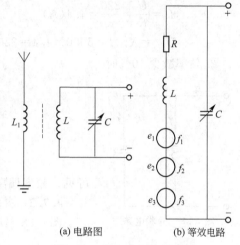

串联谐振在无线电工程中的应用较多，例如在接收机里被用来选择信号。图 4-35（a）是接收机典型的输入电路。它的作用是将需要收听的信号从天线所接收到的许多频率不同的信号之中选出来，其他不需要的信号则尽量地加以抑制。

输入电路的主要部分是天线线圈 L_1 和由电感线圈 L 与可变电容器 C 组成的串联谐振电路。天线所收到的各种频率不同的信号都会在此 LC 谐振电路中感应出相应的电动势 e_1，e_2，e_3，…，如图 4-35（b）所示。图中的 R 是线圈

(a) 电路图　(b) 等效电路

图 4-35　接收机的输入电路

L 的电阻。设各种频率信号的有效值相同，改变 C，使某频率信号达到串联谐振状态，那么这时 LC 回路中该频率的电流最大，而其他频率的信号虽然也出现在接收机里，但由于它们没有达到谐振，在回路中引起的电流很小。在可变电容器两端达谐振状态的信号电压也就最高，而其他频率信号电压很小，这样就起到了选择信号和抑制干扰的作用。

选择性的好坏与 Q 值有关。Q 值越大谐振曲线越尖锐，如图 4-36 所示，当谐振曲线比较尖锐时，稍有偏离谐振频率 f_0 的信号，就大大减弱，如图 4-37 所示。就是说，谐振曲线越尖锐，选择性就越强。工程上规定，在电流 I 值等于最大值 I_0 的 70.7% 处频率的上下限之间的宽度称为通频带宽度，即通频带宽度越小，表明谐振曲线越尖锐，电路的频率选择性就越强。

$$\Delta f = f_2 - f_1$$

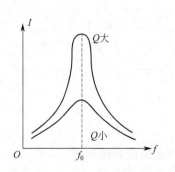

图 4-36　Q 与谐振曲线的关系

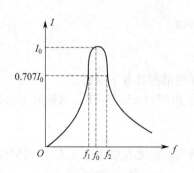

图 4-37　通频带宽度

【例 4-16】 有一线圈（$L=4\text{mH}$，$R=50\Omega$）与电容器（$C=160\text{pF}$）串联，接入 220V 的电源上。①求谐振频率和谐振时电容上的电压和电流；②当频率减少 10％时，求电流与电容器上的电压。

解 ① $f_0=\dfrac{1}{2\pi\sqrt{LC}}=\dfrac{1}{2\times3.14\sqrt{4\times10^{-3}\times160\times10^{-12}}}=200(\text{kHz})$

$X_{L_0}=2\pi f_0 L=2\times3.14\times200\times10^3\times4\times10^{-3}=5000(\Omega)$

$X_{C_0}=X_{L_0}=5000(\Omega)$

$I_0=\dfrac{U}{R}=\dfrac{220}{50}=4.4(\text{A})$

$U_{C_0}=X_{C_0}I=5000\times4.4=22000(\text{V})$

② 频率减少 10％时

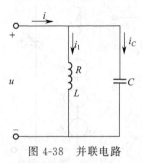

图 4-38　并联电路

$X_L=4500\Omega,\quad X_C=5500\Omega$

$|Z|=\sqrt{50^2+(5500-4500)^2}=1000(\Omega)$

$I=\dfrac{U}{|Z|}=\dfrac{220}{1000}=0.22(\text{A})$

$U_C=X_C I=5500\times0.22=1210(\text{V})$

可见，频率偏离谐振频率 10％时，I 和 U_C 就较谐振值大大减少。

4.7.2　并联谐振

图 4-38 是电容器与线圈并联的电路。电路的等效阻抗为

$$Z=\frac{\dfrac{1}{\text{j}\omega C}(R+\text{j}\omega L)}{\dfrac{1}{\text{j}\omega C}+R+\text{j}\omega L}=\frac{R+\text{j}\omega L}{1+\text{j}\omega RC-\omega^2 LC}$$

通常要求线圈的电阻很小，所以一般在谐振时，$\omega L\gg R$，则上式可写成

$$Z\approx\frac{\text{j}\omega L}{1+\text{j}\omega RC-\omega^2 LC}=\frac{1}{\dfrac{RC}{L}+\text{j}\left(\omega C-\dfrac{1}{\omega L}\right)}\tag{4-65}$$

上式分母虚部为零时，阻抗呈现电阻性，端口电压与电流同相，电路发生谐振。故此并联电路谐振的条件是

$$\omega C\approx\frac{1}{\omega L}\tag{4-66}$$

于是可得谐振角频率

$$\omega_0\approx\frac{1}{\sqrt{LC}}\tag{4-67}$$

谐振频率

$$f_0\approx\frac{1}{2\pi\sqrt{LC}}\tag{4-68}$$

并联谐振具有下列特征。

① 由式(4-65)可知，谐振时电路的阻抗模为

$$|Z_0|=\frac{L}{RC}\tag{4-69}$$

其值最大，因此在电源电压 U 一定的情况下，电流 I 将在谐振时达到最小，即

$$I_0=\frac{U}{|Z_0|}$$

阻抗模与电流随频率的变化曲线如图 4-39 所示。

② 谐振时各并联支路电流为

$$I_1 = \frac{U}{\sqrt{R^2 + (\omega_0 L)^2}} \approx \frac{U}{\omega_0 L}$$

$$I_C = \frac{U}{\dfrac{1}{\omega_0 C}}$$

因为

$$\omega_0 L \approx \frac{1}{\omega_0 C}, \qquad \omega_0 L \gg R$$

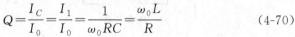

图 4-39　$|Z|$ 和 I 的
谐振曲线

所以由上列各式和图 4-40 的相量图可知

$$I_1 \approx I_C \gg I_0$$

即在谐振时并联支路的电流近似相等，而比总电流大许多倍。因此并联谐振也称电流谐振。

I_C 或 I_1 与总电流 I_0 的比值为电路的品质因数

$$Q = \frac{I_C}{I_0} = \frac{I_1}{I_0} = \frac{1}{\omega_0 RC} = \frac{\omega_0 L}{R} \tag{4-70}$$

即在谐振时，支路电流 I_C 或 I_1 是总电流 I_0 的 Q 倍，也就是谐振时电路的阻抗模为支路阻抗模的 Q 倍。

③ 由于电源电压与电路中电流同相（$\varphi = 0$），因此，电路对电源呈现电阻性。谐振时电路的阻抗模 $|Z|$ 相当于一个电阻。

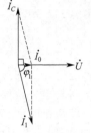

图 4-40　并联谐振
时的相量图

并联谐振在无线电工程和工业电子技术中也常应用。例如利用并联谐振时阻抗高的特点来选择信号或消除干扰。

【例 4-17】　图 4-38 所示的并联电路中，$L = 0.25\text{mH}$，$R = 25\Omega$，$C = 85\text{pF}$，试求谐振角频率 ω_0，品质因数 Q 和谐振时电路的阻抗模 $|Z_0|$。

解

$$\omega_0 \approx \sqrt{\frac{1}{LC}} = \frac{1}{\sqrt{0.25 \times 10^{-3} \times 85 \times 10^{-12}}} = 6.86 \times 10^6 \,(\text{rad/s})$$

$$f_0 = \frac{\omega_0}{2\pi} = \frac{6.86 \times 10^6}{2 \times 3.14} = 1100 \,(\text{kHz})$$

$$Q = \frac{\omega_0 L}{R} = \frac{6.86 \times 10^6 \times 0.25 \times 10^{-3}}{25} = 68.6$$

$$|Z_0| = \frac{L}{RC} = \frac{0.25 \times 10^{-3}}{25 \times 85 \times 10^{-12}} = 117 \,(\text{k}\Omega)$$

4.8　非正弦周期信号的电路

（1）谐波分析的概念

正弦信号（电压或电流）是周期信号中最基本最简单的，可以用相量表示。而其他周期信号是不能用相量表示的。对于这些非正弦周期信号可以用傅里叶级数将它们分解成许多不同频率的正弦分量，这种方法称为谐波分析。

对于电工和电子技术中经常遇到的非正弦周期信号 u（或 i），可将它展开成如下收敛的三角级数

$$u = U_0 + U_{1\text{m}} \sin(\omega t + \varphi_1) + U_{2\text{m}} \sin(2\omega t + \varphi_2) + \cdots$$

$$= U_0 + \sum_{k=1}^{\infty} U_{k\text{m}} \sin(k\omega t + \varphi_k) \tag{4-71}$$

这一无穷三角级数称为傅里叶级数。其中，U_0 为常数，称为恒定分量或直流分量，也就是 u 在一个周期内的平均值；$U_{1m}\sin(\omega t + \varphi_1)$ 是与 u 同频率的正弦分量，称为基波或一次谐波；$U_{2m}\sin(2\omega t + \varphi_2)$ 是频率为 u 的频率的两倍的正弦分量，称为二次谐波；其他依此类推，称为三次谐波、四次谐波……除了直流分量和基波以外，其余各次谐波统称为高次谐波。

例如图 4-41(a) 所示矩形波电压的傅里叶级数展开式为

$$u = \frac{4U_m}{\pi}\left(\sin\omega t + \frac{1}{3}\sin3\omega t + \frac{1}{5}\sin5\omega t + \cdots\right)$$

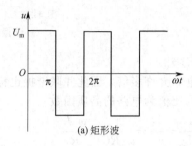
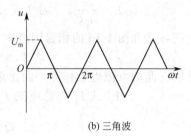

(a) 矩形波　　　　　　　　(b) 三角波

图 4-41　非正弦周期电压信号

图 4-41(b) 所示三角波电压的傅里叶级数展开式为

$$u = \frac{8U_m}{\pi^2}\left(\sin\omega t - \frac{1}{9}\sin3\omega t + \frac{1}{25}\sin5\omega t - \cdots\right)$$

从上述两例中可以看出各次谐波的幅值是不等的，频率越高则幅值越小。这说明傅里叶级数具有收敛性质。一般来说，谐波的次数越高，其幅值越小（个别项可能例外），因此，次数很高的谐波可以忽略。

非正弦周期电流的有效值也是用方均根值计算，见式(4-72)。经计算后得出

$$I = \sqrt{I_0^2 + I_1^2 + I_2^2 + \cdots} \tag{4-72}$$

式中

$$I_1 = \frac{I_{1m}}{\sqrt{2}}, \quad I_2 = \frac{I_{2m}}{\sqrt{2}}, \cdots$$

各为基波、二次谐波等的有效值。因为它们本身都是正弦波，所以有效值等于各相应幅值的 $\dfrac{1}{\sqrt{2}}$。

同理，非正弦周期电压的有效值为

$$U = \sqrt{U_0^2 + U_1^2 + U_2^2 + \cdots} \tag{4-73}$$

(2) 非正弦周期信号电路

当作用于电路的电源为非正弦周期信号电源，或者电路内含有直流电源和若干个不同频率的正弦交流电源时，电路中的电压和电流都将是非正弦周期波形。对于这样的线性电路可以利用叠加定理来进行分析。

若电源为非正弦周期信号电源，先要进行谐波分析，求出电源信号的直流分量和各次谐波分量。若是电路内含有直流电源和若干个不同频率的正弦交流电源，谐波分析的步骤可以省去。

然后，求出非正弦周期信号电源的直流分量和各次谐波分量分别单独作用时所产生的电压和电流，或者求出电路内的直流电源和各不同频率正弦交流电源分别单独作用时所产生的电压和电流。最后将属于同一支路的分量进行叠加得到实际的电压和电流。

在计算过程中，对于直流分量，可用直流电路的计算方法，要注意电容相当于开路，电感相当于短路；对于各次谐波分量，可用交流电路的计算方法，要注意容抗与频率成反比，

感抗与频率成正比。在最后叠加时，要注意只能瞬时值相加，不能相量相加，因为直流分量和各次谐波分量的频率不同。

电路的总有功功率等于直流分量的功率与各次谐波的有功功率之和，即

$$P = P_0 + P_1 + P_2 + \cdots = P_0 + \sum_{k=1}^{\infty} P_k = U_0 I_0 + \sum_{k=1}^{\infty} U_k I_k \cos\varphi_k \tag{4-74}$$

本章小结

本章用相量法作为分析正弦稳态响应的基本方法，将电阻电路分析与正弦稳态分析的类比作为基本思路，这样正弦稳态分析就可以复制电阻电路的分析。注意复数、实数运算原则的区别，关注正弦分析中的特色问题（各种功率和谐振现象）。

本章知识点

① 正弦量三要素。
② 正弦量的相量及复数运算原则。
③ 相量形式的基尔霍夫定律和相量形式的元件电压电流关系。
④ 电阻电路与正弦稳态分析的类比原则。
⑤ 相量法分析的基本思路。
⑥ 正弦电路中的有功功率、无功功率、功率因数与视在功率。
⑦ 串，并联谐振电路分析。

习　题

4-1　已知正弦量的相量式如下：$\dot{I}_1 = (6+j8)A$，$\dot{I}_2 = (6-j8)A$，$\dot{I}_3 = (-6+j8)A$，$\dot{I}_4 = (-6-j8)A$，试求各正弦量的瞬时值表达式，并画出相量图。

4-2　已知两同频（$f=1000Hz$）正弦量的相量分别为 $\dot{U}_1 = 220\angle60°V$，$\dot{U}_2 = -220\angle-150°V$，求：①$u_1$ 和 u_2 的瞬时值表达式；②u_1 和 u_2 的相位差。

4-3　已知三个同频正弦电压分别为 $u_1 = 220\sqrt{2}\sin(\omega t+10°)V$，$u_2 = 220\sqrt{2}\sin(\omega t-110°)V$，$u_3 = 220\sqrt{2}\sin(\omega t+130°)V$，求：①$\dot{U}_1 + \dot{U}_2 + \dot{U}_3$；②$u_1 + u_2 + u_3$。

4-4　在电感元件的正弦交流电路中，$L=50mH$，$f=1000Hz$，试求：

① 当 $i_L = 30\sqrt{2}\sin(\omega t+30°)A$ 时，求 $\dot{U}_L$；

② 当 $\dot{U}_L = 100\angle-70°V$ 时，求 i_L。

4-5　交流接触器的线圈为 RL 串联电路，其数据为 380V、30mA、50Hz，线圈电阻 1.2kΩ，求线圈电感 L。

4-6　有 RLC 串联的正弦交流电路，已知 $X_L = 2X_C = 3R = 3\Omega$，$I=2A$，试求 U_R，U_L，U_C，U。

4-7　图 4-42 所示电路中，$i_S = 5\sqrt{2}\sin(314t+30°)A$，$R=30\Omega$，$L=0.1H$，$C=10\mu F$，求 u_{ad} 和 u_{bd}。

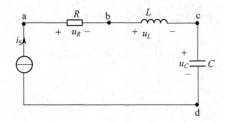

图 4-42　习题 4-7 的图

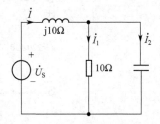

图 4-43　习题 4-8 的图

4-8 图 4-43 所示电路中，$I_1=I_2=10\text{A}$，求 I 和 U_S。

4-9 在同频电源作用下，在图 4-44(a) 中，已知 $I=10\text{A}$，$R=10\Omega$，求图 4-44(b) 电路中的 I_1 和图 4-44(c) 电路中的 I_2 和 U_C。

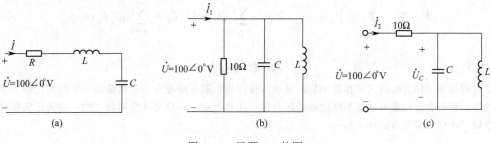

图 4-44 习题 4-9 的图

4-10 在图 4-19 的电路中，$X_L=X_C=2R$，且已知电流表 A_2 的读数为 5A，求 A_1 和 A_3 的读数。

4-11 计算图 4-45(a) 中的电流 $\dot{I}$ 和 $\dot{U}_1$，$\dot{U}_2$，并作相量图，计算图 4-45(b) 中 $\dot{I}_1$ 与 $\dot{I}_2$ 和 $\dot{U}$，并作相量图。

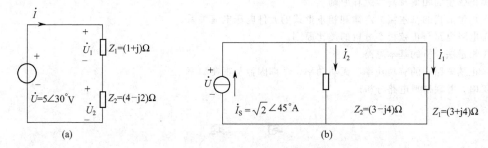

图 4-45 习题 4-11 的图

4-12 计算图 4-46(a) 中的电流 $\dot{I}$，计算图 4-46(b) 中的 $\dot{I}$ 和 $\dot{U}$。

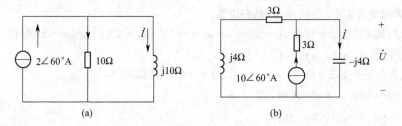

图 4-46 习题 4-12 的图

4-13 在图 4-47 所示电路中，求 $\dot{I}_1$，$\dot{I}_2$，$\dot{I}$ 和 $\dot{U}_C$。

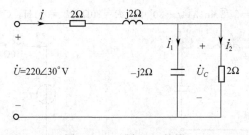

图 4-47 习题 4-13 的图

4-14 在图 4-48 电路中，已知 $u=220\sqrt{2}\sin(314t)\text{V}$，$i_1=11\sqrt{2}\sin(314t-60°)\text{A}$，$i_2=11\sqrt{2}\sin(314t+90°)$

A，试求各仪表读数及电路参数 R，L 和 C。

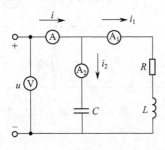

图 4-48　习题 4-14 的图

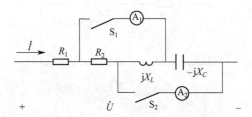

图 4-49　习题 4-15 的图

4-15　图 4-49 所示电路中，已知 $R_1 = R_2 = 10\Omega$，$\omega L_1 = 10\Omega$，$\dfrac{1}{\omega C} = 20\Omega$，$U = 100V$，

求：① S_1 和 S_2 都断开时电流 I；　　　　④ S_1、S_2 都闭合时电流 I；

　　② S_1 断开，S_2 闭合时电流 I；　　　⑤ 当 S_1、S_2 都闭合时，电流表 A_1 和 A_2 的读数。

　　③ S_1 闭合、S_2 断开时电流 I；

4-16　图 4-50 所示电路中，已知 $U = 50V$，$I = 2.5A$，求电路中吸收的有功功率及电路的功率因数。

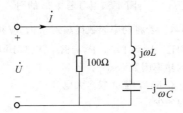

图 4-50　习题 4-16 的图

4-17　日光灯管与镇流器串联接到 220V，50Hz 的正弦电源上，日光灯管看成纯电阻 $R_1 = 280\Omega$，镇流器的电阻和电感分别为 $R_2 = 20\Omega$ 和 $L = 1.6H$。试求：

① 电路中的电流和灯管两端与镇流器上的电压；

② 求电路吸收的有功功率、无功功率和功率因数；

③ ①已求出电流和电压，并已知电源电压为 220V，50Hz，能求出 R_1，R_2 和 L 吗？

4-18　正弦稳态电路如图 4-51 所示，已知 $i_S = 10\sqrt{2}\sin(100t)A$，$R_1 = R_2 = 1\Omega$，$C_1 = C_2 = 0.01F$，$L = 0.02H$。求电源提供的有功功率和无功功率。

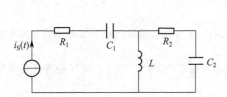

图 4-51　习题 4-18 的图

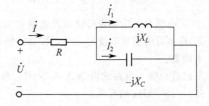

图 4-52　习题 4-19 的图

4-19　图 4-52 所示电路中，$I_1 = 5A$，$I_2 = 10A$，$U = 100V$，u 与 i 成 45°，求 I，R，X_C 及 X_L。

4-20　图 4-53 所示电路中，$U = 220V$，$I_1 = I_C = 10A$，$R = 5\Omega$，求 I，X_C 及 R_1。

4-21　图 4-54 所示电路中，$u_S = 16\sqrt{2}\sin(\omega t + 30°)V$，电流表 A 的读数为 5A，$\omega L = 4\Omega$，求电流表 A_1，A_2 的读数。

4-22　用叠加定理和戴维宁定理及支路电流法求图 4-55 电路的电流 $\dot{I}_L$。

4-23　感性负载的有功功率为 40W，现接入 220V，50Hz 的正弦电源上，已知电阻的电压为 110V，试求电

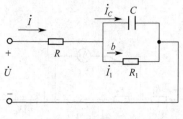
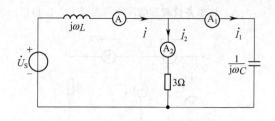

图 4-53　习题 4-20 的图　　　　图 4-54　习题 4-21 的图

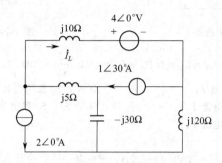

图 4-55　习题 4-22 的图

感上感抗和感性负载的功率因数。若将功率因数提高到 0.9，应并联多大电容？

4-24　图 4-56 中，$U=220\text{V}$，$f=50\text{Hz}$，$R_1=10\Omega$，$R_2=5\Omega$，$X_1=10\sqrt{3}\,\Omega$，$X_2=5\sqrt{3}\,\Omega$。
① 求电流表的读数 I 和电路的功率因数 $\cos\varphi_1$；
② 欲使电路的功率因数提高到 0.866，需并联多大电容？
③ 并联电容后电流表的读数为多少？

4-25　图 4-57 中，$I_1=10\text{A}$，$I_2=20\text{A}$，Z_1 和 Z_2 的功率因数分别为 0.8（感性），0.6（感性），$U=100\text{V}$，$\omega=1000\text{rad/s}$。

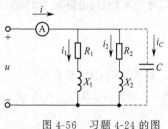
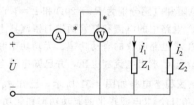

图 4-56　习题 4-24 的图　　　　图 4-57　习题 4-25 的图

① 求电流表、功率表的读数及电路的功率因数；
② 若电源的额定电流为 50A，那么还能再并联多大电阻？求并联电阻后的功率表的读数和电路的功率因数。

4-26　某收音机输入电路的电感为 0.3mH，可变电容器的调节范围为 25～360pF，试问是否满足中波段 535～1605kHz 的要求。

4-27　RLC 串联电路中，C 可调，已知电源的角频率 $\omega=5\times10^6\,\text{rad/s}$，当 $C=200\text{pF}$ 和 500pF 时，电流 I 的值皆为最大电流的 $\dfrac{1}{\sqrt{10}}$，试求电感 L 和电阻 R 的值。

第 5 章 三 相 电 路

现代电力系统的发电、输电及配电大多采用三相制，在用电方面最主要的负载是交流电动机，而交流电动机多数也是三相的，所以讨论三相电路具有实际意义。三相电路也是正弦稳态电路，可以沿用正弦电路的分析方法，如果是对称三相电路，三相电路可以只计算一相即可。

5.1 三 相 电 压

三相电路主要由三相电源和三相负载组成，其中三相电源如图 5-1 所示，它的主要组成部分是电枢和磁极。电枢是固定的，亦称定子。定子铁芯的内圆周表面中有槽，用以放置三相电枢绕组。每相绕组完全相同，如图 5-2 所示。它们的始端标以 U_1、V_1、W_1，末端标以 U_2、V_2、W_2。将三相绕组均匀地分布在铁芯槽内，使绕组的始端与始端之间、末端与末端之间都相隔 $120°$。

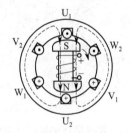

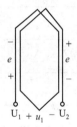

图 5-1 三相交流发电机的原理图   图 5-2 电枢绕组

磁极是转动的，亦称转子。转子铁芯上绕有励磁绕组，用直流励磁。选择合适的极面形状和励磁绕组的布置情况，可使空气隙中的磁感应强度按正弦规律分布。

当转子由原动机带动，并以顺时针方向匀速转动时，则每相绕组依次切割磁通，产生电动势；因而在 U_1U_2、V_1V_2、W_1W_2 三相绕组上得到频率相同，幅值相同，相位差也相同（相位差为 $120°$）的三相对称正弦电压，它们分别用 u_1、u_2、u_3 表示，并取 u_1 的初相为 $0°$，则

$$\left.\begin{aligned}
u_1 &= U_m \sin\omega t \\
u_2 &= U_m \sin(\omega t - 120°) \\
u_3 &= U_m \sin(\omega t - 240°) = U_m \sin(\omega t + 120°)
\end{aligned}\right\} \tag{5-1}$$

也可用相量表示，即

$$\left.\begin{aligned}
\dot{U}_1 &= U\angle 0° = U \\
\dot{U}_2 &= U\angle -120° = U(-1/2 - j\sqrt{3}/2) \\
\dot{U}_3 &= U\angle 120° = U(-1/2 + j\sqrt{3}/2)
\end{aligned}\right\} \tag{5-2}$$

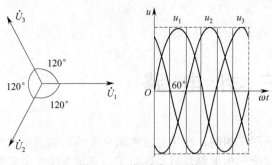

图 5-3　三相对称电压的
相量图和正弦波形

如果用相量图和正弦波形来表示，如图 5-3 所示。

显然，三相对称正弦电压的瞬时值或相量之和为零，即

$$\left.\begin{array}{r} u_1+u_2+u_3=0 \\ \dot{U}_1+\dot{U}_2+\dot{U}_3=0 \end{array}\right\} \tag{5-3}$$

三相对称电压出现正幅值（或过零值）的顺序称为相序。现在的相序是 $u_1 \rightarrow u_2 \rightarrow u_3$。如果已知三相对称电压中的任意一个，就可以写出其他两个。

发电机三相绕组通常接成星形连接，如图 5-4 所示，即将三个末端连接在一起，称为中性点或零点，用 N 表示。从中性点引出的导线称为中性线或零线。从始端 U_1、V_1、W_1 引出的三根导线 L_1、L_2、L_3 称为相线或端线，俗称火线。

绕组接成星形时，有两种不同的电压——相电压和线电压，每相始端与末端间的电压，即相线与中性线间的电压，称为相电压，其有效值为 U_1、U_2、U_3 或一般用 U_p 表示。而任意两相线间的电压，称为线电压，用 U_{12}、U_{23}、U_{31} 或一般用 U_1 表示。三个相电压和三个线电压的参考方向如图 5-4 所示。

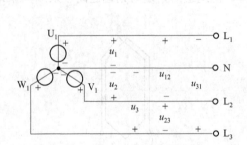

图 5-4　发电机三相绕组的星形连接

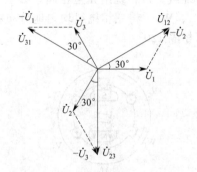

图 5-5　发电机绕组星形连接时，
相电压与线电压的相量图

由图 5-4 的参考方向，可得线电压与相电压的关系：

$$\left.\begin{array}{l} u_{12}=u_1-u_2 \\ u_{23}=u_2-u_3 \\ u_{31}=u_3-u_1 \end{array}\right\} \tag{5-4}$$

或用相量表示

$$\left.\begin{array}{l} \dot{U}_{12}=\dot{U}_1-\dot{U}_2 \\ \dot{U}_{23}=\dot{U}_2-\dot{U}_3 \\ \dot{U}_{31}=\dot{U}_3-\dot{U}_1 \end{array}\right\} \tag{5-5}$$

图 5-5 是它们的相量图。由相量图可知，线电压也是频率相同，幅值（有效值）相同，相位互差 $120°$ 的三相对称电压。相序为 $u_{12} \rightarrow u_{23} \rightarrow u_{31}$。

同时，可获知线电压与相电压两组对称量的关系：线电压是相电压的 $\sqrt{3}$ 倍，且线电压超前对应的相电压 $30°$，即

$$U_1=\sqrt{3}U_p \tag{5-6}$$

发电机（或变压器）的绕组连成星形时，如引出四根导线，称为三相四线制，其中有一根中性线，此时负载可获线电压和相电压两种电压；如果引出三根电压导线，称为三相三线制，负载只能获得线电压。通常低压配电系统中相电压为 220V，线电压为 380V。

【练习与思考】

5-1-1　将发电机的三相绕组连成星形时，如果误将 U_2、V_2、W_1 连成一点（中性点），是否可获三相对称电压？

5-1-2　当发电机的三相绕组连成星形时，如果 $u_{12} = 380\sqrt{2}\sin(\omega t + 30°)$V，试写出其余线电压和三个相电压的相量。

5.2　负载星形连接的三相电路

与发电机的三相绕组相似，三相负载也可接成星形。如果有中性线存在，则为三相四线制电路；否则就为三相三线制电路。

图 5-6 所示的三相四线制电路，设其线电压为 380V。负载如何连接，首先要看额定电压。通常电灯（单相负载）的额定电压为 220V，因此要接在相线与中性线之间；其次，如果大量使用电灯，应当均匀地分配在各相之中。

三相电动机的三个接线端总与电源的三根相线连接。但电动机本身的三相绕组可以按铭牌上的要求接入，例如 380V Y 连接或 380V △ 连接。

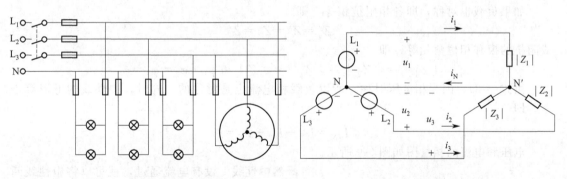

图 5-6　电灯与电动机的　　　　　　图 5-7　负载星形连接的
　　　　星形连接　　　　　　　　　　　　　三相四线制电路

负载星形连接的三相四线制电路一般可用图 5-7 所示电路表示。每相负载的阻抗分别为 Z_1、Z_2 和 Z_3。电压和电流的参考方向已在图中标出。

三相电路中的电流也有相电流和线电流之分。流经每相负载的电流为相电流，用 I_p 表示；流经每根相线上的电流为线电流，用 I_1 表示。当负载星形连接时，根据 KCL，相电流即为线电流，即

$$I_p = I_1 \tag{5-7}$$

当不计相线和中性线抗阻时，电源相电压即为负载相电压。电源相电压和负载阻抗已知，可求各相负载电流。设电源相电压 $\dot{U}_1$ 为参考正弦量，则得

$$\dot{U}_1 = U\angle 0°, \dot{U}_2 = U\angle -120°, \dot{U}_3 = U\angle 120°$$

$$\left. \begin{aligned} \dot{I}_1 &= \frac{\dot{U}_1}{Z_1} = \frac{U\angle 0°}{|Z_1|\angle\varphi_1} = I_1\angle -\varphi_1 \\ \dot{I}_2 &= \frac{\dot{U}_2}{Z_2} = \frac{U\angle -120°}{|Z_2|\angle\varphi_2} = I_2\angle(-120°-\varphi_2) \\ \dot{I}_3 &= \frac{\dot{U}_3}{Z_3} = \frac{U\angle 120°}{|Z_3|\angle\varphi_3} = I_3\angle(120°-\varphi_3) \end{aligned} \right\} \tag{5-8}$$

$$\dot{I}_N = \dot{I}_1 + \dot{I}_2 + \dot{I}_3 \tag{5-9}$$

电压和电流的相量图如图 5-8 所示。作相量时，先以 $\dot{U}_1$ 为参考相量作出 $\dot{U}_1$、$\dot{U}_2$、$\dot{U}_3$ 的相量，然后由式(5-8)和式(5-9)作出电流相量。

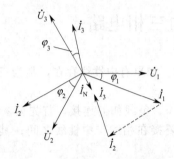

图 5-8　负载星形连接时电压和
电流的相量图

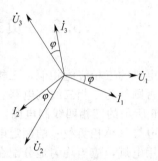

图 5-9　对称负载星形连接时的
电压和电流的相量图

如果负载也对称，即各相阻抗相等，则

$$Z_1 = Z_2 = Z_3 = Z$$

或阻抗的模和相位角相等，即

$$|Z_1| = |Z_2| = |Z_3| = |Z| \quad 和 \quad \varphi_1 = \varphi_2 = \varphi_3 = \varphi$$

由式(5-8)，因为相电压对称，所以负载相电流也是对称的。同时，中性线的电流等于零，即

$$\dot{I}_N = \dot{I}_1 + \dot{I}_2 + \dot{I}_3 = 0$$

电压和电流的相量图如图 5-9 所示。

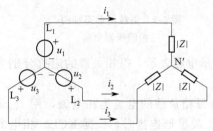

图 5-10　对称负载星形连
接的三相三线制电路

既然中性线上没有电流通过，就可以将中性线断开。因此图 5-7 所示三相四线制电路变成图 5-10 所示的电路，这就是三相三线制电路。也就是说当负载对称时三相三线制电路与三相四线制电路完全相同，可以用三相四线制来求解，且可以只求一相，另外两相电流直接写出。通常生产上的三相负载是对称负载，所以三相三线制电路在生产上应用极为广泛。而三相四线制电路应用于有单相负载的电路中，例如民用电路。

【例 5-1】　有一星形连接的三相对称负载，阻抗 $Z = (6+8j)\Omega$。设三相电源提供对称电压，且 $u_{12} = 380\sqrt{2}\sin(\omega t + 30°)\text{V}$，试求各相电流。

解　因为负载对称，只算一相即可。

$$\dot{U}_{12} = 380\angle 30°\text{V}，则 \dot{U}_1 = 220\angle 0°\text{V}$$

$$\dot{I}_1 = \frac{\dot{U}_1}{Z_1} = \frac{220\angle 0°}{10\angle 53°} = 22\angle -53°\,\text{A}$$

所以

$$i_1 = 22\sqrt{2}\sin(\omega t - 53°)\,\text{A}$$

$$i_2 = 22\sqrt{2}\sin(\omega t - 173°)\,\text{A}$$

$$i_3 = 22\sqrt{2}\sin(\omega t + 67°)\,\text{A}$$

【例 5-2】 在图 5-11 中，电源电压对称，每相电压 $U_\text{p} = 220\text{V}$。L_1 相接入 40W，220V 白炽灯一只，L_2 相接入 40W，220V 白炽灯两只（并联），L_3 相接入 40W，220V，$\cos\varphi = 0.5$ 的日光灯一只。试求负载相电压、相电流及中性线电流。

解 40W，220V 的白炽灯的电阻：

$$R = \frac{U^2}{P} = \frac{220^2}{40} = 1210\,\Omega$$

所以

$$Z_1 = 1210\,\Omega,\ Z_2 = \frac{R}{2} = 605\,\Omega$$

40W，220V，$\cos\varphi = 0.5$ 的日光灯的阻抗：

$$Z_3 = |Z_3|\angle\varphi = \frac{U^2\cos\varphi}{P}\angle\varphi = 605\angle 60°\,\Omega$$

设

$$\dot{U}_1 = 220\angle 0°\,\text{V},\ \dot{U}_2 = 220\angle -120°\,\text{V},\ \dot{U}_3 = 220\angle 120°\,\text{V}$$

$$\dot{I}_1 = \frac{\dot{U}_1}{Z_1} = \frac{220\angle 0°}{1210} = 0.18\,\text{A}$$

$$\dot{I}_2 = \frac{\dot{U}_2}{Z_2} = \frac{220\angle -120°}{605} = 0.36\angle -120°\,\text{A}$$

$$\dot{I}_3 = \frac{\dot{U}_3}{Z_3} = \frac{220\angle 120°}{605\angle 60°} = 0.36\angle 60°\,\text{A}$$

$$\dot{I}_N = \dot{I}_1 + \dot{I}_2 + \dot{I}_3 = 0.18 + 0.36\angle -120°$$

$$+ 0.36\angle 60° = 0.18\,\text{A}$$

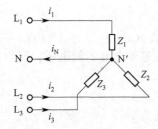

图 5-11 例 5-2 电路

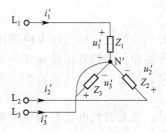

图 5-12 例 5-3 电路

【例 5-3】 在上例中，①L_3 相负载短路，但中性线存在；②L_3 相负载短路且中性线又断开（图 5-12）时，试求相负载上的电压。

解 ① 此时，L_3 相短路电流很大，使 L_3 相中的熔断器熔断，而 L_1 相和 L_2 相未受影响，其相电压仍为 220V。

② 此时负载中性点 N 即为 L_3，因此各相负载电压为

$$\dot{U}_1' = \dot{U}_{13} = -\dot{U}_{31} = 380\angle -30°\,\text{V}$$

101

$$\dot{U}_2' = \dot{U}_{23} = 380\angle -90°\text{V}$$

$$\dot{U}_3' = 0$$

这种情况下，L_1 相和 L_2 相负载所加的电压都超过额定电压 220V，这是不容许的。

【例 5-4】 在例 5-2 中，①L_3 相断开（开关断开），但中性线存在；②L_3 相断开而中性线也断开时（图 5-13），试求各相负载上的电压。

解 ① L_1 相和 L_2 相未受影响，相电压和相电流不变。

② 这时 L_1 相与 L_2 相负载的电流相同，为单相串联电路，接在线电压 $\dot{U}_{12}$ 上。

$$\dot{U}_1' = \frac{Z_1}{Z_1 + Z_2}\dot{U}_{12} = \frac{1210}{1210 + 605}\times 380\angle 30° = 253.3\angle 30°\text{V}$$

$$\dot{U}_2' = \frac{-Z_2}{Z_1 + Z_2}\dot{U}_{12} = \frac{-605}{1210 + 605}\times 380\angle 30° = 126.7\angle -150°\text{V}$$

此时 L_1 相相电压大于额定值，而 L_2 相相电压低于额定值，这也是不容许的。

从上面所举的几个例题可以看出以下两点。

① 负载不对称且无中性线时，负载的相电压就不对称，而且各相之间相互影响。有的负载相电压高于额定值，有的负载相电压低于额定电压，这是不容许的。三相负载的相电压必须对称，保证负载上相电压等于额定值。

② 中性线的作用就是使星形连接的不对称负载的相电压对称。要保证负载相电压对称，就不应让中性线断开。在中性线的干线内不接入熔断器或闸刀开关。

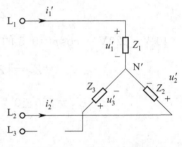

图 5-13　例 5-4 电路图

【练习与思考】

5-2-1　在图 5-6 的电路中，为什么中性线不接开关，也不接入熔断器？

5-2-2　为什么电灯开关要接在相线上？

5-2-3　三相电路中的对称电压（电流）中的对称与对称负载中的对称含义相同吗？

5.3　负载三角形连接的三相电路

负载三角形连接的三相电路可用图 5-14 所示电路来表示。

因为各相负载都直接接在相线上，所以负载的相电压等于电源的线电压，而与负载是否对称无关。其相电压总是对称的，即

$$U_{12} = U_{23} = U_{31} = U_1 = U_p \tag{5-10}$$

此时，负载的相电流与线电流是不同的。相电流分别为

$$\left.\begin{array}{l} \dot{I}_{12} = \dfrac{\dot{U}_{12}}{Z_{12}} \\[2mm] \dot{I}_{23} = \dfrac{\dot{U}_{23}}{Z_{23}} \\[2mm] \dot{I}_{31} = \dfrac{\dot{U}_{31}}{Z_{31}} \end{array}\right\} \tag{5-11}$$

线电流可由 KCL 得出，即

$$\left.\begin{array}{l}\dot{I}_1=\dot{I}_{12}-\dot{I}_{31}\\[2pt]\dot{I}_2=\dot{I}_{23}-\dot{I}_{12}\\[2pt]\dot{I}_3=\dot{I}_{31}-\dot{I}_{23}\end{array}\right\}\qquad(5\text{-}12)$$

如果负载对称，即

$$Z_{12}=Z_{21}=Z_{31}=Z$$

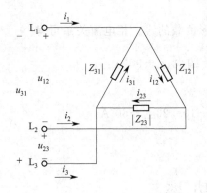

图 5-14　负载三角形连接的三相电路

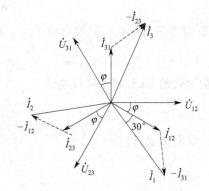

图 5-15　对称负载三角形连接时
电压与电流的相量图

则负载的相电流也对称，只需求出 $\dot{I}_{12}$，可直接写出 $\dot{I}_{23}$ 和 $\dot{I}_{31}$。

此时负载对称时线电流与相电流关系，可从式(5-12)作出的相量图（图 5-15）看出。显然线电流也是对称的，在相位上较相应相电流滞后 30°。而线电流有效值是相电流有效值的 $\sqrt{3}$ 倍，即

$$I_1=\sqrt{3}\,I_{\mathrm{p}}\qquad(5\text{-}13)$$

【例 5-5】　有一台三相异步电动机（三相对称负载），当电源线电压为 220V 时，采用三角形连接，电机额定电流为 11.18A，当电源线电压为 380V 时，采用星形连接，电机额定电流为 6.47A。请解释为何电压大时电流小，而电压小时电流大。

解　对于三相负载而言，其额定电压或额定电流为线电压或线电流，因为线电压或线电流较相电压或相电流便于测量。但计算三相电路时，不论是星形连接或三角形连接，都要从相上开始，因为只有相电流、相电压与阻抗间才满足欧姆定律，而线电流、线电压与阻抗间不满足欧姆定律。即 $\dot{U}=Z\dot{I}$ 中的 $\dot{U}$、$\dot{I}$ 只能是相电压和相应相的相电流。线电压为 220V 三角形连接时，相电压也是 220V，虽然线电流为 11.8A，但相电流为 $11.18/\sqrt{3}\ \mathrm{A}=6.47\mathrm{A}$；线电压为 380V 星形连接时，其相电压也是 220V，相电流是 6.47A，线电流也是 6.47A。也就是说相电压都是 220V，相电流都是 6.47A，完全一致。

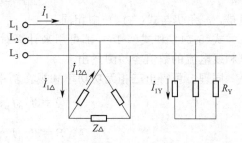

图 5-16　例 5-6 电路

【例 5-6】　线电压为 380V 的三相电源上接有两组对称负载：一组三角形连接的负载阻抗 $Z_\triangle=\mathrm{j}38\Omega$；另一组星形连接的负载阻抗 $R_\mathrm{Y}=22\Omega$，如图 5-16 所示。试求：①各组负载的相电流；②电路线电流。

解　设线电压 $\dot{U}_{12}=380\angle30°\mathrm{V}$，则相电压为 $\dot{U}_1=220\angle0°\mathrm{V}$。

①　由于两组负载对称，计算一相，即可得其他两相。

三角形负载的相电流为

$$\dot{I}_{12\triangle}=\frac{\dot{U}_{12}}{Z_{\triangle}}=\frac{380\angle30°}{j38}=10\angle-60°\text{A}$$

星形负载的相电流即为线电流:

$$\dot{I}_{1Y}=\frac{\dot{U}_1}{R_Y}=\frac{220\angle0°}{22}=10\text{A}$$

② 先求三角形负载的线电流 $\dot{I}_{1\triangle}$,由对称三角形负载的线、相电流关系可得

$$\dot{I}_{1\triangle}=10\sqrt{3}\angle(-60°-30°)=10\sqrt{3}\angle-90°\text{A}$$

用相量形式的 KCL 得电路线电流:

$$\dot{I}_1=\dot{I}_{1\triangle}+\dot{I}_{1Y}=10\sqrt{3}\angle-90°+10=20\angle-60°\text{A}$$

电路的线电流也对称。

5.4　三相功率

　　将正弦交流电路的功率应用到三相电路即可。不论负载如何连接,三相电路有功功率等于各相有功功率之和,三相电路无功功率等于各相无功功率之和。

　　如果负载是对称的,则每相有功功率都相等,因此三相有功功率是各相有功功率的三倍。

$$P=3P_p=3U_pI_p\cos\varphi \tag{5-14}$$

式中,φ 角是某相相电压超前该相相电流的角度,即阻抗的阻抗角。

　　当对称负载星形连接时

$$U_1=\sqrt{3}U_p,I_1=I_p$$

当对称负载三角形连接时

$$U_1=U_p,I_1=\sqrt{3}I_p$$

将上述关系代入式(5-14)得

$$P=\sqrt{3}U_1I_1\cos\varphi \tag{5-15}$$

但是,φ 角仍与式(5-14)中相同。

　　式(5-14)和式(5-15)都可用来计算对称负载的三相有功,但多用式(5-15),因为线电压和线电流的数值容易测量出。

　　同理,可得出三相无功功率和视在功率

$$Q=3U_pI_p\sin\varphi=\sqrt{3}U_1I_1\sin\varphi \tag{5-16}$$

$$S=3U_pI_p=\sqrt{3}U_1I_1 \tag{5-17}$$

【例 5-7】 有一三相电动机,每相等效阻抗 $Z=(29+j21.8)\ \Omega$,绕组以星形连接于线电压 $U=380\text{V}$ 的三相电源上。试求电动机的相电流、线电流以及从电源吸收的功率。

解

$$I_p=\frac{U_p}{|Z|}=\frac{220}{\sqrt{29^2+21.8^2}}=6.1\text{A}$$

$$I_1=I_p=6.1\text{A}$$

$$P = \sqrt{3} U_1 I_1 \cos\varphi = \sqrt{3} \times 380 \times 6.1 \times \frac{29}{\sqrt{29^2 + 21.8^2}} = 3200\text{W} = 3.2\text{kW}$$

【例 5-8】 图 5-17 所示的电路中，$U_1 = 380\text{V}$，三相对称负载星形连接，求负载每相阻抗 Z。

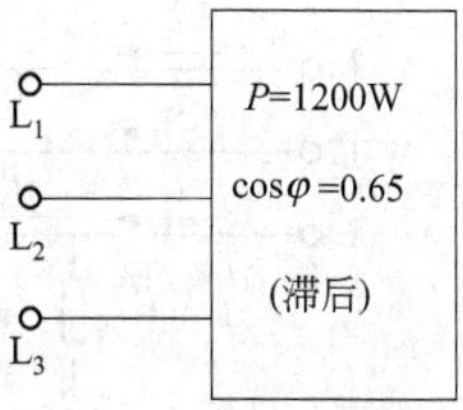

解 因为是三相对称负载，则

$$I_1 = \frac{P}{\sqrt{3} U_1 \cos\varphi} = \frac{1200}{\sqrt{3} \times 380 \times 0.65} = 2.8\text{A}$$

$$I_p = I_1 = 2.8\text{A}$$

$$U_p = \frac{U_1}{\sqrt{3}} = \frac{380}{\sqrt{3}} = 220\text{V}$$

因 $\cos\varphi = 0.65$（滞后），负载是感性负载，$\varphi = \arccos 0.65 = 49.5°$

$$Z = |Z| \angle \varphi = \frac{U_p}{I_p} \angle \varphi = \frac{220}{2.8} \angle 49.5° = 78.6 \angle 49.5° \Omega$$

图 5-17 例 5-8 图

$$
\begin{array}{l}
L_1 \\
L_2 \\
L_3
\end{array}
\quad
\boxed{
\begin{array}{l}
P = 1200\text{W} \\
\cos\varphi = 0.65 \\
\text{（滞后）}
\end{array}
}
$$

【练习与思考】

5-4-1 不对称负载能否用 $P = \sqrt{3} U_1 I_1 \cos\varphi$，$Q = \sqrt{3} U_1 I_1 \sin\varphi$ 和 $S = \sqrt{3} U_1 I_1$ 来计算三相有功功率、三相无功功率和视在功率？如果已知各相电路的有功功率分别为 P_1、P_2 和 P_3，求三相有功功率。

5-4-2 $P_p = U_p I_p \cos\varphi$ 中 φ 可认为是某相电压超前对应相电流的角度，那么 $P = \sqrt{3} U_1 I_1 \cos\varphi$ 中 φ 可以认为是某线电压超前对应线电流的角度吗？

本章小结

在介绍三相电源的基础上，分析了负载星形和三角形连接的三相电路的电压、电流和各种功率。重点掌握对称三相电路的分析，了解不对称三相电路的分析。

本章知识点

① 电源星形连接时，线、相电压及其关系（$\sqrt{3}$ 倍，30°角），对称电压或电流的特点。
② 负载星形连接三相四线制电路的分析，负载对称时三相三线制电路分析。
③ 负载三角形连接三相电路的分析，特别是负载对称时，线、相电流的关系（$\sqrt{3}$ 倍，30°角）。
④ 对称三相负载时，三相有功功率、三相无功功率和三相视在功率的线电压、线电流关系式。

习　题

5-1 有一三相对称负载，其每相的阻抗 $Z = (8 + j6)\Omega$，如果将负载连成星形和三角形接于线电压 $U_1 = 380\text{V}$ 的三相电源上，试求相电压、相电流及线电流。

5-2 三相四线制电路中，电源线电压 $U_1 = 380\text{V}$，三个电阻性负载接成星形，其电阻为 $R_1 = 11\Omega$，$R_2 = R_3 = 22\Omega$。①试求负载相电压、相电流及中性线电流，并作出它们的相量图；②如无中性线，求负载相电压及中性点电压（用结点电压公式）；③如无中性线，当 L_1 相短路时求各相电压和电流，并作出它们的相量图；④如无中性线，当 L_3 相断开时求另外两相的电压和电流；⑤在③和④中有中性线则如何？

5-3 某楼的电灯发生故障，第二层和第三层楼的所有电灯突然都暗淡下来，而第一层的电灯亮度未变，试问这是什么原因？该楼的电灯是如何连接的？同时又发现第三层的电灯比第二层楼的还要暗些，这又是什么原因？画出电路图。

5-4 图 5-18 所示的三相四线制电路中，电源线电压为 380V，接有对称星形连接的白炽灯负载，其总功率为 180W。此外，在 L_3 相上接有额定电压为 220V，功率为 40W，功率因数 $\cos\varphi=0.5$ 的日光灯一只。试求电流 $\dot{I}_1$、$\dot{I}_2$、$\dot{I}_3$ 及 $\dot{I}_N$。设 $\dot{U}_1=220\angle 0°\text{V}$。

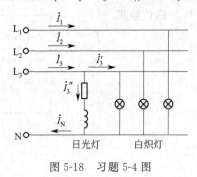

图 5-18 习题 5-4 图

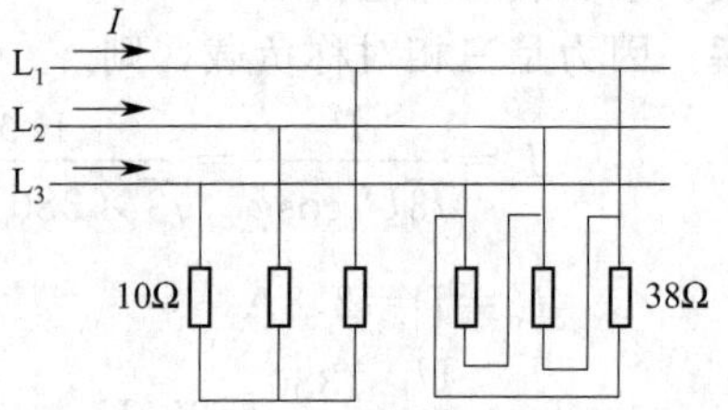

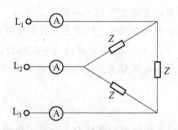

图 5-19 习题 5-5 图

5-5 在线电压为 380V 的三相电源上，接有两组对称负载，如图 5-19 所示，试求线路电流 I 及三相有功功率。

5-6 图 5-20 所示电路中，电源线电压 $U_1=380\text{V}$。①图中各相负载的阻抗模都等于 10Ω，是否可以说负载是对称的？②试求各相电流、中性线电流。③试求三相有功功率和三相无功功率。

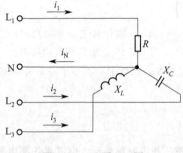

图 5-20 习题 5-6 图

图 5-21 习题 5-7 图

5-7 图 5-21 中，对称负载接成三角形，已知电源电压 $U_1=220\text{V}$，电流表读数 $I_1=17.3\text{A}$，三相有功功率 $P=4.5\text{kW}$，试求：①每相负载的阻抗（假设是感性负载）；②当 L_1、L_2 相断开时，图中各电流表的读数和三相有功功率；③当 L_1 线断开时，图中各电流表的读数和三相有功功率。

5-8 图 5-17 所示的电路中，$U_1=380\text{V}$，三相对称负载三角形连接，求负载每相阻抗。

5-9 图 5-22 所示电路中，假定三相电动机是星形对称负载，$U_{A'B'}=380\text{V}$，三相电动机吸收的功率为 1.4kW，其功率因数 $\cos\varphi=0.866$，$Z_1=-\text{j}55\Omega$。求电源端电压 U_{AB} 和功率因数 $\cos'\varphi$。

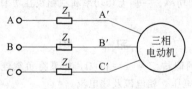

图 5-22 习题 5-9 图

第6章 磁路与铁芯线圈电路

前几章分析了电路方面的问题，但如果遇到变压器、电动机、电磁铁等电工设备时，仅有电路方面的知识是不够的，还需要掌握磁路方面的知识。

本章先介绍了磁路的基本知识，分析了各种电工设备的共同基础——铁芯线圈电路，最后两节讨论了变压器和电磁铁。

6.1　磁路的基本概念

在各种电工设备中常用磁性材料做成一定形状的铁芯。由于铁芯的磁导率远高于空气等非磁性材料，这样线圈中电流产生的磁通绝大多数经过铁芯而闭合。这种人为形成的磁通的闭合路径，称为主磁路，简称磁路。通常磁路可以完全通过铁芯而闭合，如变压器的磁路，也可以由铁芯和空气隙组成，如接触器和电机的磁路。

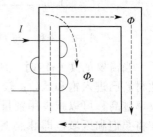

图 6-1　铁芯线圈的
主磁路和漏磁路

在图 6-1 中，当电流通过线圈时，就会在闭合铁芯中产生主磁通 Φ，它与电流符合右螺旋关系，此时的磁路是完全闭合的铁芯，通过的磁通是主磁通 Φ。除此之外，还有少量磁通 Φ_σ 主要经过空气等非磁性材料闭合，称为漏磁通，其经过的磁路称为漏磁路。由于主磁通 Φ 远大于漏磁通 Φ_σ，所以应主要考虑主磁通 Φ。

分析磁路，首先要了解磁性材料的磁性能。磁性材料主要是指铁、镍，钴及其合金，常用的几种列在表 6-1 中。它们具有如下特性。

表 6-1　常用磁性材料的最大相对磁导率、剩磁及矫顽磁力

材料名称	μ_{max}	B_r/T	$H_c/(A/m)$
铸铁	200	0.475~0.500	880~1040
硅钢片	8000~10000	0.800~1.200	32~64
坡莫合金(78.5% Ni)	20000~200000	1.100~1.400	4~24
碳钢(0.45% C)		0.800~1.100	2400~3200
铁镍铝钴合金		1.100~1.350	40000~52000
稀土钴		0.600~1.000	320000~690000
稀土钕铁硼		1.100~1.300	600000~900000

（1）高导磁性

磁性材料的磁导率很高，相对磁导率 $\mu_r \geqslant 1$，可以为数百到数万。由于高导磁性，如果在空心线圈插入铁芯后，在励磁电流相同的情况下，就会产生大得多的磁感应强度和磁通。这就是许多电工设备中使用磁性材料的根本原因，它很好地解决了既要磁通大，又要减少励磁电流的矛盾。随着优质的磁性材料的不断使用，同种容量电机的重量不断减轻，体积也不断减小。

（2）磁饱和性

与非磁性材料相比，磁性材料的磁感应强度 B 与磁场强度 H 不成比例，即 μ 不是一个常数。磁性材料的磁化曲线（B-H 曲线）如图 6-2 所示。开始时，B 与 H 近似于成比例地增大。随着 H 的增长，B 的增加缓慢下来，最后趋于磁饱和。

磁导率 μ 随 H 的变化，开始时 μ 不断上升，到达峰值后，μ 就不断下降。

在要讨论的磁路问题中，在磁路的材料与几何尺寸已完全确定，绕组的匝数 N 也已确定的情况下，Φ 与 B 成正比，H 与 I 成比例，而电感系数 L 则有

$$L \triangleq \frac{N\Phi}{i} \propto \mu \tag{6-1}$$

则 L 与 μ 成正比。所以图 6-2 的横轴也可换成 I，而纵轴可以是 Φ 或是 L。

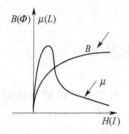

图 6-2 B 和 μ 与 H 的关系

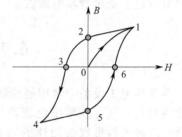

图 6-3 磁滞回线

当需要的 Φ 一定时，B 越大，则铁芯截面积就可以减少，从而可省用铁量，但此时磁性材料已进入饱和区，μ 较小，励磁电流 I 产生 B 的效率不高；μ 值越大，则 I 产生 B 的效率越高，可以减少用铜量，但此时 B 值尚小，铁芯利用率低。通常磁性材料的工作点选在将要饱和区域，即膝点上，此时 B 和 μ 都较大。

（3）磁滞性

当交流电流励磁时，铁芯就受到交变磁化。当电流变化一个周期时，B 随 H 变化的关系如图 6-3 所示。当 H 已减到零值时，B 并未同步地回到零值。这种 B 滞后于 H 变化的性质称为磁滞性，图 6-3 也称为磁滞回路。

当励磁电流减少到零值时，铁芯仍有剩磁感应强度 B_r（剩磁）存在，在图 6-3 中的 0～2 和 0～5 段，永久磁铁就是利用剩磁的磁性。

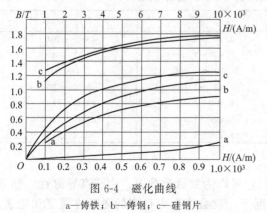

图 6-4 磁化曲线
a—铸铁；b—铸钢；c—硅钢片

但当工件在磨床上加工完成后，由于电磁吸盘有剩磁，还将工件吸住，这时需通入反向电流，去掉剩磁，将工件放下。

使铁芯的剩磁消失，即将 B 重新回零所需的反向 H 值。在图 6-3 中的 0～3 和 0～6 段，称为矫顽磁力 H_c。

图 6-4 是电工设备中最常用的几种磁性材料的磁化曲线。注意该曲线的使用方法。

根据磁滞回线的特点，磁性材料又可以分为三种类型。第一类是软磁材料，它的 H_c 小，且磁滞回线较窄，一般用于电机、电器及变压器等的铁芯，例如铸铁、硅钢、坡莫合金及铁氧体等；第二类是永磁材料，它的 H_c 大，且磁滞回线较宽，一般用来制造永久磁体；第三类是矩磁材料，它的 H_c 较小而 B_r 较大，磁滞回线接近矩形，常在计算机和控制系统中用作记忆元件。

6.2　铁芯线圈电路

如果线圈绕在闭合铁芯上，就是铁芯线圈。铁芯线圈电路是分析各种电工设备的基础。

如果线圈中的励磁电流是直流，则称为直流铁芯线圈，例如直流电机的励磁线圈、直流电磁吸盘及各种直流电器的线圈；如果是交流励磁，则称为交流铁芯线圈，例如交流电机、变压器及各种交流电器的线圈。

6.2.1　直流铁芯线圈电路

在图 6-1 的铁芯线圈电路中，加直流电压 U 时，就会产生直流电流 I。由于直流产生恒定磁场，所以在线圈和铁芯中不产生感应电动势，直流电压 U 全部降落在线圈电阻 R 上，即

$$I = \frac{U}{R} \qquad (6\text{-}2)$$

线圈上的功率损耗就是电阻 R 消耗的功率，即

$$P = RI^2 \qquad (6\text{-}3)$$

6.2.2　交流铁芯线圈电路

当交流励磁时，问题就复杂一些。首先在线圈和铁芯中将产生感应电动势，且主磁电感是非线性电感，与线性电感的分析有较大差别。

（1）电磁关系

在图 6-5 的铁芯线圈电路中，加交流电压 u 时，就会有交流 i 产生。磁通势 Ni 产生的磁通绝大部分通过铁芯而闭合，是主磁通 Φ；但也有少量漏磁通 Φ_σ 主要经空气或其他非导磁材料而闭合。这时线圈中有两个感应电动势产生：主磁电动势 e 和漏磁电动势 e_σ。这时电磁关系表示如下：

$$u \to i\,(Ni) \Big\langle {\Phi \to e \atop \Phi_\sigma \to e_\sigma}$$

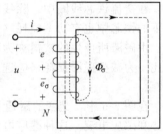

图 6-5　铁芯线圈的交流电路

因为漏磁通以经非导磁材料为主，其磁路的磁阻也主要体现在非导磁材料上，所以认为漏磁电感为线性电感。

$$L_\sigma = \frac{N\Phi_\sigma}{i} = 常数$$

但主磁通经过铁芯，而铁芯中的 μ 不是一个常数，所以 L 也不是常数，即铁芯线圈的主磁电感是一个非线性电感元件。

（2）电压、电流关系

对交流铁芯线圈电路列写基尔霍夫电压方程：

$$u + e + e_\sigma = Ri$$

或

$$u = Ri + (-e_\sigma) + (-e) = Ri + L_\sigma \frac{\mathrm{d}i}{\mathrm{d}t} + (-e) \qquad (6\text{-}4)$$

当 u 是正弦电压时，式中各量可视为正弦量，于是可用相量表示为

$$\dot{U} = R\dot{I} + (-\dot{E}_\sigma) + (-\dot{E}) = R\dot{I} + \mathrm{j}X_\sigma \dot{I} + (-\dot{E}) \qquad (6\text{-}5)$$

式中，漏磁感应电动势 $\dot{E}_\sigma = -\mathrm{j}X_\sigma \dot{I}$ ，其中 $X_\sigma = \omega L_\sigma$ ，称为漏磁感抗；R 是铁芯线圈上的电阻。

主磁感应电动势应按以下方法计算。

设主磁通 $\Phi = \Phi_m \sin\omega t$ ，则

$$e = -E\frac{\mathrm{d}\Phi}{\mathrm{d}t} = -N\omega\Phi_m \cos\omega t = 2\pi f N\Phi_m \sin(\omega t - 90°)$$
$$= E_m \sin(\omega t - 90°) \tag{6-6}$$

式中，$E_m = 2\pi f N\Phi_m$ ，是主磁电动势 e 的幅值，而其有效值为

$$E = \frac{E_m}{\sqrt{2}} = 4.44 f N\Phi_m \tag{6-7}$$

上式是常用公式，以后还会多次使用。

由式(6-5)可知，电源电压 u 可分成三个分量：$u_e = Ri$，是电阻上的电压降；$u_\sigma = -e_\sigma$，是与漏磁电动势平衡的电压分量；$u' = -e$，是与主磁电动势相平衡的电压分量。但总体而言，电阻 R 和感抗 X_σ 的压降较小，电源电压主要与主磁电动势相平衡。于是

$$\dot{U} \approx -\dot{E}$$
$$U \approx E = 4.44 f N\Phi_m = 4.44 f N B_m S \tag{6-8}$$

式中，B_m 是铁芯中磁感应强度最大值；S 是铁芯截面积。

（3）功率损耗

在交流铁芯线圈中，除线圈电阻 R 上有功率损耗 RI^2（即铜损 Δp_{Cu}）外，处于交变磁化下的铁芯中也有功率损耗（即铁损 Δp_{Fe}）。铁损包括磁滞和涡流损耗两部分。

由磁滞所产生的铁损称为磁滞损耗 Δp_n。Δp_n 的大小与磁性材料的磁滞回线的面积成正比。为减少磁滞损耗，应选用软磁材料来制作铁芯。硅钢就是变压器和电机中常用的铁芯材料。

在图 6-6 中，交变的磁通不仅在线圈中产生感应电动势，而且在铁芯内也要产生感应电动势和感应电流。这种感应电流称为涡流，它在垂直于磁通方向的平面内环流着。

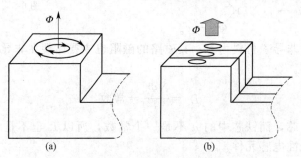

图 6-6 铁芯中的涡流

涡流也带来损耗，为减小涡流损耗，在顺磁场方向铁芯可由彼此绝缘的硅钢片叠成，这样就可以限制涡流在较小的截面内流通。此外，通常在硅钢片中含有少量的硅，因而电阻率较大，可以减小涡流。

当然，也有利用涡流的地方。例如，利用涡流的热效应来冶炼金属，利用涡流和磁场相互作用而产生的电磁力来制造感应式仪器及涡流测矩器等。

交变磁通在铁芯内产生的铁损 Δp_{Fe}，与磁感应强度的最大值 B_m 的平方成正比，故 B_m 不宜选得过大，一般取 $0.8 \sim 1.2\mathrm{T}$。

【例 6-1】 要绕制一个铁芯线圈，已知电源电压 $U = 220\mathrm{V}$，频率 $f = 50\mathrm{Hz}$，现在铁芯截

面为 $30.2cm^2$，铁芯由硅钢片叠成，设叠片间隙系数为 0.91。①如取 $B_m = 0.9T$，问线圈匝数为多少？②如果磁路平均长度为 60cm，问励磁电流应多大？

解　① 铁芯的有效面积为

$$S = 30.2 \times 0.91 = 27.5 cm^2$$

线圈匝数可由式(6-8)求出，即

$$N = \frac{U}{4.44 f B_m S} = \frac{220}{4.44 \times 50 \times 0.9 \times 27.5 \times 10^{-4}} = 400$$

② 从图 6-4 中查出，当 $B_m = 0.9T$ 时，$H_m = 260A/m$，所以

$$I = \frac{H_m l}{\sqrt{2} N} = \frac{260 \times 60 \times 10^{-2}}{\sqrt{2} \times 400} = 0.276A$$

【练习与思考】

6-2-1　将一个空心线圈先后接到直流电源和交流电源上，然后在这个线圈中插入铁芯，再接到上述的直流电源和交流电源上。如果交流电源电压的有效值和直流电源电压相等，在上述四种情况下，试比较线圈的电流和功率的大小，并说明理由。

6-2-2　总结漏磁通、漏磁路、漏磁电感与主磁通、主磁路、主磁电感的区别。

6-2-3　空气线圈的电感是常数，而铁芯线圈的电感不是常数，为什么？如果线圈的尺寸、形状和匝数相同，有铁芯和没有铁芯时，哪个电感大？铁芯线圈的铁芯，在达到磁饱和和尚未饱和状态时，哪个电感大？

6.3　变　压　器

变压器是一种静止的电能转换装置，它利用电磁感应原理，可以将一种交流电压和电流等级转变成同频率的另一种电压和电流等级。它对电能的经济传输、灵活分配和安全使用具有重要的意义。

在电子线路中，除电源变压器外，变压器还用来耦合电路，传递信号，并实现阻抗匹配。

此外，还有自耦变压器、互感器及各种专用变压器等。变压器的种类很多，但是它们的基本构造和工作原理是相同的。

6.3.1　变压器的基本结构

变压器的一般结构如图 6-7 所示，它由闭合铁芯和高、低压绕组等几个主要部分构成。

6.3.2　变压器的工作原理

图 6-8 所示的是变压器的原理图，与电源相连的称为原绕组（或称为初级绕组、一次绕组），与负载相连为副绕组（或称为次级绕组、二级绕组），其匝数分别为 N_1 和 N_2。

原绕组上接有交流电压 u_1 时，则有电流 i_1 产生。原绕组的磁通势 $N_1 i_1$ 在铁

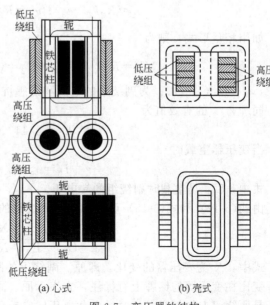

(a) 心式　　　　(b) 壳式

图 6-7　变压器的结构

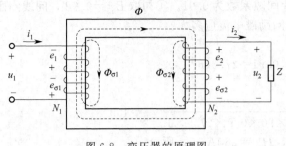

图 6-8　变压器的原理图

芯产生主磁通 Φ，从而在原、副绕组中产生感应电动势 e_1 和 e_2。如果副绕组是闭合的，则 $N_2 i_2$ 也会在铁芯中产生磁通。铁芯的 Φ 是由 $N_1 i_1 + N_2 i_2$ 产生的。此外，原、副绕组的磁通势还分别产生漏磁通 $\Phi_{\sigma 1}$ 和 $\Phi_{\sigma 2}$，从而产生漏磁电动势 $e_{\sigma 1}$ 和 $e_{\sigma 2}$。

下面讨论变压器的电压变换、电流变换及阻抗变换。

（1）电压变换

对原绕组电路列写 KVL 方程：

$$u_1 = R_1 i_1 - e_{\sigma 1} - e_1 = R_1 i_1 + L_{\sigma 1}\frac{\mathrm{d}i_1}{\mathrm{d}t} - e_1 \tag{6-9}$$

通常认为漏磁通主要不经过铁芯而闭合，是线性电感；而主磁通经过铁芯，是非线性电感，只能用电磁感应定律来表示。在正弦电压作用时，可写成相量关系式：

$$\dot{U}_1 = R_1 \dot{I}_1 - \dot{E}_{\sigma 1} - \dot{E}_1 = (R_1 + \mathrm{j}X_1)\dot{I}_1 - \dot{E}_1 \tag{6-10}$$

式中，R_1 和 $X_1 = \omega L_{\sigma 1}$ 代表原绕组的电阻和漏感抗。

与主磁通产生的 E_1 相比，可以忽略原绕组的电阻和漏抗压降，于是

$$\dot{U}_1 \approx -\dot{E}_1$$

如果 $\Phi = \Phi_{\mathrm{m}}\sin\omega t$，则根据电磁感应定律：

$$e_1 = -N_1\frac{\mathrm{d}\Phi}{\mathrm{d}t} = -N_1\omega\Phi_{\mathrm{m}}\cos\omega t = 2\pi f N_1\Phi_{\mathrm{m}}\sin\left(\omega t - \frac{\pi}{2}\right) = E_{1\mathrm{m}}\sin\left(\omega t - \frac{\pi}{2}\right) \tag{6-11}$$

于是

$$E_1 = \frac{2\pi f N_1}{\sqrt{2}}\Phi_{\mathrm{m}} = 4.44 f N_1\Phi_{\mathrm{m}} \approx U_1 \tag{6-12}$$

同理，对副绕组电路也可列写方程：

$$e_2 = R_2 i_2 - e_{\sigma 2} + u_2 = R_2 i_2 + L_{\sigma 2}\frac{\mathrm{d}i_2}{\mathrm{d}t} + u_2 \tag{6-13}$$

如用相量形式，则为

$$\dot{E}_2 = R_2 \dot{I}_2 - \dot{E}_{\sigma 2} + \dot{U}_2 = (R_2 + \mathrm{j}X_2)\dot{I}_2 + \dot{U}_2 \tag{6-14}$$

式中，R_2 和 $X_2 = \omega L_{\sigma 2}$ 为副绕组的电阻和漏感抗；$\dot{U}_2$ 为副绕组的端电压。

同理，e_2 的有效值为

$$E_2 = 4.44 f N_2\Phi_{\mathrm{m}} \tag{6-15}$$

当变压器空载时

$$I_2 = 0, \ E_2 = U_{20}$$

式中，U_{20} 是空载时副绕组的端电压。

由式（6-12）和式（6-15）可见，原、副绕组的电压之比为

$$\frac{U_1}{U_{20}} \approx \frac{E_1}{E_2} = \frac{N_1}{N_2} = K \tag{6-16}$$

式中，K 为变压器的变比，即原、副绕组的匝数比。

变比在变压器的铭牌上有标注，它表示原、副绕组的额定电压之比，其中副绕组的额定电压是原绕组上加额定电压时的空载电压，它较负载的额定电压高 $5\% \sim 10\%$。

（2）电流变换

由 $U_1 \approx E_1 = 4.44 f N_1 \Phi_m$ 可知，当电源电压 U_1 和频率 f 不变时，E_1 和 Φ_m 也近似不变。所以负载时产生主磁通的原、副绕组的合成磁通势 $(N_1 i_1 + N_2 i_2)$ 应该与空载时的原绕组的磁通势 $N_1 i_0$ 相差无几，即

$$N_1 i_1 + N_2 i_2 \approx N_1 i_0$$

其相量关系式为

$$N_1 \dot{I}_1 + N_2 \dot{I}_2 \approx N_1 \dot{I}_0 \tag{6-17}$$

空载电流 I_0 基本上是励磁电流。由于变压器的主磁路中无气隙，所以它很小。I_0 一般在原绕组额定电流 I_{1N} 的 10% 之内。只要 I_1 远大于 I_0，可忽略 I_0，式(6-17) 可写成

$$N_1 \dot{I}_1 \approx -N_2 \dot{I}_2 \tag{6-18}$$

其原、副绕组电流有效值关系为

$$\frac{I_1}{I_2} \approx \frac{N_2}{N_1} = \frac{1}{K} \tag{6-19}$$

上式表示原、副绕组的电流之比近似等于其匝数比的倒数。式(6-18) 表示原、副绕组电流反相，副绕组的磁通势对原绕组的磁通势实为去磁作用。当负载增大时，为使主磁通最大值保持不变，$I_1(N_1 I_1)$ 也随之增大，原、副绕组的电流比值几乎不变。

I_{1N} 和 I_{2N} 是指按规定工作方式运行时，原、副绕组允许通过的最大电流，它根据绝缘材料允许温度确定。

变压器的额定容量用视在功率表示，通常设计时让原、副绕组的额定容量相等，即

$$S_N = U_{1N} I_{1N} = U_{2N} I_{2N}$$

（3）阻抗变换

借助于电压和电流变换，可实现阻抗变换。

图 6-9(a) 电路中，负载阻抗模 $|Z|$ 接于变压器的副边，将图中的虚线框部分用一个阻抗模 $|Z'|$ 来等效，要保证电路的电压、电流和功率不变。

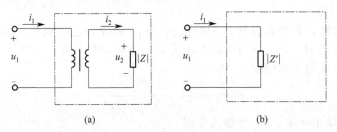

(a)   (b)

图 6-9 负载阻抗的等效变换

由式(6-16) 和式(6-19) 可得出

$$|Z'| = \frac{U_1}{I_1} = \frac{\dfrac{N_1}{N_2} U_2}{\dfrac{N_2}{N_1} I_2} = \left(\frac{N_1}{N_2}\right)^2 \frac{U_2}{I_2} = K^2 |Z| \tag{6-20}$$

通过不同的匝数比，把负载阻抗变成合适的数值，实现阻抗匹配。

【例 6-2】 在图 6-10 所示变压器的原边上接交流信号源，其电动势 $E = 100V$，内阻 $R_0 = 100\Omega$，负载电阻 $R_L = 4\Omega$。①当 R_L 折算到原边的等效电阻 $R_L' = R_0$ 时，求变压器的匝数比和信号源输出功率；②如负载直接与信号源连接时，信号源输出多大功率？

解 ① 当 $R_L' = K^2 R_L = R_0$ 时，变压器的匝数比为

$$K = \frac{N_1}{N_2} = \sqrt{\frac{R'_L}{R_L}} = \sqrt{\frac{100}{4}} = 5$$

信号源输出功率为

$$P = \left(\frac{E}{R_0 + R'_L}\right)^2 R'_L = \left(\frac{100}{100 + 100}\right)^2 \times 100 = 25\,\text{W}$$

② 当负载直接接在信号源上时

$$P = \left(\frac{100}{100 + 4}\right)^2 \times 4 = 3.7\,\text{W}$$

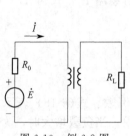

图 6-10　例 6-2 图

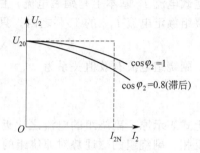

图 6-11　变压器的外特性曲线

6.3.3　变压器的主要技术指标

对于负载而言,变压器就是一个有内阻抗的实际电压源。当电源电压 U_1 不变时,随着副边电流的变化,副边电压 U_2 也随之变化。当电源电压 U_1 和负载的功率因数 $\cos\varphi_2$ 一定时,$U_2 = f(I_2)$ 称为外特性曲线,见图 6-11。对电阻性和感性负载而言,电压 U_2 随 I_2 的增加而下降。通常用电压变化率 ΔU 来表示当变压器从空载到额定负载时电压 U_2 的相对变率。

$$\Delta U = \frac{U_{20} - U_2}{U_{20}} \times 100\% \tag{6-21}$$

式中,U_{20} 为空载时的副边电压。一般变压器中,其电阻和漏抗压降都较小,ΔU 不超过 5%。

变压器变换交流,其损耗包括铁芯的铁损 Δp_{Fe} 和绕组上的铜耗 Δp_{Cu}。前者与铁芯内磁感应强度的最大值 B_m 有关,与负载大小无关;而后者则与负载电流的平方成正比。

变压器的效率常用下式确定:

$$\eta = \frac{P_2}{P_1} = \frac{P_2}{P_2 + \Delta p_{\text{Fe}} + \Delta p_{\text{Cu}}} \tag{6-22}$$

式中,P_2 为输出功率;P_1 为输入功率。

变压器的功率损耗很小,效率高,可达 95% 以上。

【例 6-3】　有一电阻负载的单相变压器,其额定数据如下:$S_N = 1\,\text{kV·A}$,$U_{1N} = 220\,\text{V}$,$U_{2N} = 115\,\text{V}$,$f_N = 50\,\text{Hz}$,由试验测得:$\Delta p_{\text{Fe}} = 40\,\text{W}$,额定负载时 $\Delta p_{\text{Cu}} = 60\,\text{W}$,求:①变压器的额定电流;②满载和半载时的效率。

解　① 额定电流为

$$I_{2N} = \frac{S_N}{U_{2N}} = \frac{1 \times 10^3}{115} = 8.7\,\text{A}$$

$$I_{1N} = \frac{S_N}{U_{1N}} = \frac{1 \times 10^3}{220} = 4.55\,\text{A}$$

② 满载和半载时的效率分别为

$$\eta_1 = \frac{P_2}{P_2 + \Delta p_{\text{Fe}} + \Delta p_{\text{Cu}}} = \frac{1 \times 10^3}{1 \times 10^3 + 40 + 60} = 90.9\%$$

$$\eta_2 = \frac{\frac{1}{2} \times 10^3}{\frac{1}{2} \times 10^3 + 40 + \left(\frac{1}{2}\right)^2 \times 60} = 90.1\%$$

6.3.4　特殊变压器

下面介绍两种特殊变压器。

（1）自耦变压器

图 6-12 所示的自耦变压器中，其副绕组是原绕组的一部分。这种变压器的原、副绕组除了磁的联系外，还有电的直接联系。该种变压器的电压、电流关系与普通变压器无差别，当变比 $K < 2$ 时，它可以减少尺寸和节省材料，且可提高变压器的效率。

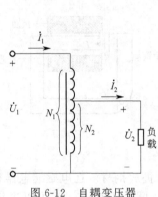

图 6-12　自耦变压器

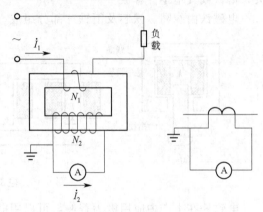

图 6-13　电流互感器的接线图及其符号

（2）电流互感器

电流互感器根据变压器的原理而制作，主要用来扩大交流电表的量程。同时它将测量仪表与高压电路隔开，保证人身与设备的安全。

电流互感器的接线图及其符号如图 6-13 所示。它的原绕组匝数很少，且与被测电路串联，副绕组的匝数较多，接电流表或其他电流线圈。

$$I_1 = \frac{N_2}{N_1} I_2 = K_i I_2 \tag{6-23}$$

式中，K_i 为电流互感器的变换系数，是一般变压器 K 的倒数。

通常所接电流表或其他电流线圈的额定值均是 5A，更换电流互感器就可以测量不同电流，而电流表可直接标出被测电流值。

在使用电流互感器时，副绕组上的负载阻抗很小，所以折合到原绕组侧的阻抗也很小，对被测电流的影响也很小。所以不允许将副绕组开路，否则就会破坏它的正常工作，还会产生危险。

为安全起见，电流互感器的铁芯和副绕组的一端应该接地。

6.3.5　变压器绕组的极性

设某变压器有相同的两个一次绕组 1-2 和 3-4，它们的额定电压均为 110V，今欲接入 220V 的电源上，应将两者串联，2 和 3 两端接在一起，如图 6-14（a）所示。这时电流从 1 端和 3 端流入时，产生磁通

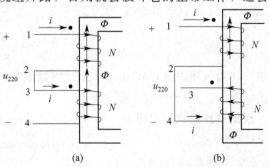

图 6-14　变压器绕组的同极性端

方向相同，两个绕组中的感应电动势的极性也相同，1 和 3 端称为同极性端，标以记号"·"。同理，2 和 4 端也是同极性端，而 2 和 3 端、1 和 4 端称为异极性端。两个线圈串联时，电流应从一对同名端流入两线圈，所以两线圈的连接点应是一对异极性端。

6.4　电　磁　铁

电磁铁是利用通电的铁芯、线圈吸引衔铁或保证某种机械零件、工件于固定位置的一种电器。衔铁的动作可使其他机械装置发生联动。当电源断开时，线圈失电，电磁铁的磁性消失，衔铁或其他零件释放。

电磁铁由线圈、铁芯及衔铁三部分组成。它的结构形式如图 6-15 所示。

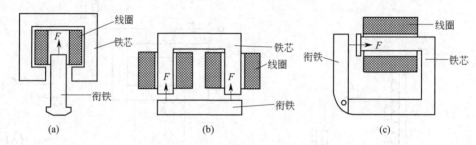

图 6-15　电磁铁的几种形式

电磁铁在生产中应用极为普遍，可以用电磁铁起重以提放钢材。在电磁继电器和接触器中，控制电磁铁的线圈是否得电，就可以决定触点是闭合还是断开，从而控制电路的通断。

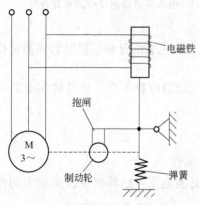

图 6-16　用电磁铁来制动机床和起重机的电动机

图 6-16 是用电磁铁来制动机床和起重机的电动机。当电源接通时，电磁铁动作而拉开弹簧，把抱闸提起，于是放开了装在电动机轴上的制动轮，这时电动机便可自由转动。当电源断开时，电磁铁的衔铁落下，弹簧便把抱闸压在制动轮上，于是电动机就被制动。

起重机中采用这种方法，就可避免由于工作中突然断电而使重物滑下造成事故。根据励磁电流可分为直流电磁铁和交流电磁铁。

6.4.1　直流电磁铁

线圈通电时，磁路中产生磁动势 NI，在它的作用下，磁路中产生磁通 Φ，由此可得电磁吸力的表达式为

$$F = \frac{\Phi^2}{2\mu_0 S_0} \tag{6-24}$$

式中，Φ 为气隙磁通，Wb；S_0 为气隙截面积，m^2；$\mu_0 = 4\pi \times 10^{-7}$（H/m）。对于已制造好的电磁铁，$S_0$ 为常数，即 $F \propto \Phi^2$。

根据磁路的欧姆定律

$$\Phi = \frac{NI}{R_\mathrm{m}} = \frac{NI}{\delta} \mu_0 S \tag{6-25}$$

可得

$$F = \frac{(NI^2)\mu_0 S_0}{2\delta^2} \tag{6-26}$$

对于直流电磁铁，当外加电压一定时，$I = U/R =$ 常数，此时

$$F = \frac{(NI)^2 \mu_0 S_0}{2} \times \frac{1}{\delta^2} \propto \frac{1}{\delta^2} \tag{6-27}$$

上式表示，对于直流电磁铁，当外施电压为常数时，电磁吸力与气隙长度的平方成反比，吸力特性为二次曲线，吸合电流与气隙长度无关。吸力特性曲线见图 6-17(a)。

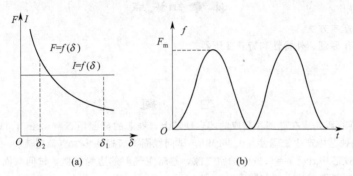

图 6-17　电磁铁的吸力

6.4.2　交流电磁铁

设 $i = I_m \sin\omega t$，代入式（6-26），则吸力

$$f = \frac{(NI_m)^2 \mu_0 S_0}{2\delta^2} \sin^2\omega t = \frac{(NI_m)^2 \mu_0 S_0}{2\delta^2}\left(\frac{1 - \cos 2\omega t}{2}\right)$$

$$= \frac{1}{2}F_m - \frac{1}{2}F_m \cos 2\omega t \tag{6-28}$$

式中，$F_m = \dfrac{(NI_m)^2 \mu_0 S_0}{2\delta^2}$ 是吸力的最大值。在计算时只考虑吸力的平均值

$$F = \frac{(NI_m)^2 \mu_0 S_0}{4\delta^2} \tag{6-29}$$

由式(6-28)可知，吸力在 0 与最大值 F_m 之间脉动，因而衔铁以两倍电源频率颤动而引起噪声，同时触点容易损坏。可以用分磁环（或短路环）来消除衔铁的颤动，也就消除了噪声。交流电磁铁的铁芯由钢片叠成。由式(6-25)可得

$$I = \frac{\Phi\delta}{N\mu_0 S_0} \propto \delta$$

即交流电磁机构的吸合电流与气隙长度成正比。吸力特性见图 6-17(b)。

对于交流电磁机构，在线圈通电而衔铁尚未吸合瞬间，吸合电流为衔铁吸合后的吸持电流（额定电流）的很多倍。因此，倘若交流电磁铁的衔铁卡住不能吸合或者频繁动作，线圈有可能被烧毁。所以，在可靠性要求较高或频繁动作的控制系统中，宜采用直流电磁铁而不采用交流电磁铁。

【练习与思考】

6-4-1　如果将电压相等（交流电压指有效值）的直流电磁铁接到交流电源上，或者把一个交流电磁铁接到直流上使用，将会发生什么后果？

6-4-2　交流电磁铁在吸合过程中气隙减小，试问磁路磁阻、线圈电感、线圈电流及铁芯中磁通的最大值将作何变化（增大、减小、不变或近于不变）？

6-4-3 额定电压为 380V 的交流接触器，误接到 220V 的交流电源上，试问吸合时磁通 Φ_m、电磁吸力 F、铁损 Δp_{Fe} 和线圈上电流 I 有何变化？

本章小结

本章简单介绍了磁路的基本分析方法，分析了变压器的工作原理；并介绍了几种常见的特殊变压器及直流、交流线圈。

本章知识点

① 磁路分析的基本方法。

② 变压器的工作原理、外特性和特殊变压器。

③ 电磁铁。

习 题

6-1 有一线圈共 1000 匝，现在硅钢片制成的闭合铁芯上，铁芯的截面积 $S = 40\text{cm}^2$，铁芯的平均长度 $l = 40\text{cm}$。如要在铁芯中产生磁通 $\Phi = 0.002\text{Wb}$，试问线圈中应通入多大直流电流？

6-2 如果在上题的铁芯中含有 $\delta = 0.2\text{cm}$ 的空气隙，忽略空气隙的边缘扩散，试问线圈的电流必须多大才能使铁芯中磁感强度保持上题的数值？

6-3 有一单相照明变压器，容量为 $10\text{kV} \cdot \text{A}$，电压为 3300/220V，如要变压器不过载，①在二次绕组上接 45W 的白炽灯最多可接入多少个？②若接入功率为 40W，功率因数为 0.5 的日光灯，最多可接入多少个？③如果已接入 100 个 45W 的白炽灯，还可再接入多少个 40W，功率因数为 0.5 的日光灯？并求以上各种情况下的一、二次绕组上的电流。

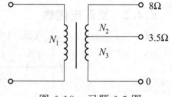

图 6-18 习题 6-5 图

6-4 有一交流信号源，已知信号源的电动势 $E = 120\text{V}$，内阻 $R_0 = 600\Omega$，负载电阻 $R_L = 8\Omega$。①如果负载 R_L 经变压器接至信号源并使等效电阻 $R'_L = R_0$，求变压器的电压比和负载上获得的功率；②如果负载直接接到信号源，求负载上获得的功率。

6-5 在图 6-18 中，输出变压器的二次绕组有中间抽头，以便接成 8Ω 或 3.5Ω 的扬声器，两者都能达到阻抗匹配。试求二次绕组两部分匝数之比 $\dfrac{N_2}{N_3}$。

第 7 章　异步电动机

旋转电机按工作方式不同，可做如下划分。

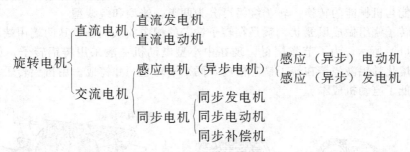

其中，电动机的作用是将电能转换为机械能。现代生产机械都广泛应用电动机来拖动。异步电动机按相数不同，可分为三相异步电动机和单相异步电动机；按转子结构不同，可分为笼型和绕线转子型，其中笼型三相异步电动机由于具有结构简单、运行可靠、效率高、制造容易、成本低等优点得到广泛应用。本章主要介绍三相交流异步电动机。

学习电动机从以下几个方面着手：构造、工作原理、机械特性、运行特性、使用常识。

7.1　三相异步电动机的构造

三相异步电动机分为两个基本部分：固定不动的定子和旋转的转子。图 7-1 所示的是三相异步电动机的构造。

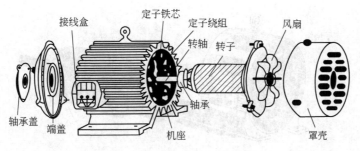

图 7-1　三相异步电动机的构造

（1）定子部分

定子部分主要包括机座、定子铁芯、定子绕组三大部分。

① 机座。指固定的外壳和底座，主要的作用是固定和支撑铁芯。机座的前后装有轴承，以支撑旋转的转子轴。

② 定子铁芯。其作用是嵌装定子绕组，也是磁路的重要组成部分。为了减少涡流损耗，采用由涂有绝缘漆的环形硅钢片叠压而成，铁芯的内圆周开有均匀的槽，用以安装定子绕组。$U_1 U_2$、$V_1 V_2$、$W_1 W_2$，三相绕组可以星形连接或三角形连接。

③ 定子绕组。由在几何空间完全对称的三相线圈独立绕成，嵌于定子槽内，外接三相对称电源。其主要作用是接受外部的三相交流电能，产生其工作必需的磁场，是完成电能与机械能相互转换的中枢。

（2）转子部分

转子是电机转动的部分，主要由转子铁芯、转子绕组两部分组成。

① 转子铁芯。紧套装在转轴上，由环形硅钢片叠压而成，开有装设转子绕组的槽。其作用是提供电动机磁路及固定转子绕组。

② 转子绕组。为安装在转子槽中的导体。其作用是在磁场作用下产生感应转子电流，配合完成电能与机械能的转换。转子绕组可分为两类：笼型和绕线型。

笼型的转子绕组做成鼠笼状，就是在转子铁芯的槽中放入铜条，其两端用端环连接，如图 7-2(a)、(b) 所示。为了节省铜材，现在中小型电动机一般采用铸铝转子，如图 7-2(c) 所示，即把熔化的铝液浇铸在转子铁芯槽内，两个端环也一并铸成。用铸铝转子，简化了制造工艺，降低了电动机成本。

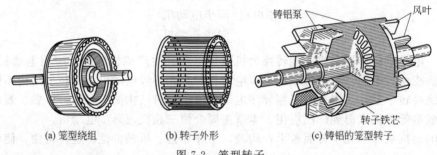

(a) 笼型绕组　　　　(b) 转子外形　　　　(c) 铸铝的笼型转子

图 7-2　笼型转子

绕线型转子的铁芯与笼型的相同，不同的是在转子的槽内嵌置对称的三相绕组。三相绕组接成星形，末端连在一起，它每相的首端分别接在转轴上的三个彼此绝缘的铜制滑环上。滑环对轴也是绝缘的。滑环通过电刷将转子绕组的三个首端引到机座上的接线盒里，以便在转子电路中串入附加电阻，用来改善电动机的启动和调速性能。这种电动机叫作绕线型电动机，其构造如图 7-3 所示。

图 7-3　绕线型异步电动机的构造

两种电动机只是在转子的构造上不同，它们的工作原理是相同的。

7.2　三相异步电动机的工作原理

7.2.1　转动原理

三相异步电动机接通对称三相电源后，就会旋转。下面通过一个简单的实验来说明其转动原理。

图 7-4(a) 就是这个实验的模型。模型中的手柄与一个马蹄形磁铁相连，磁铁的中间是一条由铜条和铜环制成的笼型转子，它单独固定在一侧，可以自由地转动；磁铁和转子之间没有机械联系。当转动磁铁时，发现转子也跟着一起转动。磁铁转速加快，转子转速也加快；磁铁转速减慢，转子转速也减慢；磁铁正转，转子也正转，磁铁反转，转子也反转，但转子的变化总是滞后于磁铁的变化。

下面分析该模型的转动原理。在这一模型中，马蹄形磁铁的两个边是一对磁极（N、S极），两极之间构成一个磁场，笼型转子正处于这个磁场之中。当转动磁铁时，实际上就是转动穿过转子的磁场，磁场的转动，使转子周边的铜条因切割旋转磁场的磁力线而产生感应电动势；由于转子的两端有铜环相连（电路闭合），转子的铜条中会产生感应电流，该电流与磁场相互作用使转子铜条受到磁场力的作用，这样转子就能转动起来。

该模型表达的转动原理如图 7-4(b) 所示。N、S 极是磁铁的两个边所对应的磁极，转子中的铜条只取左右两根。当顺时针转动磁铁时，靠近 N 极和 S 极下的转子铜条将分别产生流出和流入纸面方向的感应电流（用 "⊙" 表示流出，用 "⊕" 表示流入），并产生向下和向上的电磁力 F。在电磁力 F 的作用下，转子也将顺时针旋转。同理，逆时针转动磁铁时，转子也将逆时针旋转。当加速旋转磁铁时，旋转磁场与转子铜条的相对速度加快，铜条中的感应电流变大，转子受到的磁场力增加，转子的转速加快；反之变慢。转子的转速可以逐渐接近旋转磁场的转速，但永远小于旋转磁场的转速，这就是异步电动机名称的由来。

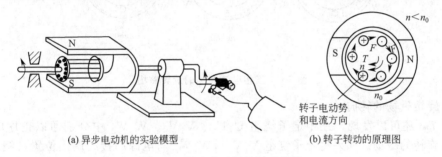

(a) 异步电动机的实验模型　　　　　　　(b) 转子转动的原理图

图 7-4　异步电动机的转动实验

三相异步电动机的转动原理和上面的实验是一样的，只不过它的旋转磁场是由三相对称电流产生的。下面看一下三相对称电流是如何产生旋转磁场的。

7.2.2　旋转磁场

（1）旋转磁场的产生

三相异步电动机的定子铁芯中有 U_1U_2、V_1V_2、W_1W_2 三相绕组，它们在空间互差120°。若将 U_2、V_2、W_2 接于一点（星形接法），U_1、V_1、W_1 分别接正序三相电源，便有对称的三相交流电流流入相应的定子绕组，即

$$i_1 = I_m \sin\omega t$$
$$i_2 = I_m \sin(\omega t - 120°)$$
$$i_3 = I_m \sin(\omega t + 120°)$$

其波形见图 7-5。当电流大于零时，电流的实际方向与参考方向一致；否则相反。

当 $\omega t = 0$ 时，$i_1 = 0$，$i_2 < 0$，$i_3 > 0$。此时电流的实际方向及磁场的分布见图 7-6(a)，磁场的轴线方向自上而下。

图 7-6(b) 表示 $\omega t = 60°$ 时定子电流及产生的磁场，此时磁场在空间转过 60°。

同理可得 $\omega t = 90°$ 时的三相电流的磁场，它比 $\omega t = 60°$ 的磁场在空间又转过 30°。见图 7-6(c)

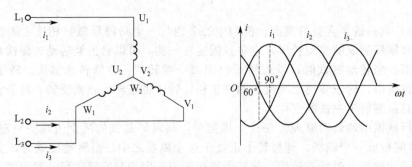

图 7-5　三相定子绕组中的三相对称电流

所示。

　　由此可见，当定子绕组中通入三相电流后，将产生一个旋转磁场。且电流交变一周后，合成磁场在空间上也将旋转 $360°$。

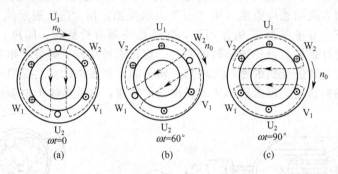

图 7-6　三相电流产生的旋转磁场

　　（2）旋转磁场的转向

　　从图 7-6 还可以发现，三相定子绕组 U_1U_2、V_1V_2、W_1W_2 中分别通以正序电流，产生顺时针旋转的磁场。如果将定子绕组 V_1V_2、W_1W_2 与电源的接线调换位置，绕组 U_1U_2 不变，即接入负序电源，则当 $\omega t=0°$ 和 $\omega t=60°$ 时所对应的旋转磁场变化位置如图 7-7 所示。可以看出，将产生一个逆时针旋转的磁场。

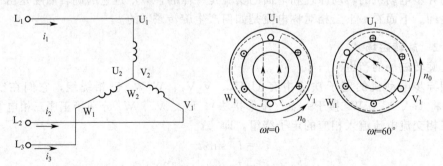

图 7-7　旋转磁场的反转

　　因此，对三相异步电动机定子绕组与电源的接线，只要将其中的任意两根调换位置，即可获得反转的旋转磁场，转子的转动方向也随之改变。

　　（3）旋转磁场的极数

　　图 7-6 旋转磁场由两部分构成，每一部分被称为旋转磁场的一个极。每相绕组只有一个线圈，绕组的始端之间相差 $120°$空间角，则产生的旋转磁场具有一对极，即 $p=1$（p 是磁

极对数）。而改变三相绕组的安排能改变旋转磁场的极数。如果将定子绕组安排得如图 7-8 那样，即每相绕组有两个线圈串联，绕组的始端之间相差 60°空间角，则产生的旋转磁场具有两对极，即 $p=2$，如图 7-9 所示。

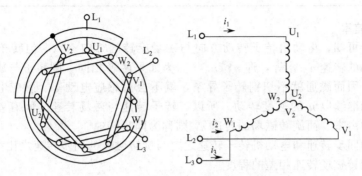

图 7-8　产生 4 极旋转磁场的定子绕组

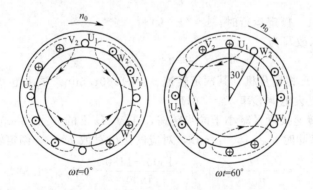

图 7-9　三相电流产生的旋转磁场（$p=2$）

（4）旋转磁场的转速

三相异步电动机的转速，与旋转磁场的转速有关，而旋转磁场的转速取决于电流频率与磁场的极数。在一对极情况下，电流交变一周，旋转磁场在空间旋转一圈。则每分钟内电流交变 $60f_1$ 次，旋转磁场的转速为 $n_0=60f_1$。它的单位为转每分（r/min）。

在旋转磁场具有二对极的情况下，电流交变一次，磁场在空间仅旋转了半圈，此时旋转磁场的转速 $n_0=\dfrac{60f_1}{2}$。

在旋转磁场具有三对极的情况下，电流交变一次，磁场在空间仅旋转了 1/3 圈，此时旋转磁场的转速 $n_0=\dfrac{60f_1}{3}$。

以此类推，当旋转磁场具有 p 对极时，磁场的转速为

$$n_0=\frac{60f_1}{p} \tag{7-1}$$

因此，旋转磁场的转速 n_0 决定于电流频率 f_1 和磁场的磁极对数 p，而 p 又决定于三相绕组的安排情况。对于某一异步电动机而言，f_1 和 p 通常一定，所以磁场转速 n_0 是个常数。

在我国，工频 $f_1=50\text{Hz}$，于是由式（7-1）可得出对应于不同磁极对数 p 的旋转磁场转速 n_0，见表 7-1。

表 7-1　旋转磁场转速 n_0

p	1	2	3	4	5	6
n_0	3000	1500	1000	750	600	500

7.2.3　转差率

由前面分析可知，电动机转子转动方向与磁场旋转的方向一致，但转子转速 n 不可能达到与旋转磁场的转速 n_0 相等，即 $n < n_0$。因为如果两者相同，则转子与旋转磁场之间就没有相对运动，因而磁通就不切割转子导条，就不会有感应电动势、感应电流以及电磁转矩，转子就不能继续以 n 的速度转动。所以，转子转速与磁场转速之间有差别，这就是异步电动机名称的由来。而旋转磁场的转速 n_0 则称为同步转速。

旋转磁场的同步转速和电动机转子转速之差与旋转磁场的同步转速之比称为转差率。描述转子转速与旋转磁场转速相差的程度。

$$s = \left(\frac{n_0 - n}{n_0} \right) \times 100\%, \quad 0 < s \leqslant 1 \qquad (7\text{-}2)$$

启动瞬间：$s=1$；额定运行时：$s=(1\sim9)\%$。

式(7-2) 也可以改写为

$$n = (1-s)n_0 \qquad (7\text{-}3)$$

【例 7-1】　一台三相异步机，其额定转速 $n_N = 1480 \text{r/min}$。试求电动机的磁极对数和额定负载时的转差率。设电源频率 $f_1 = 50\text{Hz}$。

解　由于额定转速接近且略小于同步转速，在 50Hz 下的 n_0 为 3000r/min、1500r/min、1000r/min 等，所以此时 $n_0 = 1500\text{r/min}$，对应的磁极对数 $p=2$，额定转差率

$$s_N = \frac{n_0 - n_N}{n_0} \times 100\% = \frac{1500 - 1480}{1500} \times 100\% = 1.33\%$$

【练习与思考】

7-2-1　三相异步电动机在正常运行时，如果转子突然被卡住而不能转动，试问这时电动机的电流有何改变？对电动机有何影响？

7-2-2　三相异步电动机的额定转速为 1460r/min。当负载转矩为额定转矩的一半时，电动机的转速约为多少？

7.3　三相异步电动机的电磁转矩和机械特性

电磁转矩 T（简称转矩）是三相异步电动机最重要的物理量之一，而机械特性是它的主要特性，对电动机分析往往离不开它们。

7.3.1　电磁转矩

异步电动机的转矩是由旋转磁场的每极磁通 Φ 与转子电流 I_2 相互作用而产生的，因此电磁转矩的大小与转子电流 I_2 以及旋转磁场的每极磁通 Φ 成正比。考虑到电动机的电磁转矩对外做机械功，即输出有功功率，因此电动机的电磁转矩与转子电流的有功分量 $I_2\cos\varphi_2$ 成正比。于是

$$T = K_T \Phi I_2 \cos\varphi_2 \qquad (7\text{-}4)$$

式中，K_T 是一常数，与电动机的结构有关；$\cos\varphi_2$ 为转子每相的功率因数。

将转子电路的相关公式代入上式，即得出转矩的另一表达式

$$T = K \frac{sR_2U_1^2}{R_2^2 + (sX_{20})^2} \tag{7-5}$$

式中，K 是一常数；U_1 为定子相电压；而 R_2 和 X_{20} 为转子每相电路中的电阻和 $s=1$ 时的漏感抗；转矩 T 受定子相电压影响很大，同时与转子电路参数以及转差率 s 有关。

7.3.2 机械特性

在一定的电源电压 U_1 和转子电路参数 R_2 和 X_{20} 下，转矩与转差率的关系曲线 $T = f(s)$ 或转速与转矩的关系曲线 $n = f(T)$，称为电动机的机械特性曲线。可由式(7-5) 得出图 7-10(a) 的 $T = f(s)$。将 $T = f(s)$ 的曲线顺时针方向转过 $90°$，再将表示 T 的横轴移下即可得到 $n = f(T)$ 的曲线，如图 7-10(b) 所示。

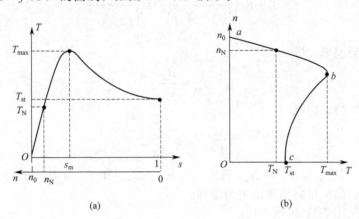

(a)　　　　　　　　　　　(b)

图 7-10　三相异步电动机的 $T = f(s)$ 和 $n = f(T)$ 曲线

研究机械特性的目的是为了分析电动机的运行性能。在机械特性曲线上，要重点讨论三个转矩。

(1) 额定转矩 T_N

在等速转动时，电动机的转矩 T 必须与阻力转矩 T_C 相平衡，即
$$T = T_C$$
阻力转矩又包括机械负载转矩 T_2 和空载损耗转矩 T_0。由于 T_0 很小，常忽略，则有
$$T = T_2 + T_0 \approx T_2 \tag{7-6}$$
因机械负载转矩 T_2 等于电动机转轴上的输出转矩，与电动机输出的机械功率 P_2 成正比，与电机转动的机械角频率 Ω 成反比，所以可得

$$T \approx T_2 = \frac{P_2}{\Omega} = \frac{P_2}{\dfrac{2\pi n}{60}} = 9.55\frac{P_2}{n} \tag{7-7}$$

式中，转矩 T 单位是 N·m；P_2 是电动机轴上输出的机械功率，其单位是 W；转速 n 单位为 r/min。如果 P_2 单位是 kW，则可得

$$T = 9550\frac{P_2}{n} \tag{7-8}$$

额定转矩是电动机在额定负载时的转矩，可从电动机铭牌上的额定功率（输出功率）和额定转速求得。

例如，某电动机的额定功率为 260kW，额定转速是 722r/min，则额定转矩

$$T_N = 9550\frac{P_{2N}}{n_N} = 9550 \times \frac{260}{722} = 3439\text{N·m}$$

通常三相异步电动机都工作在图 7-10(b) 所示特性曲线的 ab 段。在 ab 段内，当负载

转矩增大时，在最初瞬间电动机的转矩 $T < T_C$，所以它的转速 n 开始下降，由图 7-10(b) 可见，电动机的转矩增加了。当转矩增加到 $T = T_C$ 时，电动机在新的稳定状态下运行，这时转速较前为低。但总体而言，ab 段比较平坦，由于负载转矩的增大导致的转速下降并不明显，这种特性称为硬的机械特性。三相异步电动机的这种硬特性非常适用于一般金属切削机床。

（2）最大转矩 T_{max}

从特性曲线上看，转矩有一个最大值，称为最大转矩 T_{max} 或临界转矩。对应的 s_m 称为临界转差率，即方程

$$T = K \frac{sR_2U_1^2}{R_2^2 + (sX_{20})^2} = \frac{R_2U_1^2}{\frac{R_2}{s} + sX_{20}^2}$$

取得最大值时的转差率，即

$$s_m = \frac{R_2}{X_{20}} \tag{7-9}$$

再将 s_m 代入式(7-5)，则得

$$T_{max} = K \frac{U_1^2}{2X_{20}} \tag{7-10}$$

由上式可见，T_{max} 与 U_1^2 和 X_{20} 有关，与 R_2 无关；而 s_m 与 R_2 和 X_{20} 均有关。这为绕线型异步电动机的应用提供理论上的依据。

上述关系式见图 7-11 和图 7-12。

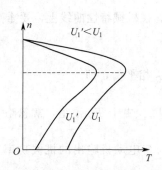

图 7-11　不同 U_1 下的 $n = f(T)$
曲线（R_2、X_{20} 不变）

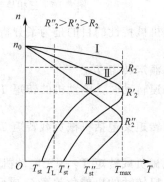

图 7-12　不同转子电阻 R_2 下的 $n = f(T)$
曲线（U_1 和 X_{20} 不变）

当负载转矩超过最大转矩时，电动机就带不动负载了，发生所谓闷车现象，最终停下来。电动机停止后，电动机电流上升为额定值的六七倍，电动机严重过热，以致烧坏。

如果过载时间较短，电动机不至于立即过热，是容许的。因此，最大转矩也表示电动机短时容许过载能力。电动机的额定转矩 T_N 比 T_{max} 要小，两者之比称为过载系数 λ，即

$$\lambda = \frac{T_{max}}{T_N} \tag{7-11}$$

一般三相异步电动机的过载系数为 1.8~2.2。

在选用电动机时，T_N 和 T_{max} 都是重要依据。

（3）启动转矩 T_{st}

电动机启动时（$n = 0$，$s = 1$）的转矩为启动转矩，将 $s = 1$ 代入式(7-5) 可得

$$T_{st} = K\frac{R_2 U_1^2}{R_2^2 + X_{20}^2} \tag{7-12}$$

由上式可见，T_{st} 与 U_1^2 及 R_2、X_{20} 有关。当电源电压 U_1 降低时，启动转矩减小。当转子电阻适当增大时，T_{st} 会增大（但是启动时转子电流会减少）。当 $R_2 = X_{20}$ 时，$T_{st} = T_{max}$ 取得最大值，这时 $s_m = 1$。但继续增大 R_2 时，T_{st} 就要随着减小，这时 $s_m > 1$。

【练习与思考】

7-3-1　三相异步电动机在一定负载转矩下运行时，如电源电压降低，电动机的转矩、转速有无变化？

7-3-2　绕线型电动机采用转子串电阻启动时，是否所串电阻愈大，启动转矩越大？

7.4　三相异步电动机的铭牌数据

要正确使用好一台异步电动机，首先必须了解它的铭牌数据。铭牌上简要地向使用者介绍了电动机的额定数据和使用方法，下面抄录一块铭牌，来说明铭牌上各个数据的意义。

三相异步电动机

型　号　Y100L4	功　率　7.5kW	频　率　50Hz
电　压　380V	电　流　15.4A	接　法　△
转　速　1440r/min	绝缘等级　B	工作方式　连续
年　月　编号		××电机厂

此外，它的主要技术数据还有功率因数 0.85，效率 87%。

（1）型号

为适应不同用途和不同工作环境的需要，电动机制成不同的系列，每种系列用不同的型号表示。国产异步电动机的型号由汉语拼音字母和一些数字组成。型号说明如下。

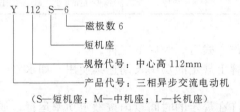

（S—短机座；M—中机座；L—长机座）

（2）功率与效率

铭牌上所标的功率是电动机在额定运行时输出的机械功率，单位是 kW，通常用 P_2（或 P_{2N}）表示。电动机从电源取用的功率叫作输入功率，用 P_1 表示，它包括从电动机输出的机械功率和损耗功率。

效率就是电动机的输出功率与输入功率的比值，用 η 表示：

$$\eta = \frac{P_2}{P_1} \times 100\%$$

（3）电压

铭牌上的电压值为电动机额定运行时定子绕组上应加的线电压。用 U_N 表示。电动机一般运行在额定电压附近。电压过高或过低都会影响电动机的正常工作。过高时使电动机铁芯过热，过低时最大转矩显著降低。

（4）电流

铭牌上所标的电流值是电动机在额定运行时的定子绕组的线电流值，用 I_N 表示。当电

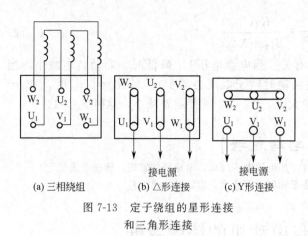

(a) 三相绕组　　　(b) △形连接　　　(c) Y形连接

图 7-13　定子绕组的星形连接
和三角形连接

动机空载时，由于转子的转速接近旋转磁场的转速，电流很小。随着输出功率增大时，定子电流也随之增大。

（5）接法

这里指定子三相绕组的接法，一般有星形（Y）和三角形（△）两种，其连接如图 7-13 所示。其中，U_1、V_1、W_1、U_2、V_2、W_2 为三相异步电动机的六根引出线，U_1、U_2；V_1、V_2；W_1、W_2 分别为三相绕组的两端。如果 U_1、V_1、W_1 分别为三相绕组的首端，则另外三个为末端。

（6）转速

指电动机定子上加额定频率和额定电压，且轴上输出额定功率时电动机的转速，用 n_N 表示。

（7）功率因数

因为电动机是感性负载，定子相电压比定子相电流超前 φ 角，$\cos\varphi$ 就是电动机的功率因数。三相异步电动机的功率因数在空载时只有 $0.2 \sim 0.3$，在额定负载时约为 $0.7 \sim 0.9$，所以要避免电动机长期轻载。

（8）绝缘等级

绝缘等级是根据电动机绕组所用的绝缘材料在使用时容许的极限温度来分级的。所谓极限温度，是指电动机绝缘结构中，最热点的最高容许温度。技术数据见表 7-2。

表 7-2　绝缘等级

绝缘等级	A	E	B	F	H
极限温度/℃	105	120	130	155	180

（9）工作方式

三相异步电动机的工作方式可分为以下三种。

连续工作：可以按铭牌上规定的功率长期连续使用，如水泵、通风机、机床等设备的电动机为连续工作方式。

短时工作：每次只允许在规定的时间以内按额定功率运行，如果连续使用，则会使电动机过热。

断续工作：电动机以间歇方式运行，吊车和起重机等多为此种工作方式。

【例 7-2】　有一 Y112-4 型三相异步电动机的数据如下：$P_{2N} = 4.5\text{kW}$，$n_N = 1440\text{r/min}$，$U_N = 380\text{V}$，$\eta_N = 85\%$，$\cos\varphi_N = 0.85$，$T_{st}/T_N = 1.4$，$T_{max}/T_N = 2$，$I_{st}/I_N = 6.5$，三角形接法，$f_1 = 50\text{Hz}$。试求：①磁极对数 p；②额定转差率 s_N；③额定电流 I_N 和启动电流 I_{st}；④额定转矩 T_N、启动转矩 T_{st}、最大转矩 T_{max}。

解　①因为 $n_N = 1440\text{r/min}$，所以

$$n_0 = 1500\text{r/min}$$
$$p = 60f/n_0 = 60 \times 50/1500 = 2$$

②$s_N = \dfrac{n_0 - n_N}{n_0} \times 100\% = \dfrac{1500 - 1440}{1500} \times 100\% = 4\%$

③$P_{1N} = \dfrac{P_{2N}}{\eta_N} = \dfrac{4500}{0.85} = 5294\text{W}$，$P_{1N} = \sqrt{3}U_N I_N \cos\varphi_N$

$$I_N = \frac{P_{1N}}{\sqrt{3}U_N\cos\varphi_N} = \frac{5294}{\sqrt{3}\times380\times0.85} = 9.5\text{A}$$

$$I_{st} = 6.5I_N = 6.5\times9.5 = 61.8\text{A}$$

④ $T_N = 9550\dfrac{P_{2N}}{n_N} = 9550\times\dfrac{4.5}{1440} = 29.8\text{N·m}$

$$T_{max} = 2T_N = 2\times29.8 = 59.6\text{N·m}$$

$$T_{st} = 1.4T_N = 1.4\times29.8 = 41.7\text{N·m}$$

7.5　三相异步电动机的使用

7.5.1　三相异步电动机的启动

（1）启动性能

三相异步电动机启动时，应保证如下几点。

① 有足够的启动转矩，$T \geq T_C$ 能够正常启动。

② 启动电流不会使电网电压下降过多（影响其他电机工作），一般希望电流越小越好（在能启动的情况下）。

另外满足启动过程平滑、安全简单、节能等。实际上，当电动机在启动工作初期，由于 $n=0$ 转子绕组切割磁力线的速度 $\Delta n = n_0$。转子感应电动势 E 大，启动电流也大，达 $5\sim7$ 倍。但因这时 $\cos\varphi$ 不大，所以 T_{st} 并不大。

（2）启动方法

笼型电动机的启动有直接启动和降压启动两种。

① 直接启动　直接启动就是电动机直接加电网电压，这时启动电流比较大，所以不是所有的电机都可以这样使用直接启动（全压启动）。一般的，当有独立的变压器供动力电时，且电机功率小于 20% 变压器功率时（频繁）或电机功率小于 30% 变压器功率时（不频繁）可以直接启动。

二三十千瓦以下的异步电动机，一般都采用直接启动。

② 降压启动　降压启动就是在启动时降低加在电动机定子绕组上的电压，以减小启动电流。如果不符合以上要求，电动机就必须降压启动。电动机的降压启动常采用下面几种方法。

a. 星形-三角形（Y-△）换接启动。如果电动机工作时其定子绕组是三角形连接，那么启动时把它接成星形，等到转速接近额定值时再换接成三角形连接。这样，在启动时就把定子每相绕组上的电压降到正常工作电压的 $\dfrac{1}{\sqrt{3}}$。

图 7-14 是定子绕组的两种连接法，Z 为启动时每相定子绕组的等效阻抗。

当定子绕组接成星形，即降压启动时

$$I_{1Y} = I_{pY} = \frac{U_1/\sqrt{3}}{|Z|}$$

当定子绕组接成三角形，即直接启动时

$$I_{1\triangle} = \sqrt{3}I_{p\triangle} = \sqrt{3}\frac{U_1}{|Z|}$$

比较上两式，可得

$$\frac{I_{1Y}}{I_{1\triangle}} = \frac{1}{3}$$

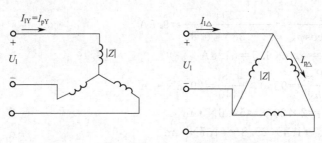

图 7-14　星形和三角形连接电路的启动电流

即降压启动时的电流为直接启动时的 $\frac{1}{3}$。

由于转矩和电压的平方成正比，所以启动转矩也减少到直接启动时的 $\frac{1}{3}$，因此，该方法只适用于空载或轻载启动。

这种换接启动可采用星-三角启动器来实现。图 7-15 是一种星-三角启动器的接线简图。在启动时将手柄向右扳，使右边一排动触点与静触点相连，电动机就接成星形。等电动机转速接近额定转速时，将手柄往左扳，则使左边一排动触点与静触点相连，电动机接成三角形。

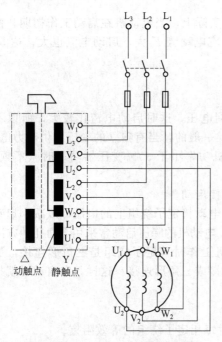

图 7-15　星-三角启动器接线简图

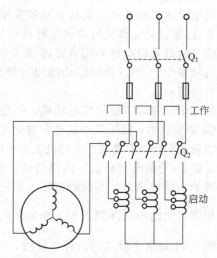

图 7-16　自耦降压启动接线图

b. 自耦降压启动。自耦降压启动就是利用三相自耦变压器降低电动机的启动端电压，从而降低启动电流，其接线如图 7-16 所示。启动时，把开关 Q_2 扳在"启动"位置，待转速接近额定转速时，将 Q_2 扳到"工作"位置，切除自耦变压器。

自耦变压器备有多个触头，以便得到不同的电压（例如为电源电压的 73%、64% 和 55%），根据对启动转矩的要求来选用。采用自耦降压启动，在减小启动电流的同时，启动转矩也跟着减小。

自耦降压启动适用于容量较大的或正常运行时为星形连接，不能采用星-三角启动器的异步电动机。

c.绕线型电动机转子电路串接电阻启动。至于绕线型电动机的启动，只要在转子电路接入适当的启动电阻 R_{st}（图 7-17）就可达到减小启动电流的目的；同时也可以提高启动转矩。它常用于启动转矩较大的生产机械上，如卷扬机、起重机及转炉等。随着转速的上升，将启动电阻逐段切除。

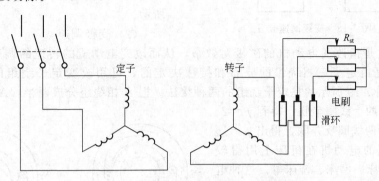

图 7-17　绕线型电动机启动时的接线图

【例 7-3】　有一 Y250M-6 三相异步电动机，△连接，其额定数据如表 7-3 所示。

表 7-3　异步电动机额定数据

功率	转速	电压	功率因数	I_{st}/I_N	T_{st}/T_N	I_N
37kW	985r/min	380V	0.88	6.5	1.8	72A

问：从电源取用的电流不得大于 360A，负载转矩 200N·m 时

①能否直接启动；②能否星形—三角形换接启动。

解

① $T_N = 9550 \dfrac{P_{2N}}{n_N} = 9550 \dfrac{37}{985} = 359\text{N·m}$

　$T_{st} = 1.8 \times T_N = 646\text{N·m}$

　$I_{st} = 6.5 I_N = 468\text{A} > 360\text{A}$

因此，不能直接启动。

② $T_{stY} = \dfrac{1}{3} T_{st} = \dfrac{1}{3} \times 646 = 215\text{N·m} > 200\text{N·m}$

　$I_{stY} = \dfrac{1}{3} I_{st} = 156\text{A} < 360\text{A}$

因为 $T_{stY} > T_2$，且电流符合要求，因此能星形-三角形换接启动。

7.5.2　三相异步电动机的调速

许多生产机械常常要求电动机在不同的转速下工作，以满足生产过程的要求。如果转速只能跳跃式调节，称为有级调速，如果在一定转速范围内可以连续调节，则称为无级调速。

分析三相异步电动机的调速问题，可从下式开始：

$$n = (1-s)n_0 = (1-s)\frac{60f_1}{p}$$

此式表明，改变电动机的转速有三种方法，即改变电源频率 f、磁极对数 p 和转差率 s。最后一种方法只适用于绕线型三相异步电动机。分别讨论如下。

（1）变频调速

变频调速是指改变电源频率 f_1，从而改变电动机的转速的调速方法。其原理是先将

图 7-18　变频调速装置

50Hz 交流电通过整流电路变换为直流电，再通过逆变电路（即将交流电变换为直流电的电路）将直流电变换为频率可调、电压可调的交流电，供给电动机。如图 7-18 所示。

（2）变极调速

变极调速是指改变电动机的磁极对数 p，从而改变电动机的转速的调速方法。由于磁极对数 p 是由定子三相绕组的分布和接法决定的，可用改变定子绕组的接法来改变磁极对数。图 7-19 所示的是定子绕组的两种接法。把 A 相绕组分成两半：A_1X_1 和 A_2X_2，图 7-19(a) 是两个线圈串联，得到 $p=2$。图 7-19(b) 是两线圈反并联，得出 $p=1$。

变极调速的电动机在机床上用得较多，如某些镗床、磨床、铣床等。这种电动机的调速是有级的。

（3）变转差率调速

变转差率调速就是在转子电路中接入一个调速电阻（见图 7-17），改变电阻的大小，从而改变电动机的转速的调速方法。增大调速电阻时，转差率 s 上升，而转速 n 下降。这种调速方法的优点是设备简单、投资少，缺点是要消耗电能，不经济，且会使电动机硬的机械特性变软。此方法广泛应用于起重机等短时工作的设备中。

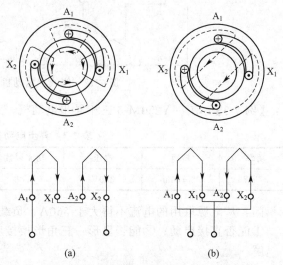

图 7-19　改变极对数 p 的调速方法

7.5.3　三相异步电动机的制动

通过加一个与原转速方向相反的制动力矩，使电动机能迅速停车或反转，被称为电动机的制动，其目的是为了提高生产机械效率。下面介绍几种制动方法。

（1）能耗制动

能耗制动就是在电动机切断三相电源后，定子绕组立即接通直流电源，电动机产生一个固定不动的磁场，如图 7-20 所示。因惯性继续旋转的转子，内部产生感应电动势和感应电流。感应电流在固定磁场的作用下，产生与转子转动方向相反的电磁转矩，从而起到制动的作用。制动转矩的大小与直流电流的大小有关，直流电流一般为电动机额定电流的 0.5～1 倍。

这种制动是消耗转子的动能全部转化为电动机转子上的铜耗和铁耗，故称为能耗制动。这种制动能量消耗少，制动平稳，在机床中应用广泛。

（2）反接制动

如图 7-21 所示，反接制动就是将接到电源的三根导线中的任意两根对换，使旋转磁场反转，而转子由于惯性仍在原方向转动。这时电磁转矩与转子的运动方向相反，因而起制动的作用。当转子转速接近零时，要及时切除电源，否则电动机将会反转。

这种电动方式简单，效果较好，但能量消耗大。对有些中型机床和铣床主轴的制动采用这种方法。

（3）发电反馈制动

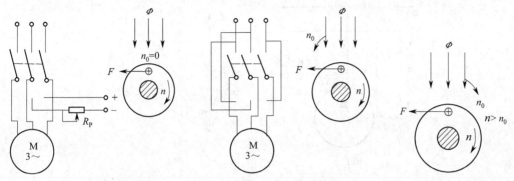

图 7-20　能耗制动　　　　　图 7-21　反接制动　　　　　图 7-22　发电反馈制动

当转子的转速 n 超过旋转磁场的转速 n_0 时，这时的转矩也是制动的。

当起重机下放重物时，就会发生这种情况。这时重物拖动转子，使其转速 $n > n_0$，转子中产生与转子运动方向相反的转矩，以阻止电动机的加速转动。这时电动机已进入发电机运行，将重物的位能转换为电能反馈到电网里去，称为发电反馈制动。制动原理如图 7-22 所示。

【练习与思考】

7-5-1　反接制动和发电反馈制动在 $T = f(s)$ 曲线的哪一段上？

7-5-2　Y-△换接启动的条件是什么？采用该启动方式的启动电流与启动转矩变为直接启动时的几分之一？

7-5-3　有一三相异步电动机，Y 连接时，$U_1 = 380\text{V}$，$I_1 = 6.1\text{A}$，△连接时，$U_1 = 220\text{V}$，$I_1 = 10.5\text{A}$，为什么电压高时电流却低，电压低时电流却大？

7.6　单相异步电动机

单相异步电动机是利用单相交流电源供电的一种小容量交流电动机，功率约在 $8 \sim 750\text{W}$ 之间。单相异步电动机具有结构简单，成本低廉，维修方便等特点。广泛应用于如冰箱、电扇、洗衣机等家用电器及医疗器械中，但与同容量的三相异步电动机相比，单相异步电动机的体积较大、运行性能较差、效率较低。

单相异步电动机有多种类型，目前应用最多的是电容分相的单相异步电动机，这实际上是一种两相运行的电动机，下面仅就这种电动机进行介绍。图 7-23 为电容分相的单

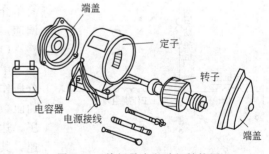

图 7-23　单相异步电动机结构图

相异步电动机结构图。与三相异步交流电动机类似，其结构也是主要由定子和转子构成，为了能产生旋转磁场，在启动绕组中还串联了一个电容器。

为了能产生旋转磁场，利用启动绕组中串联电容实现分相，其接线原理如图 7-24（a）所示。只要合理选择参数便能使工作绕组中的电流与启动绕组中的电流相位相差 90°，如图 7-24（b）所示。

如图 7-25 所示，设

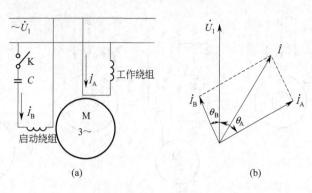

图 7-24 单相异步电动机接线原理图及相量图

$$i_A = i_{Am}\sin\omega t$$
$$i_B = i_{Bm}\sin(\omega t + 90°)$$

则

如同分析三相绕组旋转磁场一样，将正交的两相交流电流通入在空间位置上互差 90°的两相绕组中，同样能产生旋转磁场。与三相异步电动机相似，只要交换启动绕组或工作绕组两端与电源的连接即可改变旋转磁场的方向。如图 7-26 所示。

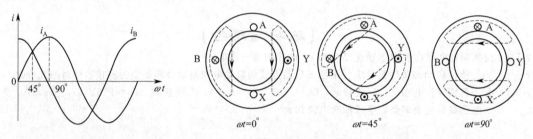

图 7-25　单相异步电动机相
　　　　电流波形图

图 7-26　单相异步电动机旋转磁场

单相异步电动机的调速方法主要有变频调速、晶闸管调速、串电抗器调速和抽头法调速等。变频调速设备复杂、成本高、很少采用。下面简单介绍目前较多采用的串电抗器调速和抽头法调速。

（1）串电抗器调速

串电抗器调速是在电动机的电源线路中串联起分压作用的电抗器，通过调速开关选择电抗器绕组的匝数来调节电抗值，从而改变电动机两端的电压，达到调速的目的，如图 7-27 所示。串电抗器调速，其优点是结构简单，容易调速，但消耗的材料多，调速器体积大。

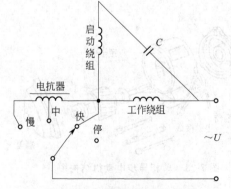

图 7-27　串电抗器调速接线图

（2）抽头法调速

如果将电抗器和电动机结合在一起，在电动机定子铁芯上嵌入一个中间绕组（或称调速绕组），通过调速开关改变电动机气隙磁场的大小及椭圆度，可达到调速的目的。根据中间绕组与工作绕组和启动绕组的接线不同，常用的有 T 形接法和 L 形接法，如图 7-28 所示。

抽头法调速与串电抗器调速相比较，抽头法调速时用料省，耗电少，但是绕组嵌线和接线比较复杂。

134

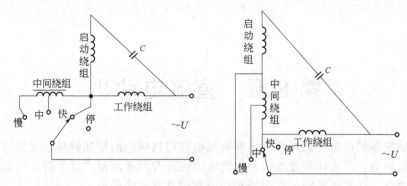

图 7-28 抽头法调速

本章小结

本章介绍三相异步电动机的结构，工作原理，机械特性，运行特性和使用常识。最后讨论了单相异步电动机的工作原理。

本章知识点

① 三相异步电动机的结构、工作原理。
② 机械特性和几个重要转矩。
③ 三相异步电动机的启动、调速、制动等各种运行特性。
④ 单相电动机。

习 题

7-1 Y112M-4 型三相异步电动机的技术数据如下：4kW，380V，△连接，1440r/min，$\cos\varphi=0.82$，$\eta=84.5\%$，$\dfrac{T_{st}}{T_N}=2.2$，$\dfrac{I_{st}}{I_N}=7.0$，$\dfrac{T_{max}}{T_N}=2.2$，50Hz。

试求：①额定转差率 s_N；②额定电流 I_N；③启动电流 I_{st}；④额定转矩 T_N；⑤启动转矩 T_{st}；⑥最大转矩 T_{max}；⑦额定输入功率 P_1。

7-2 在上题中，试求：
① 当负载转矩为 35N·m 时，试问电动机能否启动？
② 采用星形-三角形转换启动，当负载转矩为 $0.65\%T_N$ 和 $0.8\%T_N$ 时，电动机能否启动？

7-3 某 4 极三相异步电动机的额定功率为 30kW，额定电压为 380V，三角形连接，额定频率为 50Hz，在额定负载的转差率 $s=0.04$，效率为 88%，线电流为 57.5A，试求：①额定转矩；②电动机的功率因数。

7-4 Y180L-6 型电动机的额定功率为 15kW，额定转速为 970r/min，频率为 50Hz，最大转矩为 295.36N·m。试求电动机的过载系数。

7-5 有 Y112M-2 型和 Y160M-8 型异步电动机各一台，额定功率都是 4kW，但前者的额定转速为 2890r/min，后者为 720r/min。试比较它们的额定转矩，并由此说明电动机的极数，转速及转矩三者之间的大小关系。

第8章 直流电动机

直流电动机是利用电磁感应原理实现直流电能与机械能的相互转换。如果将电能转换为机械能则为电动机，反之就是发电机。直流电动机具有调速范围广且平滑，启动和制动转矩大，过载能力强，且易于控制，常用于对调速有较高要求的场合。

本章主要介绍直流电动机的基本结构、工作原理和机械特性。并以他励电动机为例，讨论直流电动机的启动、反转与调速等运行问题。

8.1 直流电动机的构造

常用的中小型直流电动机的结构如图 8-1 所示，它由定子、转子、电刷装置、端盖、轴承、通风系统等部件组成。

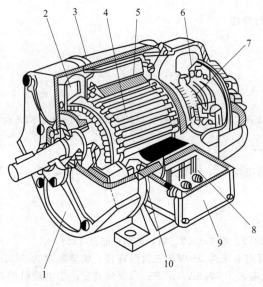

图 8-1 直流电动机的结构

1—端盖；2—风扇；3—机座；4—电枢；5—主磁极；6—刷架；7—换向器；8—接线板；9—出线盒；10—换向极

（1）定子

定子由机座、主磁极、换向极、电刷装置等组成，其剖面结构示意如图 8-2 所示。它的作用就是产生主磁场和附加磁场，作电动机的机械支架。

机座用作电动机的外壳，并固定主磁极和换向极，并且也是磁路的一部分。机座常用铸钢或厚钢板制成，保证良好的导磁性能和机械支撑作用。

主磁极由磁极铁芯、励磁线圈组成，它能产生一定形状分布的气隙磁密。主磁通铁芯由 $1\sim1.5$mm 厚的硅钢片冲压叠制而成，用铆钉与电动机壳体相连，铁芯外套上预先绕制线圈，以产生主磁场。主极掌面呈弧形，以保证主磁极掌面与电枢表面之间的气隙均匀，磁场分布合理。

换向极结构与主磁极相似，只是几何尺寸小。其作用是产生附加磁场，以改善电动机的换向。

电刷装置通过固定的电刷与转动的换向片之间的滑动接触，使旋转的转子与静止的外电路相连接，是电动机结构中的薄弱之处。石墨制成的电刷放在刷握内，用压紧弹簧将其压在换向器表面。刷握固定在刷杆上，通过电刷的刷辫，将电流从电刷引入或引出。

（2）转子

转子（又称电枢）由电枢铁芯、电枢绕组、换向器、转轴和风扇等组成，如图 8-3 所示。它是产生电磁转矩或感应电动势，实现机电能量转换的关键。

电枢铁芯也是电动机主磁路的一部分。为了减少涡流和磁滞损耗，铁芯采用 0.5mm 厚

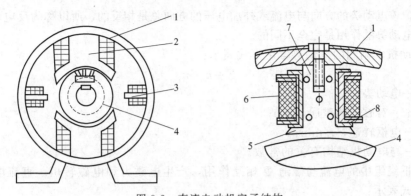

图 8-2　直流电动机定子结构

1—机座；2—主磁极；3—换向极；4—电枢；5—极靴；6—励磁线圈；7—极身；8—框架

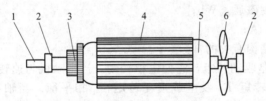

图 8-3　直流电动机转子结构

1—转轴；2—轴承；3—换向器；4—电枢铁芯；5—电枢绕组；6—风扇

的两面涂绝缘漆的硅钢片叠压而成。在电枢铁芯的表面有均匀分布的槽，用以嵌放电枢绕组。电枢线圈用包有绝缘的导线制成一定的形状，按要求嵌入电枢铁芯，线圈的出线端都与换向器的换向片相连，按一定规律构成电枢绕组。

8.2　直流电动机的基本工作原理

　　任何电动机的工作原理都是建立在电磁感应和电磁力的基础上，直流电动机也不例外。

　　为方便讨论，把复杂的直流电动机结构简化为图 8-4 所示的直流电动机的工作原理图。在模型中，电动机具有一对磁极，电枢绕组也只有一个线圈，线圈两端连在两个换向片上，而换向片上压着电刷 A 和 B。

　　直流电源接在电刷之间而使电流流入电枢线圈。电流方向应该是这样的：N 极下的有效边上的电流总是一个方向，而 S 极下的有效边中的电流总是另一个方向，这样才能使两个边上受到的电磁力的方向一致，电枢因而转动。因此，当线圈的有效边从 N（S）极下转到 S（N）极下时，其中电流的方向必须同时改变，以使电磁力的方向不变，而这也必须通过换向器才可以实现。电枢线圈通电后在磁场中

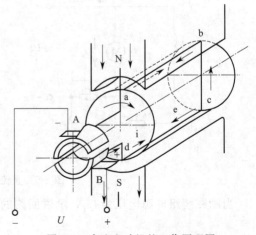

图 8-4　直流电动机的工作原理图

受力而转动，与此同时，当电枢绕组在磁场中转动时，线圈中也要产生感应电动势，由右手定

则判断可知，该电动势的方向与电流或外加电压的方向总是相反的，所以称为反电动势，它与发电机中的电动势的作用是完全不同的。

直流电动机电刷间的电动势常用下式表示：

$$E = k_e \Phi n \tag{8-1}$$

式中　E——电动势，V；

Φ——一对磁极的磁通，Wb；

n——电枢转速，r/min；

k_e——与电动机结构有关的常数。

直流电枢绕组中的电流与磁通 Φ 相互作用，产生电磁力和电磁转矩。直流电动机电磁转矩常用下式表示：

$$T = k_T \Phi I_a \tag{8-2}$$

式中　T——电磁转矩，N·m；

Φ——一对磁极的磁通，Wb；

I_a——电枢电流，A；

k_T——与电动机结构有关的常数，$k_T = 9.55 k_e$。

电动机的电磁转矩是驱动转矩，它使电枢转动。当电动机匀速转动时，电动机的电磁转矩 T 就必须与机械负载转矩 T_2 及空载损耗转矩 T_0 相平衡。当轴上的机械负载发生变化时，则电动机的转速、电动势、电流及电磁转矩都作相应调整，以适当负载的变化，保持新的平衡。

8.3　直流电动机的机械特性

直流电动机按励磁方式分为他励、并励、串励和复励四种，其中前两种较为常用。它们的接线图如图 8-5 所示。他励电动机的励磁绕组与电枢是分离的，分别由励磁电源 U_f 和电枢电源 U 供电；而在并励电动机中两者是并联的，由同一电源 U 供电。下面以他励电动机为例，讨论直流电动机的机械特性。并励电动机的并联电压不改变时，可认为与他励电动机相同。

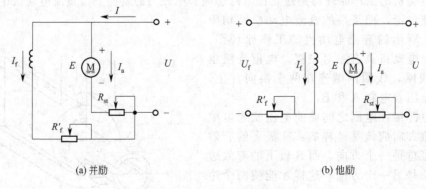

(a) 并励　　　　　　　　　　　　(b) 他励

图 8-5　直流电动机的接线图

当励磁绕组电源电压为 U_f，励磁回路的电阻为 R_f 时，则励磁电流 I_f 为

$$I_f = \frac{U_f}{R_f} \tag{8-3}$$

当电枢回路电源电压为 U，电枢绕组的电阻为 R_a 时，则电枢回路方程为

$$U = E + R_a I_a \tag{8-4}$$

其中电源电压 U 大部分与反电势平衡，而电枢绕组压降 $R_a I_a$ 较小。将式(8-1) 和式(8-2) 代入式(8-4)，可得直流电动机机械特性的一般表达式：

$$n=\frac{U}{k_e \Phi}-\frac{R_a}{k_e k_T \Phi^2}T=n_0-\Delta n \tag{8-5}$$

式中 n_0——直流电动机的理想空载转速；

　　　　Δn——输出电磁转矩为 T 时，电动机的转速下降。

他励电动机的机械特性曲线如图 8-6 所示。原先电动机的机械特性与恒转矩负载 T_2 平衡，工作点是 a 点。负载转矩突然变成 T_2'，这时电动机的电磁转矩 T 便小于 T_2'，电动机转速下降。随着转速下降，在励磁不改变的情况下，反电动势 E 就变小，而电枢电流 I_a 将增大，于是电磁转矩也随之上升。直到电磁转矩与阻转矩达到新的平衡后，转速不再下降，而电动机也在较原先为低的转速稳定运行（工作点是 b 点）。

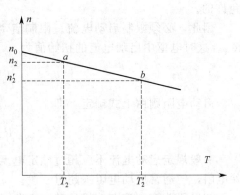

图 8-6   他励电动机的
机械特性曲线

【例 8-1】 有一台 Z2-32 型他励电动机，其额定数据如下：$P_2=2.2\text{kW}$，$U=U_f=110\text{V}$，$n=1500\text{r/min}$，$\eta=0.8$；并已知 $R_a=0.4\Omega$，$R_f=82.7\Omega$。试求：①额定电枢电流；②额定励磁电流；③励磁功率；④额定转矩；⑤额定电流时的反电动势。

解　直流电动机的有些关系式类似于异步电动机

①
$$\eta=\frac{P_2}{P_1}=\frac{P_2}{UI_a}$$

所以
$$I_a=\frac{P_2}{\eta U}=\frac{2.2\times10^3}{0.8\times110}=25\text{A}$$

②
$$I_f=\frac{U_f}{R_f}=\frac{110}{82.7}=1.33\text{A}$$

③
$$P_f=U_f I_f=110\times1.33=146.3\text{W}$$

④
$$T=9550\frac{P_2}{n}=9550\frac{2.2}{1500}=14.0\text{N}\cdot\text{m}$$

⑤
$$E=U-R_a I_a=110-0.4\times25=100\text{V}$$

8.4   他励电动机的启动与反转

所谓启动，就是当直流电源接入后，转速从零逐渐上升到稳定值的过程，它与电路的过渡过程相类似，有些关系式［式(8-4)］与稳态运行时不一致。

直流电动机启动时，必须先加励磁电流建立磁场，然后再将电枢电源接入。他励电动机正常情况下，电枢电流 I_a 为

$$I_a=\frac{U-E}{R_a}$$

而电源刚接入时，电动机的转速 $n=0$，反电动势 $E=0$，电枢回路只有电枢绕组电阻 R_a，这时电枢电流为启动电流 I_{ast}，对应的电磁转矩为启动转矩 T_{ast}，并且

$$I_{ast} = \frac{U}{R_a} \tag{8-6}$$

$$T_{ast} = k_T \Phi I_{ast} \tag{8-7}$$

由于电枢绕组电阻 R_a 很小,因此启动电流 $I_{ast} \gg I_a$,约为 $(10\sim20)I_a$。这么大的启动电流使电动机换向困难,在换向片表面产生强烈的火花,甚至形成环火;同时电枢绕组也会因过热而损坏;另外,过大的启动转矩,将损坏拖动系统的传动机构,这都是不允许的。

因此,必须限制启动电流。限制启动电流的方法之一就是在电枢回路中串接启动电阻 R_{st}。这时电枢中启动电流的初始值为

$$I_{ast} = \frac{U}{R_a + R_{st}} \tag{8-8}$$

启动电阻则由上式确定,即

$$R_{st} = \frac{U}{I_{ast}} - R_a \tag{8-9}$$

一般规定启动电流不应超过额定电流的 $1.5\sim2.5$ 倍。随着转速的上升,就可以逐段切除电阻,但通常启动电阻不超过三段。

如果要改变直流电动机的转动方向,就必须改变电磁转矩的方向。可将式(8-2)中的 Φ 或 I_a 的方向改变。当励磁电流不改变方向时,改变电枢电流(即电枢电压)的方向;当励磁电流(励磁电压)改变方向时,电枢电流不改变方向。通常改变电枢电流方向,而不改变励磁电流方向。

8.5 他励电动机的调速

直流电动机的优点之一就是良好的调速性能,因此,对调速性能要求高的生产机械,常采用直流电动机。由于他励电动机能无级调速,可以简化机械变速齿轮箱。

电动机的调速就是在同一负载时人为改变电动机的转速,以满足生产要求。

由他励电动机的转速公式

$$n = \frac{U - R_a I_a}{k_e \Phi}$$

可知,改变转速常用以下两种方法:调磁调速和调压调速。

8.5.1 调磁调速

在保持励磁电压和电枢电压为额定值时,调节电阻 R'_f(图 8-7),改变励磁电流 I_f 以改变磁通。

由式

$$n = \frac{U}{k_e \Phi} - \frac{R_a}{k_e k_T \Phi^2} T$$

可知,当磁通 Φ 减小(弱磁)时,n_0 上升,同时转速降 Δn 也增大;前者与 Φ 成反比,后者与 Φ^2 成反比。所以弱磁后的机械特性和固有机械特性会有交点。当负载转矩(即电磁转矩)较小时,n_0 的上升大于 Δn 的上升,所以弱磁后的转速上升。但是随着负载转矩的上升,n_0 的上升会等于或小于 Δn 的上升,两机械特性就会相交,弱磁后的机械特性就会低于固有机械特性,即转矩下降。

调速的过程是:当电枢电压不变时,减小磁通 Φ。由于机械惯性,转速来不及发生变

化，于是 $E=k_e\Phi n$ 就减小，I_a 随之增加。由于 I_a 增加的影响超过 Φ 减小的影响，所以转矩 $T=k_T\Phi I_a$ 也增加，如果负载转矩 T 未变，则 $T>T_C$，转速 n 上升。随着 n 的升高，反电动势 E 增大，I_a 和 T 也随之减小，直到 $T=T_C$ 为止，但这时的转速已经较原先升高了，此即图 8-7 中的 a 点→b 点→c 点的过程。

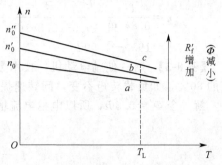

图 8-7　改变 Φ 时的机械特性曲线

上述调速过程是设负载转矩保持不变，结果由于 Φ 的减小而使 I_a 增大。如果调速前电动机已在额定电流下运行，那么调速后的电流会超过额定电流，这是不允许的。从发热角度考虑，调速后的电流仍应保持额定值，则电动机在高速运转时负载必须减小。因此，这种调速方式仅适用于转矩和转速成反比而输出功率基本不变（恒功率调速）的场合，如用于切削机床中。

这种调速方法有下列优点：

① 调速平滑，可无级调速；

② 调速经济，控制方便；

③ 机械特性较硬，稳定性较好；

④ 对于专门生产的调磁电动机，其调速幅度可达 3～4 倍，例如 530～2120r/min 及 310～1240r/min。

【例 8-2】　一台他励直流电动机的技术数据如下：$P_2=6.5\text{kW}$，$U=220\text{V}$，$I_a=34.4\text{A}$，$n=1500\text{r/min}$，$R_a=0.242\Omega$。试计算此电动机的如下特性：

① 固有机械特性；

② 电枢附加电阻分别为 3Ω 和 5Ω 时的人为机械特性；

③ 电枢电压为 $U/2$ 时的人为机械特性；

④ 磁通 $\Phi'=0.8\Phi$ 时的人为机械特性。

解
$$k_e\Phi=\frac{U-R_aI_a}{n}=\frac{220-0.242\times34.4}{1500}=0.141\text{V/min}$$

① 固有机械特性
$$n=\frac{U}{k_e\Phi}-\frac{R_a}{9.55(k_e\Phi)^2}T=\frac{220}{0.141}-\frac{0.242}{9.55\times(0.141)^2}T$$
$$=1560-1.275T$$

② 串 3Ω 和 5Ω 的附加电阻时人为机械特性
$$n=\frac{U}{k_e\Phi}-\frac{R_a+3}{9.55(k_e\Phi)^2}T=\frac{220}{0.141}-\frac{0.242+3}{9.55\times(0.141)^2}T$$
$$=1560-17.08T$$
$$n=\frac{U}{k_e\Phi}-\frac{R_a+5}{9.55(k_e\Phi)^2}T=\frac{220}{0.141}-\frac{0.242+5}{9.55\times(0.141)^2}T$$
$$=1560-27.61T$$

③ 电枢电压为 $U/2$ 时的人为机械特性
$$n=\frac{0.5U}{k_e\Phi}-\frac{R_a}{9.55(k_e\Phi)^2}T=\frac{110}{0.141}-\frac{0.242}{9.55\times(0.141)^2}T$$
$$=780-1.275T$$

④ $\Phi'=0.8\Phi$ 时的人为机械特性

$$n=\frac{U}{0.8k_e\Phi}-\frac{R_a}{9.55(0.8k_e\Phi)^2}T=\frac{110}{0.8\times0.141}-\frac{0.242}{9.55\times(0.8\times0.141)^2}T$$
$$=1950-1.99T$$

【例 8-3】 有一他励电动机，技术数据同例 8-2，为了提高转速，将磁通 Φ 减小为额定值的 80%，如负载转矩不变，问转速提高到多少？

解 今 $\Phi'=0.8\Phi$，所以电枢电流增大到 I'_a，以维持转矩不变，即

$$k_T\Phi I_a=k_T\Phi'I'_a$$

$$I'_a=\frac{\Phi I_a}{\Phi'}=\frac{34.4}{0.8}=43\text{A}$$

磁通减小后转速 n' 对原来的转速 n 之比为

$$\frac{n'}{n}=\frac{\dfrac{E'}{k_e\Phi'}}{\dfrac{E}{k_e\Phi}}=\frac{E'\Phi}{E\Phi'}=\frac{(U-R_aI'_a)\Phi}{(U-R_aI_a)\Phi'}$$

$$=\frac{220-43\times0.242}{(220-34.4\times0.242)\times0.8}=1.238$$

即转速增加了 23.8%。

8.5.2 调压调速

当他励电动机的励磁电流为额定值时，降低电枢电压 U，则由机械特性表达式(8-5) 可

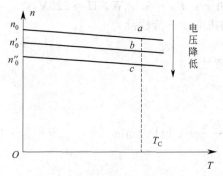

图 8-8 改变电枢电压的
机械特性曲线

知，n_0 变低了，但 Δn 未改变。因此，改变 U 可得出一族平行的机械特性曲线，如图 8-8 所示。在一定负载下，U 愈低，则 n 愈低。为了保证电动机的绝缘不受损害，通常只是降低电压，将转速往下调。

调速的过程是：当磁通 Φ 保持不变时，减小电枢电压，由于转速来不及变化，反电动势 E 也暂不变化，于是电流 I_a 减小了，转矩 T 也减小了；阻转矩 T_C 未变，则 $T<T_C$，转速 n 下降，随着 n 的降低，反电动势 E 减小，I_a 和 T 也随之增大，直到 $T=T_C$ 时为止，这时转速较原来降低了。见图 8-8 中 a 点→b 点→c 点的过程。

由于调速时磁通不变，如果电枢电流不变，则电动机的输出转矩也是一定的（恒转矩调速）。例如在起重设备中常用这种调速方法。

该调速的优点如下：

① 机械特性较硬，并且电压降低后硬度不变，稳定性较好；

② 调速幅度较大，可达 6～10；

③ 可均匀调节电枢电压，得到平滑的无级调速。

现在已普遍采用晶闸管可调直流电源对电动机进行减压和弱磁调速，其调速效果比单一的弱磁和减压调速的效果更好。

【例 8-4】 他励电动机在下列条件下其转速、电枢电流及电动势是否改变？

① 励磁电压和负载转矩不变，电枢电压降低；

② 电枢电压和负载转矩不变，励磁电流减小。

解 ① 励磁电流和负载转矩不变，由 $T=k_T\Phi I_a$ 可知，电枢电流 I_a 也不变；由 $E=$

$U-R_a I_a$，所以 E 下降；由 $E=k_e \Phi n$ 可知，转速 n 下降。

② 励磁电流减小和负载转矩不变，由 $T=k_T \Phi I_a$ 可知，电枢电流 I_a 增大，反电动势 $E=U-R_a I_a$ 下降。弱磁后的机械特性和固有机械特性会有交点，如果负载转矩较小，则转速上升；如果负载转矩正好在交点上，则转速不变；如果负载转矩较大，则转速就下降。

本章小结

本章介绍了直流电动机的结构、原理、机械特性；着重分析了他励电动机的启动、反转及调速。

本章知识点

① 原理及机械特性。
② 启动与反转。
③ 调速。

习　　题

8-1　有一并励电动机，其额定数据如下：$P_2=22\text{kW}$，$U=110\text{V}$，$n=1000\text{r/min}$；$\eta=0.84$；并且已知 $R_a=0.04\Omega$，$R_f=27.5\Omega$。试求：①额定电流 I，额定电枢电流 I_a 及额定励磁电流 I_f；②损耗功率 Δp_{aCu}、Δp_{fCu} 及 Δp_0；③额定转矩 T；④反电动势 E。

8-2　在习题 8-1 中，①求电枢中的直接启动电流的初始值；②如果使启动电流不超过额定电流的 1.5 倍，求启动电阻。

8-3　有一并励电动机，已知 $U=110\text{V}$，$E=105\text{V}$，$R_a=0.2\Omega$。为了提高转速，把励磁调节电阻 R'_f 增大，使磁通 Φ 减小 20%，如负载转矩不变，问转速如何变化？

8-4　有一他励电动机，已知：$U=220\text{V}$，$I_a=53.8\text{A}$，$n=1500\text{r/min}$，$R_a=0.7\Omega$。今将电枢电压降低一半，而负载转矩不变，问电动机转速降低多少？设励磁电流保持不变。

8-5　有一 Z2-32 型他励电动机，其额定数据如下：$P_2=2.2\text{kW}$，$U=U_f=110\text{V}$，$n=1500\text{r/min}$，$\eta=0.8$；并已知 $R_a=0.4\Omega$，$R_f=82.7\Omega$。试求：①额定电枢电流；②额定励磁电流；③励磁功率；④额定转矩；⑤额定电流时的反电动势。

8-6　对习题 8-5 的电动机，如果保持额定转矩不变，试求用下列方法调速时的转速：①磁通不变，电枢电压降低 20%；②磁通和电枢电压不变，在电枢上串联一个 1.6Ω 的电阻；③如果允许弱磁时最高转速为 3000r/min，试求当保持电枢电流为额定值的条件下，电动机调到最高转速后的电磁转矩。

第 9 章　继电接触器控制系统

在生产过程中，为了满足生产工艺要求，往往使生产机械的运动和生产机械之间的配合动作按一定程序进行，这就要求对拖动生产机械的电动机的启动、停止、正反转和调速等进行控制。电动机的控制线路一般由一些基本元件（如继电器、接触器、按钮等）组成，这种控制称为继电接触器控制，由继电器、接触器等原件组成的控制系统称为继电接触器控制系统。

9.1　常用低压控制电器

电器是所有电工器械的简称，凡是根据外界特定的信号和要求自动或手动接通与断开电路，断续或连续地改变电路参数，实现对电路或非电对象的切换、控制、保护、检测和调节的电工器械称为电器。低压电器一般是指工作在交流电压 1200V 以下，直流电压 1500V 以下的电器。

常用低压电器的种类繁多，用途广泛，分类方法很多。根据动作原理来分类分为手动电器和自动电器。

手动电器是指人手操作发出动作指令的电器，例如刀开关、按钮等。

自动电器是指产生电磁吸力而自动完成动作指令的电器，例如接触器、继电器、电磁阀等。

9.1.1　手动电器

（1）刀开关

刀开关俗称闸刀开关，是一种结构最简单、价格低廉的手动电器，主要用于接通或切断长期工作设备的电源及不经常启动和制动、容量小于 7.5kW 的异步电动机。

图 9-1 是 KH 系列闸刀开关外形和符号，它由瓷质底板、刀片和刀座及胶盖等部分组成。胶盖用于熄灭切断电源时产生的电弧，保护人身安全。按刀数分闸刀开关主要分为单刀、双刀和三刀三种，每种又有单掷和双掷之分。

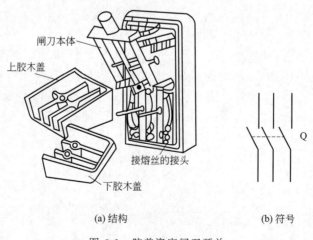

闸刀本体

上胶木盖

接熔丝的接头

下胶木盖

(a) 结构　　　　　　　　　　(b) 符号

图 9-1　胶盖瓷底闸刀开关

图 9-1(a) 是三刀单掷开关。闸刀开关的额定电压通常是 250V 和 500V，额定电流为 10～500A。

闸刀开关在选择时，应使其额定电压等于或大于电路的额定电压，其电流应等于或大于电路的额定电流。当闸刀开关控制电动机时，其额定电流要大于电动机额定电流的三倍。

注意闸刀开关在安装时，手柄要向上，不得倒装或平装，避免由于重力自由下落而引起误动作和合闸，接线时，应将电源线接在上端，负载线接在下端，这样拉闸后刀片与电源隔离，防止可能发生的意外事故。

（2）按钮

按钮常用于接通和断开控制电路。按钮的结构和图形符号如图 9-2 所示。当按下按钮时，一对原来闭合的触点（称为常闭触点或动断触点）断开，一对原来断开的触点（称为常开触点或动合触点）闭合。当松开手时，靠弹簧的作用又恢复到原来的状态。

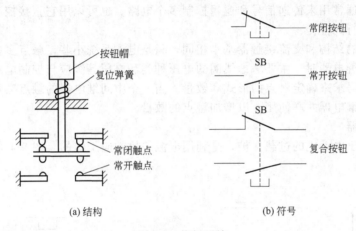

(a) 结构　　　　　　　(b) 符号

图 9-2　按钮开关

9.1.2　自动电器

（1）交流接触器

交流接触器常用来接通和断开主电路。其结构和符号如图 9-3 所示。

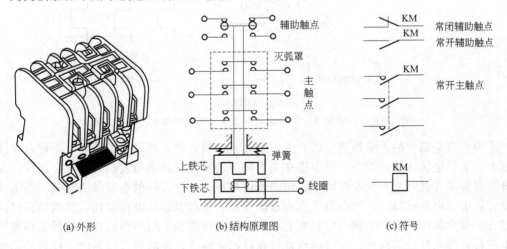

(a) 外形　　　　(b) 结构原理图　　　　(c) 符号

图 9-3　交流接触器

交流接触器主要由电磁铁和触点部分组成。电磁铁分为可动部分和固定部分。当套在固定电磁铁上的吸引线圈通电后，铁芯吸合使得触点动作（常开触点闭合，常闭触点断开）。

当吸引线圈断电时，电磁铁和触点均恢复到原态。

根据不同的用途，触点又分为主触点（通常为三对）和辅助触点。主触点常接于控制系统的主电路中，辅助触点通过的电流较小，常接在控制电路中。

在使用交流接触器时一定要看清其铭牌上标的数据。铭牌上的额定电压和额定电流均指的是主触点的额定电压和额定电流，在选择交流接触器时，应使之与用电设备（如电动机）的额定电压和额定电流相符。吸引线圈的额定电压和额定电流一般标在线圈上，选择时应使之与控制电路的电源相符。

目前我国生产的交流接触器有 CJ0 和 CJ10 系列，吸引线圈的额定电压有 36V、127V、220V 和 380V 四个等级，接触器主触点的额定电流分别为 10A、20A、40A、60A、100A 和 150A 六个等级。

（2）中间继电器

中间继电器通常用来传递信号和逻辑控制多个电路。也可以用它直接控制小容量的电动机或其他电气执行元件。

中间继电器的结构和交流接触器基本相同，只是电磁系统小些，触点多些。

在选用中间继电器时，主要考虑线圈的电压种类和电压等级应与控制电路一致，另外要根据控制电路的需求来确定触点的形式和数量。当一个中间继电器的触点数量不够用时，也可以将两个中间继电器并联使用，以增加触点的数量。

（3）热继电器

热继电器用于电动机的过载保护，是利用电流的热效应工作的。图 9-4 是热继电器的结构原理图和符号。

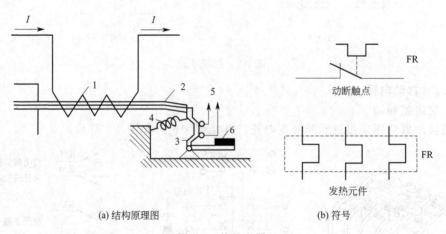

(a) 结构原理图　　　　　　　　(b) 符号

图 9-4　热继电器

1—热元件；2—双金属片；3—扣板；4—弹簧；5—常闭触点；6—复位按钮

图中，双金属片的一端是固定的，另一端是自由端。由于线胀系数不同，下层金属线胀系数大，上层金属线胀系数小，当串接在主电路中的发热元件通电发热时，双金属片的温度上升，双金属片就向上发生弯曲动作，弯曲程度与通过发热元件的电流大小有关。当电动机启动时，由于启动时间短，双金属片弯曲程度很小，不致引起继电器动作；当电动机过载时间较长，双金属片温度升高到一定程度时，双金属片弯曲程度增加而脱扣，扣板在弹簧的作用下左移，使动断触点断开。动断触点常接在控制电路中，动断触点断开时，使得控制电动机的接触器断电，则电动机脱离电源而起到过载保护作用。

热继电器动作以后，经过一段时间冷却，即可按下复位按钮使继电器复位。

热继电器一般有两个或三个发热元件。现在常用的热继电器型号有 JR0、JR5、JR15、

JR16 等。热继电器的主要技术数据是额定电流。但由于被保护对象的额定电流很多，热继电器的额定电流等级又是有限的，为此，热继电器具有整定电流调节的装置，它的调节范围是 66%～100%。例如额定电流为 16A 的热继电器，最小可以调整为 10A。

（4）时间继电器

时间继电器是从得到输入信号（线圈得电或失电）起，经过一定时间延时后触点才动作的继电器。

时间继电器有通电延时和断电延时两种，图 9-5 是通电延时时间继电器。当线圈 1 通电后，衔铁 2 和与之固定的托板被吸引下来，使铁芯与活塞杆 3 之间有一定的距离，在释放弹簧 4 的作用下，活塞杆开始下移。但是活塞杆和杠杆 8 不能迅速动作，因为活塞 5 在下落过程中受到气室的阻尼作用。随着空气缓慢进入气孔 7，活塞才逐渐下移。经过一段时间后，活塞杆推动杠杆使延时触点 9 动作，常闭触点断开，常开触点闭合。从线圈通电到延时触点动作这段时间即为延时器的延时时间。通过调节螺钉 10 调节进气孔的大小可以调节延时时间。当线圈断电时，依靠恢复弹簧 11 的作用，衔铁立即复位，空气由排气孔 12 排出，触点瞬时复位。

延时动作触点的符号在一般触点符号的动臂上添加一个标记，标记中圆弧的方向示意触点延时动作的方向。如图 9-5(b) 中延时动合触点的圆弧是向上弯的，就表示该触点在通电后，向上闭合时，是延时闭合，但在断电时是瞬时恢复打开的。同样，图 9-5(b) 中延时动断触点中圆弧也是向上弯曲的，表示该触点在通电后，延时向上打开。应用这一原则可以读懂其他断电延时的触点动作。

此外，时间继电器还有瞬时动作的触点，如图 9-5(b) 中所示。

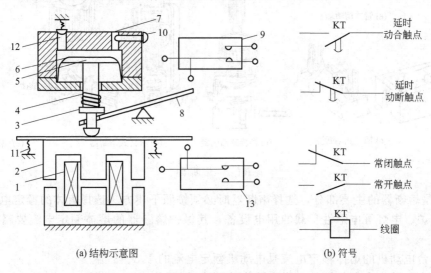

(a) 结构示意图　　　　　　　　(b) 符号

图 9-5　时间继电器

1—线圈；2—衔铁；3—活塞杆；4—弹簧；5—活塞；6—橡皮膜；7—气孔；8—杠杆；
9—延时触点；10—调节螺钉；11—恢复弹簧；12—排气孔；13—瞬时触点

（5）行程开关

行程开关又叫限位开关，它的种类较多，图 9-6 是一种组合按钮式的行程开关，它由压头、一对常开触点和一对常闭触点组成。行程开关一般装在某一固定位置上，被它控制的生产机械上装有"撞块"，当撞块压下行程开关的压头时，便产生触点通、断的动作。

（6）熔断器

熔断器是电路中的短路保护装置。熔断器中装有一个低熔点的熔体，串接在被保护的电

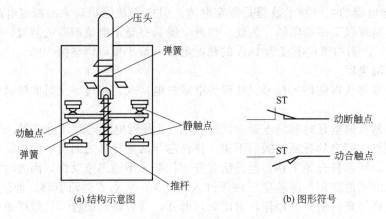

(a) 结构示意图　　　　　　　　(b) 图形符号

图 9-6　行程开关

路中。在电流小于或等于熔断器的额定电流时熔体不会熔断,当发生短路时,短路电流使熔体迅速熔断,从而保护了线路和设备。

常用的熔断器有插入式熔断器、螺旋式熔断器、管式熔断器和填料式熔断器,如图 9-7 所示。熔断器的符号统一如图 9-7(e) 所示。

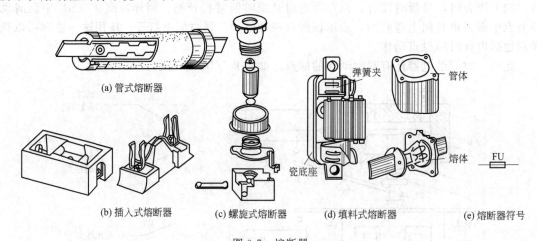

(a) 管式熔断器　(b) 插入式熔断器　(c) 螺旋式熔断器　(d) 填料式熔断器　(e) 熔断器符号

图 9-7　熔断器

熔体是熔断器的主要部分,选择熔断器时必须按照下述方法选择熔体的额定电流。

① 电炉、电灯等电阻性负载的用电设备,其保护熔断器的熔体额定电流要略大于实际负载电流。

② 单台电动机的熔体额定电流是电动机额定电流的 1.5～3 倍。

③ 多台电动机合用的熔体额定电流应按下式计算:

$$I_{fu} \geqslant \frac{I_{stm} + \sum_{N=1}^{n-1} I_N}{2.5}$$

式中,I_{fu} 为熔体额定电流;I_{stm} 为最大容量电动机的启动电流;$\sum_{N=1}^{n-1} I_N$ 为其余电动机的额定电流之和。

(7) 自动空气断路器

自动空气断路器又叫自动开关,是常用的低压保护电器,可实现断路保护、过载保护和失压保护，它的结构形式很多，图 9-8 是其原理图。

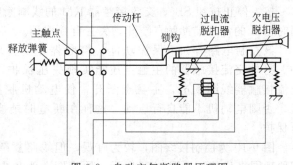

图 9-8　自动空气断路器原理图

　　主触点通常是通过手动操作机构闭合的，闭合后通过锁钩锁住，当电路中任一相发生故障时，在脱扣器（均为电磁铁）的作用下，锁钩脱开，主触点在释放弹簧的作用下迅速断开电路。当电路中发生过载或断路故障时，与主电路串联的线圈就产生较强的电磁吸力，吸引过电流脱扣器的电磁铁右端向下动作，从而使左端顶开锁钩，使主触点分断。当电路中电压严重下降或断电时，欠电压脱扣器的电磁铁就会释放，锁钩被打开，同样使主触点分断。当电源电压恢复正常后，只有重新手动闭合后才能工作，实现失压保护。

9.2　笼型电动机的基本控制

9.2.1　点动控制

　　在生产实践中，有的生产机械需要点动控制，比如三相电动机的点动控制的应用场合有：

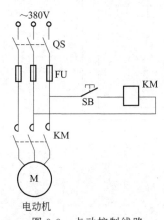

图 9-9　点动控制线路

　　① 机具、设备的对位、对刀、定位；
　　② 机器设备的调试；
　　③ 要求物体微弱移动的设备；
　　④ 门窗的启闭控制；
　　⑤ 吊车吊钩移动控制。
　　电动机点动控制线路如图 9-9 所示。
　　动作过程分析：合上电源开关 QS，按下按钮 SB，按钮常开触点闭合，接触器 KM 线圈得电，铁芯中产生磁通，接触器 KM 的衔铁在电磁吸力的作用下，迅速带动常开触点闭合，三相电源接通，电动机启动。当按钮 SB 松开时，按钮常开触头断开，接触器 KM 线圈失电，在复位弹簧的作用下触点断开，电动机停止转动。由于在按钮按下时电动机才转动，按钮松开时电动机停止，因此称该电路为点动电路。

9.2.2　直接启停控制

　　笼型异步电动机直接启停控制电路接线图如图 9-10 所示，它主要由隔离开关 Q、熔断器 FU、交流接触器 KM、热继电器 FR、启动按钮 SB_2 和停止按钮 SB_1 及电动机构成。
　　该控制电路的动作过程如下。
　　闭合闸刀开关，按下启动按钮 SB_2，此时交流接触器 KM 的线圈得电，动铁芯被吸合，带动它的三对主触点闭合，电动机接通电源转动；同时交流接触器 KM 常开辅助触点也闭合，当松开 SB_2 时，交流接触器 KM 的线圈通过其辅助触点继续保持带电状态，电动机继续运行。这种当启动按钮松开后控制电路仍能自动保持通电的电路称为具有自锁的控制电路，与启动按钮 SB_2 并联的 KM 常开辅助触点称为自锁触点。

按下停止按钮 SB_1，交流接触器 KM 的线圈断电，则 KM 的主触点断开，电动机停转，同时 KM 的常开辅助触点断开，失去自锁作用。

该控制电路有如下保护功能：熔断器 FU 实现短路保护；热继电器 FR 实现过载保护。另外交流接触器的主触点还能实现失压保护（或称零压保护），即电源意外断电时，交流接触器线圈断电，主触点断开，使电动机脱离电源；当电源恢复时，必须按启动按钮，否则电动机不能自行启动。这种在断电时能自动切断电动机电源的保护作用称为失压保护。

图 9-10 为控制接线图，较为直观，但线路复杂时绘制和分析接线图很不方便，为此常用原理图来代替，如图 9-11 所示。原理图分为主电路和控制电路两部分，主电路一般画在原理图的左边，控制电路一般画在右边。图中电器的可动部分均以没通电或没受外力作用时的状态画出。同一接触器的触点、线圈按照它们在电路中的作用和实际连线分别画在主电路和控制电路中，但为说明属于同一器件，要用同一文字符号标明，与电路无直接联系的部件如铁芯、支架等均不画出。

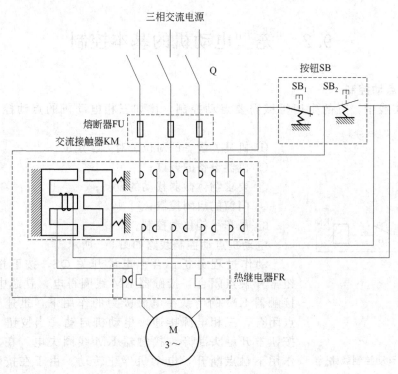

图 9-10　直接启停控制电路接线图

9.2.3　正反转控制

有些生产机械常要求电动机可以正反两个方向旋转，在前面章节中已经讲过，只要把通入电动机的电源线中任意两根对调，电动机便反转。

图 9-12 为电动机正反转控制的原理图。在主电路中，交流接触器 KM_1 的主触点闭合时电动机正转，交流接触器 KM_2 的主触点闭合时，由于调换了两根电源线，电动机反转。控制电路中交流接触器 KM_1 和 KM_2 的线圈不能同时带电，KM_1 和 KM_2 的主触点同时闭合，会导致电源短路。为保证 KM_1 和 KM_2 的线圈不同时得电，在 KM_1 线圈的控制回路中串联 KM_2 的常闭触点，在 KM_2 线圈的控制回路中串联 KM_1 的常闭触点。

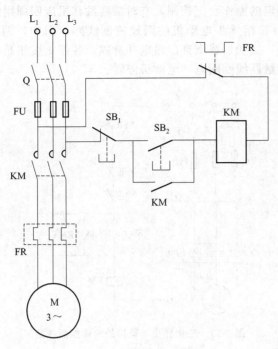

图 9-11　直接启停控制电路原理图

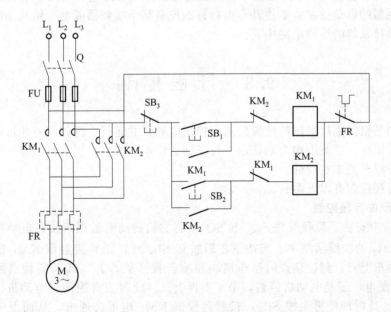

图 9-12　三相异步电动机正反转控制的原理图

按下按钮 SB_1，KM_1 线圈得电，KM_1 主触点闭合，电动机正转。同时，KM_1 的常开触点闭合，实现自锁，KM_1 的常闭触点打开，将 KM_2 的控制回路断开。这时再按下按钮 SB_2 时，KM_2 也不动作。当电动机反转时，再按下 SB_1，KM_1 不动作。KM_1 常闭触点和 KM_2 的常闭触点保证了两个交流接触器中只有一个动作，这种作用称为互锁。要改变电动机的转向，必须先按下停止按钮 SB_3。

9.2.4　异地控制

有些机械和生产设备，由于种种原因，常要在两地或两个以上的地点进行操作。例如重型龙门刨床，有时在固定的操作台上控制，有时需要站在机床四周用悬挂按钮控制等。

图 9-13 所示为一台三相异步电动机的两地控制线路。图中，两个启动按钮是并联的，当按下任一处启动按钮，接触器线圈都能通电并自锁；各停止按钮是串联的，当按下任一处停止按钮后，都能使接触器线圈断电，电动机停转。

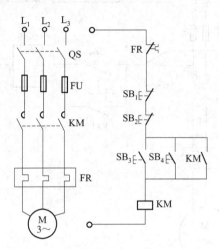

图 9-13　三相异步电动机的两地控制线路

由此可以得出普遍结论：欲使几个电器都能控制接触器通电，则几个电器的常开触点应并联到该接触器的启动按钮；欲使几个电器都能控制某个接触器断电，则几个电器的常闭触点应串联到该接触器的线圈电路中。

9.3　行程控制

行程控制是根据生产机械的位置信息去控制电动机的运行。例如在一些机床上，常要求它的工作台应能在一定范围内自动往返；行车到达终点位置时，要求自动停车等。行程控制主要是利用行程开关来实现的。

常用的行程控制有以下两种。

9.3.1　限位行程控制

在图 9-14 中安装了行程开关 SQ_F 和 SQ_Z，将它们的动断触点串接在电动机正反转接触器 KM_F 和 KM_Z 的线圈回路中。当按下正转按钮 SB_F 时，正转接触器 KM_F 通电，电动机正转，此时吊车上升，到达顶点时吊车撞块顶撞行程开关 SQ_F，其动断触点断开，使接触器线圈 KM_F 断电，于是电动机停转，吊车不再上升（此时应有抱闸将电动机转轴抱住，以免重物滑下）。此时即使再误按 SB_R，接触器线圈 KM_Z 也不会通电，从而保证吊车不会运行超过 SQ_F 所在的极限位置。

当按下反转按钮 SB_R 时，反转接触器 KM_Z 通电，电动机反转，吊车下降，到达下端终点时顶撞行程开关 SQ_Z，电动机停转，吊车不再下降。

9.3.2　自动往复行程控制

在图 9-15 中安装了行程开关 SQ_F 和 SQ_R，将它们的动断触点串接在电动机正反转接触器 KM_F 和 KM_R 的线圈回路中。当按下正转按钮 SB_F 时，正转接触器 KM_F 通电，电动机正转，此时小车向左行驶，撞到行程开关 SQ_F 后，其动断触点断开，使接触器线圈 KM_F 断电，同时由于互动开关使继电器 KM_R 的线圈接通，于是电动机反转，小车向右

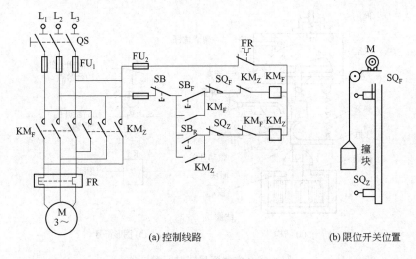

(a) 控制线路 (b) 限位开关位置

图 9-14　限位行程控制

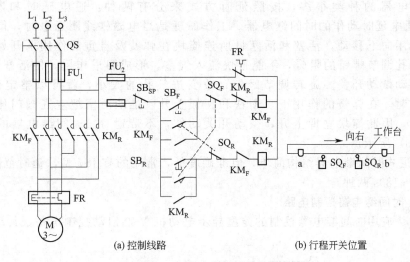

(a) 控制线路 (b) 行程开关位置

图 9-15　自动往复行程控制

行驶，撞到行程开关 SQ_R 后，其动断触点断开，使接触器线圈 KM_R 断电，同时由于互动开关使继电器 KM_F 的线圈接通，于是电动机正转，以此循环往复，当按下 SB_{SP} 按钮后小车停止。

9.4　时间控制

在生产中经常需要按一定的时间间隔来对生产机械进行控制，例如电动机的降压启动需要一定的时间，然后才能加上额定电压；在一条自动线中的多台电动机，常需要分批启动，在第一批电动机启动后，需经过一定时间，才能启动第二批等。这类自动控制称为时间控制，时间控制通常是利用时间继电器来实现的。

9.4.1　时间继电器原理

时间继电器的种类很多，常用的有空气阻尼式、摆式和电动机式。空气阻尼式的结构如图 9-16 所示，它由电磁机构、延时气室和微动开关三部分组成。

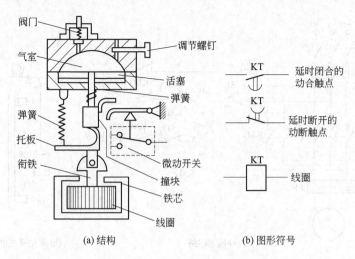

(a) 结构　　　　　　　(b) 图形符号

图 9-16　空气阻尼式时间继电器

时间继电器的种类很多，按照延时方式来分有两种：通电延时和断电延时。图 9-16 为通电延时动作的时间继电器。工作原理是当电磁铁线圈通电时，衔铁和托板受电磁力作用向下移动，活塞和活塞杆所连撞块在弹簧及自重的作用下开始下落，但空气受进气孔调节螺钉的阻碍，不能很快流入气室，形成阻尼作用，使活塞缓慢下降，撞块延时触动微动开关。旋转调节螺钉，改变进气孔的大小，就可以整定延迟时间。当线圈断电时，在弹簧的作用下，衔铁和托板上升，推动活塞把空气阀门压开，空气可顺利排出，因此撞块立即上升，微动开关动作，不带延时。时间继电器的图形符号如图 9-16（b）所示。

空气阻尼式时间继电器结构简单，但准确度低，常用的有 JS7 型，延时范围有 0.4～0.6s 和 0.4～180s 两种。

9.4.2　时间继电器控制电路

图 9-17 为应用时间继电器控制的笼型异步电动机 Y-△ 启动控制电路，其动作过程如

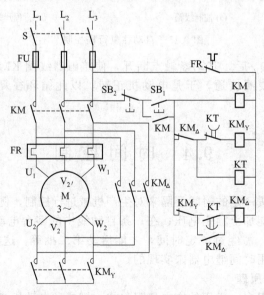

图 9-17　Y-△降压启动延时控制电路

下：闭合开关 S，按下启动按钮 SB_1 后，接触器 KM 和 KM_Y 的线圈通电，主触点 KM、KM_Y 闭合，电动机按 Y 连接降压启动。辅助常开触点 KM 闭合自锁，辅助常闭触点 KM_Y 断开，使接触器 $KM_\triangle$ 电路不通，实现互锁。

时间继电器 KT 的线圈在按下 SB_1 时就已通电，但要延迟和 Y 接启动过程相当的时间（事前设定好）后触点才动作，即延时断开触点 KT 使接触器 KM_Y 断电、延时闭合触点 KT 使接触器 $KM_\triangle$ 线圈通电，主触点 $KM_\triangle$ 闭合，辅助常开触点 $KM_\triangle$ 实现自锁，电动机 △ 连接全压运行。与此同时，辅助常闭触点 $KM_\triangle$ 断开，时间继电器 KT 和接触器 KM_Y 的线圈断电，实现互锁。

本章小结

本章介绍了常用的低压控制电器，详细讲解了异步电动机的几种控制形式；对行程控制及时间控制作了介绍。

本章知识点

① 低压控制电器。
② 异步电动机的基本控制。
③ 行程控制、时间控制。

习　　题

9-1　画出交流接触器的图形符号，并标出其文字符号。
9-2　按钮的分类有哪几种？
9-3　画出热继电器的表示符号，并简述热继电器的工作原理。
9-4　时间继电器有哪些分类？
9-5　行程开关的工作原理是什么？
9-6　电路如图 9-18 所示，写出三相异步电动机的正反转控制的工作流程。

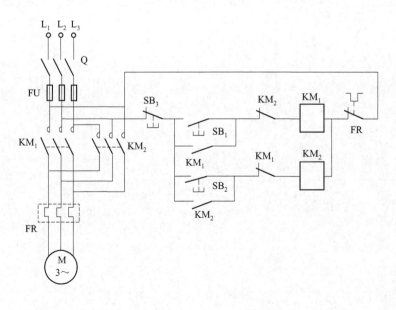

图 9-18　三相异步电动机的正反转控制电路

9-7　根据图 9-19 写出三相异步电动机的顺序控制的工作流程。

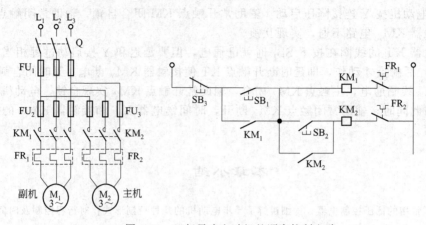

图 9-19　三相异步电动机的顺序控制电路

第10章 可编程控制器及其应用

可编程控制器 PLC 是在传统的顺序控制器的基础上引入了微电子技术、计算机技术、自动控制技术和通信技术而形成的新型工业控制装置，目的是用来取代继电器、接触器，执行逻辑、计时、计数等顺序控制功能，建立柔性的程控系统。国际电工委员会（IEC）颁布了对 PLC 的规定：可编程控制器是一种数字运算操作的电子系统，专为在工业环境下应用而设计，它采用可编程序的存储器，用来在其内部存储执行逻辑运算、顺序控制、定时、计数和算术运算等操作的指令，并通过数字的、模拟的输入和输出，控制各种类型的机械或生产过程，可编程控制器及其有关设备，都应按易于与工业控制系统形成一个整体，易于扩充其功能的原则设计。

PLC 具有通用性强、使用方便、适应面广、可靠性高、抗干扰能力强、编程简单等特点。可以预料，在工业控制领域中，PLC 控制技术的应用必将形成世界潮流。

PLC 程序既有生产厂家的系统程序，又有用户自己开发的应用程序。系统程序提供运行平台，同时还为 PLC 程序可靠运行及信息与信息转换进行必要的公共处理，用户程序由用户按控制要求设计。

10.1 PLC 的组成及工作原理

10.1.1 PLC 的基本组成及作用

一般讲，PLC 分为箱体式和模块式两种，但它们的组成是相同的。对箱体式 PLC，有一块 CPU 板、I/O 板、显示面板、内存块、电源等，当然按 CPU 性能分成若干型号，并按 I/O 点数又有若干规格。对模块式 PLC，有 CPU 模块、I/O 模块、内存、电源模块、底板或机架。无论哪种结构类型的 PLC，都属于总线式开放型结构，其 I/O 能力可按用户需要进行扩展与组合。PLC 的基本结构框图如图 10-1 所示。

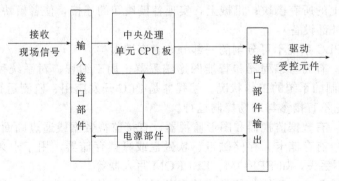

图 10-1　PLC 的基本结构框图

（1）CPU 的构成

PLC 中的 CPU 是 PLC 的核心，起神经中枢的作用。每台 PLC 至少有一个 CPU，它按 PLC 的系统程序赋予的功能接收并存储用户程序和数据，用扫描的方式采集由现场输入装置送来的状态或数据，并存入规定的寄存器中，同时，诊断电源和 PLC 内部电路的工作状态和编程过程中的语法错误等。进入运行后，从用户程序存储器中逐条读取指令，经分析后再按指令规定的任务产生相应的控制信号，去指挥有关的控制电路。

与通用计算机一样，CPU 主要由运算器、控制器、寄存器及实现它们之间联系的数据、控制及状态总线构成，还有外围芯片、总线接口及有关电路。它确定了进行控制的规模、工作速度、内存容量等。内存主要用于存储程序及数据，是 PLC 不可缺少的组成单元。

CPU 的控制器控制 CPU 工作，由它读取指令，解释指令及执行指令，但工作节奏由振荡信号控制。

CPU 的运算器用于进行数字或逻辑运算，在控制器指挥下工作。

CPU 的寄存器参与运算，并存储运算的中间结果，它也是在控制器指挥下工作。

CPU 虽然划分为以上几个部分，但 PLC 中的 CPU 芯片实际上就是微处理器，由于电路的高度集成，对 CPU 内部的详细分析已无必要，只要弄清它在 PLC 中的功能与性能，能正确地使用它就够了。

CPU 模块的外部表现就是它的工作状态的各种显示、接口及设定或控制开关。一般讲，CPU 模块总要有相应的状态指示灯，如电源显示、运行显示、故障显示等。箱体式 PLC 的主箱体也有这些显示。它的总线接口，用于接 I/O 模板或底板，有内存接口，用于安装内存，有外设口，用于接外部设备，有的还有通信口，用于进行通信。CPU 模块上还有许多设定开关，用以对 PLC 作设定，如设定起始工作方式、内存区等。

（2）I/O 模块

PLC 的对外功能，主要是通过各种 I/O 接口模块与外界联系的，按 I/O 点数确定模块规格及数量，I/O 模块可多可少，但其最大数受 CPU 所能管理的基本配置的能力，即受最大的底板或机架槽数限制。I/O 模块集成了 PLC 的 I/O 电路，其输入暂存器反映输入信号状态，输出点反映输出锁存器状态。

（3）电源模块

有些 PLC 中的电源，是与 CPU 模块合二为一的，有些是分开的，其主要用途是为 PLC 各模块的集成电路提供工作电源。同时，有的还为输入电路提供 24V 的工作电源。电源及其输入类型有：交流电源，加的为交流 220V 或 110V；直流电源，加的为直流电压，常用的为 24V。

（4）底板或机架

大多数模块式 PLC 使用底板或机架，其作用是：电气上，实现各模块间的联系，使 CPU 能访问底板上的所有模块；机械上，实现各模块间的连接，使各模块构成一个整体。

（5）PLC 的外部设备

外部设备是 PLC 系统不可分割的一部分，它有四大类。

① 编程设备 有简易编程器和智能图形编程器，用于编程、对系统做一些设定、监控 PLC 及 PLC 所控制的系统的工作状况。编程器是 PLC 开发应用、监测运行、检查维护不可缺少的器件，但它不直接参与现场控制运行。

② 监控设备 有数据监视器和图形监视器。直接监视数据或通过画面监视数据。

③ 存储设备 有存储卡、存储磁带、软磁盘或只读存储器，用于永久性地存储用户数据，使用户程序不丢失，如 EPROM、EEPROM 写入器等。

④ 输入输出设备 用于接收信号或输出信号，一般有条码读入器、输入模拟量的电位器及打印机等。

（6）PLC 的通信联网

PLC 具有通信联网的功能，它使 PLC 与 PLC 之间、PLC 与上位计算机以及其他智能设备之间能够交换信息，形成一个统一的整体，实现分散集中控制。现在几乎所有的 PLC 新产品都有通信联网功能，它和计算机一样具有 RS-232 接口，通过双绞线、同轴电缆或光缆，可以在几公里甚至几十公里的范围内交换信息。

当然，PLC 之间的通信网络是各厂家专用的，PLC 与计算机之间的通信，一些生产厂家采用工业标准总线，并向标准通信协议靠拢，这将使不同机型的 PLC 之间、PLC 与计算机之间可以方便地进行通信与联网。

了解了 PLC 的基本结构，在购买程控器时就有了一个基本配置的概念，做到既经济又合理，尽可能发挥 PLC 所提供的最佳功能。

10.1.2　PLC 的工作原理

用户编制好程序后，将其输入到 PLC 的存储器中寄存，PLC 是靠执行用户的程序来实现控制要求的。PLC 是以扫描方式工作的，其工作过程可分为三个阶段：输入采样阶段、程序执行阶段和输出刷新阶段。

（1）输入采样阶段

输入采样阶段是 PLC 工作的第一个阶段，PLC 以扫描方式按顺序读取所有输入端（不论输入端是否接线）的状态，并将其保存在存储器的输入状态寄存区。之后进入程序执行阶段。

（2）程序执行阶段

在此阶段，PLC 对程序顺序扫描，并根据输入状态及其他参数执行程序。前面执行的结果马上就可以被后面要执行的任务所用。PLC 将执行的结果写入存储器的输出状态表寄存区中保存。

（3）输出刷新阶段

当执行完程序后，将输出状态表寄存区中的所有输出状态送到输出锁存电路，以驱动输出单元把数字信号转换成现场信号输出给执行机构。

PLC 重复地执行上述三个阶段，每重复一次，即从读入输入状态到发出信号所用的时间就是一个扫描周期（或工作周期）。

顺序扫描的工作方式简化了程序设计，并为 PLC 可靠运行提供了保证。一方面，在同一个扫描周期内，前面指令执行的结果马上就可以被后面要执行的指令所用；另一方面，PLC 内部设有扫描周期监视定时器，监视每次扫描时间是否超过规定的时间，若超过，PLC 将停止工作并给出报警信号。

这种工作方式的显著不足是输入输出响应滞后。由于输入状态只在输入采样阶段读入，在程序执行阶段，即使输入状态变化，输入状态表寄存区中的数据也不会发生改变。输入状态的变化只能在下一个扫描周期才能得到响应，这就是 PLC 输入输出响应滞后现象。一般来说，最大滞后时间为 2～3 个扫描周期，这与编程方法有关。

10.1.3　PLC 的主要功能及特点

（1）主要功能

PLC 是应用面很广，发展非常迅速的工业自动化装置，在工厂自动化（FA）和计算机集成制造系统（CIMS）内占重要地位。今天 PLC 功能，远不仅是替代传统的继电器逻辑。

PLC 系统一般由以下基本功能构成。

① 控制功能

逻辑控制：PLC 具有与、或、非、异或和触发器等逻辑运算功能，可以代替继电器进行开关量控制。

定时控制：它为用户提供了若干个电子定时器，用户可自行设定：接通延时、关断延时和定时脉冲等方式。

计数控制：用外部脉冲信号可以实现加、减计数模式，可以连接码盘进行位置检测。

顺序控制：在前道工序完成之后，就转入下一道工序，一台 PLC 可当步进控制器使用。

② 数学运算功能

基本算术：加、减、乘、除。

扩展算术：平方根、三角函数和浮点运算。

比较：大于、小于和等于。

数据处理：选择、组织、规格化、移动和先入先出。

模拟数据处理：PID、积分和滤波。

③ 输入/输出接口调理功能　PLC 具有 A/D、D/A 转换功能，通过 I/O 模块完成对模拟量的控制和调节。位数和精度可以根据用户要求选择。具有温度测量接口，直接连接各种电阻或电偶。

④ 通信、联网功能　现代 PLC 大多数都采用了通信、网络技术，有 RS-232 或 RS-485 接口，可进行远程 I/O 控制，多台 PLC 可彼此间联网、通信，外部器件与一台或多台可编程控制器的信号处理单元之间，实现程序和数据交换，如程序转移、数据文档转移、监视和诊断。

通信接口或通信处理器按标准的硬件接口或专有的通信协议完成程序和数据的转移。如西门子 S7-200 的 Profibus 现场总线口，其通信速率可以达到 12Mbps。

在系统构成时，可由一台计算机与多台 PLC 构成"集中管理、分散控制"的分布式控制网络，以便完成较大规模的复杂控制。通常所说的 SCADA 系统，现场端和远程端也可以采用 PLC 做现场机。

⑤ 人机界面功能　提供操作者以监视机器/过程工作必需的信息。允许操作者和 PLC 系统与其应用程序相互作用，以便作决策和调整。

⑥ 编程、调试功能　编程、调试等使用复杂程度不同的手持、便携和桌面式编程器、工作站和操作屏，进行编程、调试、监视、试验和记录，并通过打印机打印出程序文件。

（2）PLC 的特点

① 应用灵活、扩展性好　PLC 的用户程序可简单而方便地编制和修改，以适应各种工艺流程变更的要求。PLC 的安装和现场接线简便，可按积木方式扩充控制系统规模和增删其功能以满足各种应用场合的要求。

② 操作方便　梯形图形式的编程语言与功能编程键符的运用，使用户程序的编制清晰直观。

③ 标准化的硬件和软件设计、通用性强　PLC 的开发及成功的应用，是由于具有标准的积木式硬件结构以及模块化的软件设计，使其具有通用性强、控制系统变更设计简单、使用维修简便、与现场装置接口容易、用户程序的编制和调试简便及控制系统所需的设计、调试周期短等优点。

④ 完善的监视和诊断功能　各类 PLC 都配有醒目的内部工作状态、通信状态 I/O 点状态和异常状态等显示。也可以通过局部通信网络由高分辨率彩色图形显示系统实时监视网内各台 PLC 的运行参数和报警状态等。

PLC 具有完善的诊断功能，可诊断编程的语法错误、数据通信异常、PLC 内部电路运行异常、存储器奇偶出错、RAM 存储器后备电池状态异常、I/O 模板配置状态变化等。也可在用户程序中编入现场被控制装置的状态监测程序，以诊断和告示一些重要控制点的故障。

⑤ 控制功能强　PLC 既可完成顺序控制，又可进行闭环回路控制，还可实现数据处理和简单的生产事务管理。

⑥ 可适应恶劣的工业应用环境　PLC 的现场连线选用双绞屏蔽线、同轴电缆或光导纤维等。因而 PLC 的耐热、防潮、抗干扰和抗振动等性能较好。通常 PLC 可在 $0\sim60℃$ 正常运行，不需强迫风冷。可承受峰-峰值为 $1000V$、脉宽为 $1\mu s$ 的矩形脉冲串的线路尖峰干扰。

⑦ 体积小、重量轻、性能/价格比高、省电　由于 PLC 是专为工业控制而设计的专用微机，其结构紧凑、坚固、体积小巧。以日本三菱公司的 F-40M 型为例，它具有 24 点输入，16 点输出，16 个定时器，16 个计数器和 192 个辅助继电器，其尺寸仅为 $225mm\times80mm\times100mm$，质量为 $1.5kg$，这是传统的继电器逻辑柜无法与之相比的。同样，其性能/价格比、耗电量也是无法比的。

正因 PLC 具有以上特点，所以，它的应用几乎覆盖了所有工业企业，既能改造传统机械产品成为机电一体化的新一代产品，又适用于生产过程控制，实现工业生产的优质、高产、节能与降低成本。

PLC 一般根据输入、输出总点数和功能，大致分为低档、中档、高档三类。

低档 PLC：一般为小型 PLC，输入、输出总点数在 256 点以内，功能有逻辑运算和控制、计时计数、内部继电器、移位寄存器、步进控制器等功能，适用于开关量控制。

中档 PLC：输入、输出总点数为 $256\sim2048$ 点，除具有开关量的逻辑运算和控制功能外，还具有数值运算、模拟量输入、输出和控制以及通信联网等功能。

高档 PLC：输入、输出总点数一般在 2048 点以上，具有多功能、高速度的特点，一般采用多 CPU，并配置各种智能模块和远程 I/O，网络通信功能很强。

10.2　PLC 的基本编程指令

PLC 采用多种编程语言，有梯形图、指令语句表、逻辑代数和高级语言等。不同的 PLC 产品可能拥有其中一种、两种或全部的编程方式。

下面是两种常用的编程语言。

① 梯形图　梯形图在形式上类似于继电器控制电路，是 PLC 的主要编程语言。它沿用了继电器、触点、串联、并联等图形符号，图 10-2 给出了梯形图与继电器原理图中几个元件的比较。梯形图如图 10-3 所示（图 10-4 是相应的接线

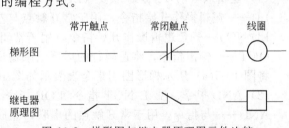

图 10-2　梯形图与继电器原理图元件比较

图），图中每个触点和线圈都对应一个编号。梯形图每一个继电器线圈为一个逻辑行，每一行起始于左母线，然后从左到右是各触点的连接，最后终止于继电器输出线圈，有的还加上一条右母线。图 10-4 实现的功能为，当按下 SB_1 按钮时，常开触点 0001 闭合，输出继电器线圈 0500 接通，接触器 KM_1 线圈带电。

必须指出，梯形图与继电器控制电路有着严格的区别。

a. 梯形图中的继电器不同于继电器控制电路中的物理继电器，如前所述，它是 PLC 内部的一个存储单元，以存储单元的状态"0""1"分别表示继电器线圈的"断""通"。故称为"软继电器"。由于触发器的状态可读取任意次，软继电器的触点可以认为有无数个，而实际继电器的触点是有限的。

b. 梯形图中只出现输入继电器的触点（如图 10-3 中 0001 输入触点），而不出现其线圈。因为输入继电器是由外部输入驱动，而不能由内部其他继电器的触点驱动，输入继电器的触点只受相应的输入信号控制。

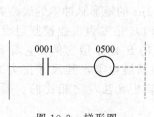

图 10-3 梯形图

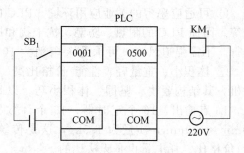

图 10-4 接线图

c. PLC 工作时，按梯形图从左到右，从上到下逐一扫描处理，而不存在几条并联支路同时动作的因素。而继电器控制电路中各继电器均受通电状态的制约，可以同时动作。

② 指令语句表　指令语句表是用特殊的指令书写的编程语言，也是应用得很多的一种 PLC 编程语言，PLC 指令语句的表达形式为

地址　　指令　　数据

地址是指令在内存中存放的顺序代号。指令用助记符表示，它表明 PLC 要完成的某种操作功能，又称编程指令或编程命令。数据为执行某种操作所必需的信息，对某种指令也可能无数据。

各种型号的 PLC 由于功能不同，其编程指令的数目、数据也不相同。PLC 具有的指令种类越多其软件功能越强。

常用的基本指令介绍如下。

PLC 的指令系统可分为基本指令和功能指令两部分，基本指令是进一步学习和开发 PLC 的基础。

以日本立石公司（OMRON）的 C 系列 P 型 PLC 的部分基本指令为例。

（1）逻辑取（LD）、逻辑取反（LD NOT）和输出指令（OUT）

LD——逻辑操作开始指令，用于常开触点与左母线连接。

LD NOT——负逻辑操作开始指令，用于常闭触点与左母线连接。

OUT——输出指令，将逻辑行的运算结果输出。

将图 10-5(a) 所示梯形图用指令表表示如图 10-5(b) 所示。

（2）AND 指令、AND NOT 指令和 OR 指令、OR NOT 指令

AND——与指令，用于常开触点的串联，完成逻辑与运算。

AND NOT——与非指令，用于常闭触点的串联，完成逻辑与非运算。

OR——或指令，用于并联一个常开触点。

OR NOT——或非指令，用于并联一个常闭触点。

图 10-6(a) 中梯形图用指令表表示见图 10-6(b)。

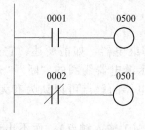

(a) 梯形图

地　址	指　令	数　据
0	LD	0001
1	OUT	0500
2	LD NOT	0002
3	OUT	0501

(b) 指令表

图 10-5　LD、LD NOT、OUT 的用法

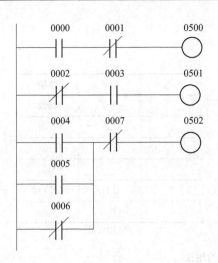

地址	指令	数据	地址	指令	数据
0	LD	0000	6	LD	0004
1	AND NOT	0001	7	OR	0005
2	OUT	0500	8	OR NOT	0006
3	LD NOT	0002	9	AND NOT	0007
4	AND	0003	10	OUT	0502
5	OUT	0501			

(a) 梯形图　　　　　　　　　　　　　(b) 指令表

图 10-6　AND、AND NOT、OR、OR NOT 的用法

（3）定时器 TIM 指令

定时器 TIM 指令用于定时器的延时操作，操作数包括定时器号和延时设定值。

下面举例说明定时器指令 TIM 的用法。图 10-7 中定时器的编号为 TIM00，延时设定值为 0120。其功能为当输入条件满足，即 0001 常开触点闭合、0002 常闭触点闭合时，定时器 TIM00 开始减 1 定时，每经过 0.1s，定时器的当前值减 1。经过 12s 后，定时器的数值从 0120 减为 0000。定时器常开触点接通并保持，则输出继电器线圈 0500 接通。

当输入条件不满足时，不管定时器当前处于什么状态都复位，当前值恢复到设定值。在电源掉电时，定时器复位。定时器相当于时间继电器。

将图 10-7(a) 所示梯形图用指令表表示见图 10-7(b)。

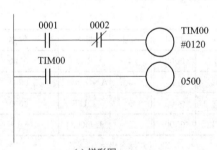

地址	指令	数据
0	LD	0001
1	AND NOT	0002
2	TIM	00
		0120
3	LD	TIM00
4	OUT	0500

(a) 梯形图　　　　　　　　　　　　　(b) 指令表

图 10-7　TIM 指令的用法

（4）计数器 CNT 指令

计数器指令 CNT 提供计数操作，其操作数包括计数器号和计数设定值。计数器有一个脉冲输入端 CP，一个复位端 R，计数器的设定值是指要计数的脉冲个数。

下面以图 10-8 为例说明计数器指令 CNT 的用法。当 0002 输入触点闭合，计数脉冲 CP 端从断到通，送入 CNT 一个计数脉冲，计数器计数一次，其设定值减 1，当设定值减为 0 时，计数器的常开触点闭合，0500 输出继电器接通。当复位端输入条件满足时（即 0004 触点闭合），计数器复位，当前值恢复到设定值，计数器的常开触点断开。当 CP 和 R 信号同时到来时，R 优先。

163

当 PLC 断电时，计数器的计数值将保持当前值。

将图 10-8(a) 所示梯形图用指令表表示见图 10-8(b)。

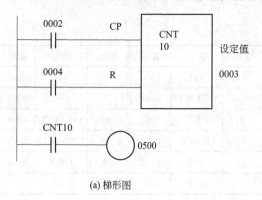

地址	指令	数据
0	LD	0002
1	LD	0004
2	CNT	10
		0003
3	LD	CNT10
4	OUT	0500

(a) 梯形图   (b) 指令表

图 10-8　CNT 指令的用法

其余的指令，此处不再赘述了，有兴趣的读者可参阅相关书籍。

10.3　PLC 的应用指令

10.3.1　分支指令 IL/ILC

互锁指令 IL(02) 在分支开始处用，分支结束用清除互锁指令 ILC(03)，如图 10-9(a) 所示。IL(02) 和 ILC(03) 总是配合使用，当 IL(02) 指令前的互锁条件满足时，IL(02) 与 ILC(03) 之间的编程语句正常工作，如同没有 IL(02) 和 ILC(03) 指令一样，当互锁条件不满足时，IL(02) 和 ILC(03) 之间的所有输出线圈均为断开状态，定时器复位，计数器的状态保持不变。

将图 10-9(a) 所示梯形图用指令表表示见图 10-9(b)。

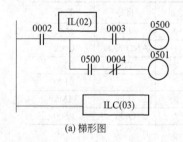

地址	指令	数据	地址	指令	数据
0	LD	0002	4	LD	0500
1	IL(02)		5	AND NOT	0004
2	LD	0003	6	OUT	0501
3	OUT	0500	7	ILC(03)	

(a) 梯形图   (b) 指令表

图 10-9　IL 和 ILC 的用法

10.3.2　微分指令 DIFU 和 DIFD

上升沿微分指令 DIFU (13)：当输入信号的上升沿（由 OFF→ON）时，DIFU 指令所指定的继电器在一个扫描周期内 ON。下降沿微分指令 DIFD (14)：当输入信号的下降沿（由 ON→OFF）时，DIFD 指令所指定的继电器在一个扫描周期内 ON。如图 10-10 所示。

当输入点 00000 的上升沿（OFF→ON）时，内部辅助继电器 20000 在一个扫描周期内 ON，MOV 指令在一个扫描周期内执行。

当输入点 00000 的下降沿（ON→OFF）时，内部辅助继电器 20001 在一个扫描周期内 ON，输出指令执行一个扫描周期。

注意：MOV 等应用指令尚有微分型，此时不需用 DIFU、DIFD 指令构成输入电路，而可直接采用微分型指令即可。

10.3.3 保持指令 KEEP

KEEP 指令编程时，应按照置位输入、复位输入、继电器号的顺序来编程。

① KEEP 指令当置位输入 ON 时，保持 ON 的状态；当复位输入 ON 时，为 OFF 状态。当置位输入与复位输入同时 ON 时，复位输入优先，此时，保持指令不接受置位输入，而保持原有的状态。

图 10-11 的区别在于，当该程序段位于 IL 与 ILC 之间时，在 IL 条件 OFF 时，左图使输出继电器 01000 OFF；而右图使用 KEEP 指令的程序，输出继电器保持原有的状态。

② KEEP 指令若使用保持继电器，则即使在停电时，亦能记忆断电之前的状态。图 10-12 所示为一防掉电的异常显示的例子。

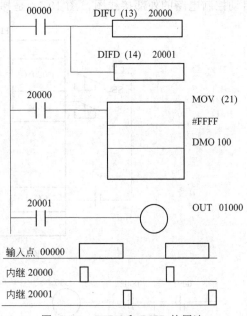

图 10-10 DIFU 和 DIFD 的用法

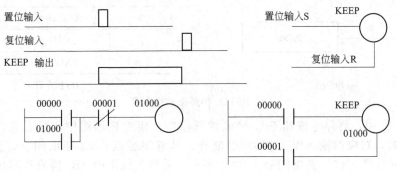

图 10-11 KEEP 的用法

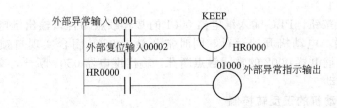

图 10-12 防掉电的异常显示

10.4 PLC 的应用举例

10.4.1 三相异步电动机直接启动控制

直接启动控制电路中要用到启动按钮 SB_1 和停止按钮 SB_2，这两个按钮需接到 PLC 的输入端子上，可分配输入继电器 0001 和 0002 来接收输入信号，图 10-13 是异步电动机直接启动控制电路的外部接线图，图 10-14 是梯形图和指令表。

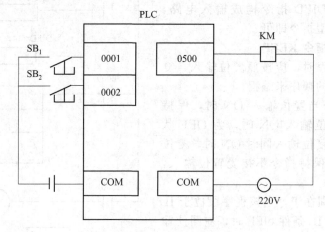

图 10-13　外部接线图

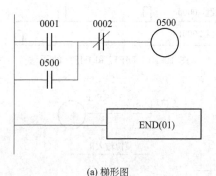

(a) 梯形图

地　址	指　令	数　据
0	LD	0001
1	OR	0500
2	AND NOT	0002
3	OUT	0500
4	END(01)	

(b) 指令表

图 10-14　梯形图和指令表

在图 10-13 中，将停止按钮 SB_2 接成常开按钮，相应梯形图中用的是常闭触点 0002。因 SB_2 断开时，对应的输入继电器 0002 断开，其常闭触点 0002 依旧闭合，按下 SB_2 时，才接通输入继电器 0002，其常闭触点 0002 断开。若将接线图中 SB_2 换成常闭按钮，则梯形图中相应改用 0002 常开触点。

控制过程分析如下。

启动时按下 SB_1 按钮，PLC 输入继电器 0001 的常开触点闭合，输出继电器 0500 接通，交流接触器 KM 接通，电动机开始运行，同时常开触点 0500 闭合实现自锁。停止时按下 SB_2 按钮，PLC 输入继电器 0002 的常闭触点断开，输出继电器 0500 断开，交流接触器 KM 断电，电动机停止转动。

10.4.2　异步电动机的正反转控制

图 10-15 给出正反转控制的 PLC 接线图、梯形图及相应的指令表。

接线图表明输入继电器 0001、0002、0003 分别反映外接输入按钮 SB_1、SB_2、SB_3 的状态，接触器线圈 KM_1、KM_2 的通断分别由输出继电器 0500、0501 的状态决定。

当输入按钮 SB_1 闭合时，输入继电器 0001 置"1"，0001 常开触点闭合，则输出继电器线圈 0500 被置"1"，0500 常开触点闭合，实现自锁。由于 0500 常闭触点断开，输出继电器线圈 0501 不能被置"1"，因此只有接触器线圈 KM_1 带电，电动机正转。

当输入按钮 SB_3 闭合时，输入继电器 0003 置"1"，0003 常闭触点断开，则输出继电器线圈 0500 和 0501 均不能被置"1"，接触器线圈 KM_1、KM_2 均不带电，电动机停转。

同理，当再按下 SB_2 按钮时，电动机反转。

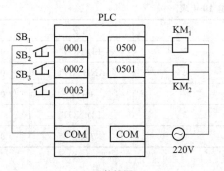 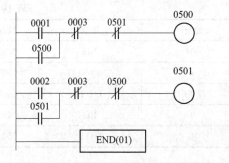

(a) 接线图　　　　　　　　　　(b) 梯形图

地址	指令	数据	地址	指令	数据	地址	指令	数据
0	LD	0001	4	OUT	0500	8	AND NOT	0500
1	OR	0500	5	LD	0002	9	OUT	0501
2	AND NOT	0003	6	OR	0501	10	END(01)	
3	AND NOT	0501	7	AND NOT	0003			

(c) 指令表

图 10-15　用 PLC 实现电动机正反转控制的接线图、梯形图和指令表

下面用图 10-16 所示时序图来表示正反转控制电路。

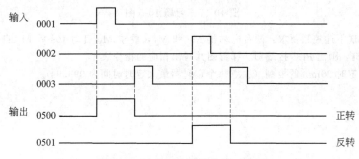

图 10-16　正反转控制电路时序图

本章小结

了解 PLC 的基本结构，PLC 内存的分配及 I/O 点数，熟悉 PLC 与继电接触器的异同。掌握 PLC 的工作方式及其特点，会用梯形图和指令表编程。

本章知识点

① PLC 的原理及特点。
② 编程指令及应用。

习　题

10-1　PLC 的用途是什么？它有什么特点？
10-2　PLC 的基本组成主要包括哪些？
10-3　简述 PLC 与继电接触器的异同。
10-4　画出下列指令表（表 10-1）对应的梯形图。

表 10-1 习题 10-4 表

地址	指令	数据	地址	指令	数据
0	LD	0001	5	LD NOT	0001
1	AND NOT	0501	6	AND NOT	0503
2	OUT	0500	7	OUT	0502
3	LD	0001	8	LD NOT	0001
4	OUT	0501	9	OUT	0503

10-5 写出图 10-17 所示梯形图对应的指令表。

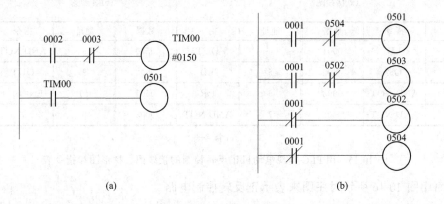

(a)   (b)

图 10-17 习题 10-5 图

10-6 试用 PLC 实现下述控制要求：两台电动机 M_1 和 M_2，要求 M_1 启动 10s 后 M_2 自行启动，M_2 启动 5s 后 M_1 停机，画出 PLC 接线图、梯形图并写出相应的指令表。

10-7 用 PLC 实现定时 20min 的控制（注意每个定时器最大定时时间为 999.9s）。

第11章 输配电及安全用电

本章主要讲述的是输电简介、工业企业配电、安全用电等内容，内容比较简单，学生通过自学就可以掌握。

11.1 输 电 概 述

输电是用变压器将发电机发出的电能升压后，再经断路器等控制设备接入输电线路来实现的。按结构形式，输电线路分为架空输电线路和地下线路。架空输电线路由线路杆塔、导线、绝缘子等构成，架设在地面之上。地下线路主要是使用电缆，敷设在地下（或水域下）。架空线路架设及维修比较方便，成本也较低，但容易受到气象和环境（如大风、雷击、污秽等）的影响而引起故障，同时还有占用土地面积，造成电磁干扰等缺点。地下线路没有上述架空线路的缺点，但造价高，发现故障及检修维护等均不方便。用架空线路输电是最主要的方式，地下线路多用于架空线路架设困难的地区，如城市或特殊跨越地段的输电。

输电的基本过程是创造条件使电磁能量沿着输电线路的方向传输。线路输电能力受到电磁场及电路的各种规律的支配。以大地电位作为参考点（零电位），线路导线均需处于由电源所施加的高电压下，称为输电电压。

输电线路在综合考虑技术、经济等各项因素后所确定的最大输送功率，称为该线路的输送容量。输送容量大体与输电电压的平方成正比。因此，提高输电电压是实现大容量或远距离输电的主要技术手段，也是输电技术发展水平的主要标志。

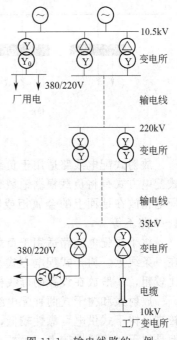

图 11-1 输电线路的一例

从发展过程看，输电电压等级大约以两倍的关系增长。当发电量增至 4 倍左右时，即出现一个新的更高的电压等级。通常将 220kV 及以下的输电电压称为高压输电，330～765kV 等级的输电电压称为超高压输电，1000kV 及以上的输电电压称为特高压输电。我国国家标准中规定输电线的额定电压为 35，110，220，330，500，750（kV）等。图 11-1 所示的是输电线路的一例。提高输电电压，不仅可以增大输送容量，而且会使输电成本降低、金属材料消耗减少、线路走廊利用率增加。

输电线路的保护有主保护与后备保护之分。主保护一般有两种：纵差保护和三段式电流保护。而在超高压系统中现在主要采用高频保护。后备保护主要有距离保护、零序保护、方向保护等。

电压保护和电流保护由于不能满足可靠性和选择性，现在一般不单独使用，一般是二者配合使用，且各种保护都配有自动重合闸装置。而保护又有相间和单相之分，如是双回线路，则需要考虑方向。在整定时则需要注意各个保护之间的配合，还要考虑输电线路电容、互感、有无分支线路和分支变压器、系统运行方式、接地方式、重合闸方式等。还有重要的一点是在 220kV 及以上系统的输电线路中，由于电压等级高，故障主要是单相接地故障，有时可能会出现故障电流小于负荷电流的情况，而且受各种线路参数的影响较大。在配置保护时尤其要充分考虑各种情况和参数的影响。

11.2 工业企业配电

输电线路的最末端是变电所、变电所根据用电量将电能分配给城市和各工业企业。各企

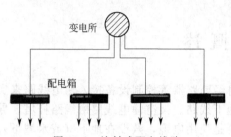

图 11-2 放射式配电线路

业设置中央变电所和配电箱，根据用电量的多少将电能分配给各车间，再由车间变电所或配电箱将电能分配给各用电设备。高压配电线的额定电压有 3kV、6kV 和 10kV 三种，低压配电线的额定电压是 380V/220V。用电设备的额定电压多数为 220V 和 380V，大功率电动机的电压有 3000V 和 6000V，设备局部照明的电压是 36V。

从车间变电所或配电箱到用电设备的线路属于低压配电线路。低压配电线路的连接方式主要有放射式和树干式两种，如图 11-2 和图 11-3 所示。

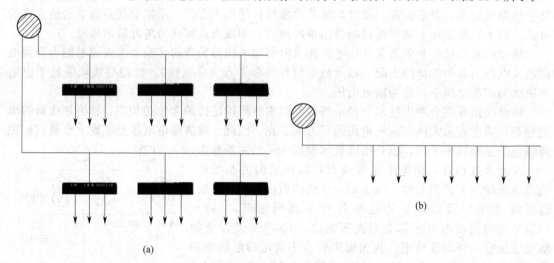

(a)

(b)

图 11-3 树干式配电线路

放射式配电线路适用于负载点比较分散，各负载点又具有相当大的集中负载。采用放射式配电方式是将负载根据地域分组，每组配一个配电箱，各用电设备通过配电箱连接。车间配电箱放在地面上的金属柜或镶嵌在墙内的金属盒，其中装有开关和熔断器。配出线路有 4～8 路不等。

树干式配电线路适用于负载集中且负载点位于变电所或配电箱的一侧，或较均匀地分布在一条线上。树干式配电方式是从变电所经开关引出母线，不经配电箱直接引至车间。母线比较粗，一般放在设置的母线槽中，各用电设备经支线接在母线上。

放射式和树干式两种配电线路现在都被采用。放射式供电可靠，检修方便，但敷设投资较高。树干式供电可靠性较低，一旦母线损坏或需要检修时，就会影响同一母线上的负载；但是树干式灵活性较大。另外，放射式所用导线细，但总线路长，而树干式正好相反，所用

导线粗，但总线路短。

11.3　安　全　用　电

下面介绍有关安全用电的几个问题。

11.3.1　电流对人体的危害

触电事故是人体不慎触及带电体而受到不同程度的伤害。根据伤害性质不同可分为电击和电伤两种。电击危害比较大，是指电流通过人体，使内部器官组织受到损伤。严重的可能会造成死亡事故。电伤是指在电弧作用下或熔断丝熔断时产生的火花对人体外部的伤害。如烧伤、金属溅伤等。显然，电伤要比电击危害小得多。

电击的伤害程度与人体电阻、触电时间、触电电流大小、电流的频率有关。人体电阻越大，相同电压下通入的电流越小，伤害程度越轻。人体电阻越小，触电时间越长受伤越重，严重时危及生命。一般说来，触电电流大于 0.05A 时，就有生命危险，接触 36V 以下电压时，通过人体的电流不至于超过 0.05A，因此把 36V 电压作为安全电压。如果在潮湿的场所，安全电压还要规定得低一点，通常是 24V 或 12V。直流和工频交流电对人体的伤害最大，而高频对人体的伤害较小。当频率为 20kHz 以上时，对人体无危害。相反高频电流还可以治疗某种疾病。

另外，电击后的伤害程度除与上述因素有关外，还与电流通过人体的路径及与带电体接触的面积和压力等有关。

11.3.2　触电方式

（1）接触正常带电体

接触带电体触电分三种情况，图 11-4 所示的是电源中性点接地系统的单相触电。人体承受的是相电压，危险性比较大。如果与地面绝缘较好，危险性可以很大程度地减少。图 11-5 所示的是电源中性点不接地系统的单相触电，这种触电也有危险。因火线与地面间的绝缘可能不良且火线与大地间有分布电容的存在，使电流形成回路，造成触电。最为危险的是两相触电，当人体同时接触两根不同的火线时，因人体承受的是线电压，所以最危险，但这种情况不常见。

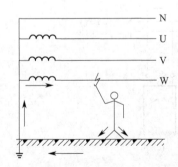

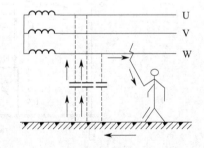

图 11-4　电源中性点接地系统的单相触电　　　图 11-5　电源中性点不接地系统的单相触电

（2）接触正常不带电的金属体

触电的另一种情形是接触正常不带电的部分。譬如，电机的外壳本来是不带电的，由于绕组绝缘损坏而与外壳相接触，使它也带电。人手触及带电的电机（或其他电气设备）外壳，相当于单相触电。为了防止这种触电事故，对电气设备常采用保护接地和保护接零（接中性线）的保护装置。

11.3.3　用电保护

（1）接零保护

把电气设备的外壳与电源的零线连接起来，称为接零保护。此法适用于低压供电系统中，变压器中性点接地的情况。图11-6所示为三相交流电动机的接零保护。有了接零保护，当电动机某绕组碰壳时，电流便会从接零保护线流向零线，使熔断器熔断而切断电源，从而避免了人身触电的危险。

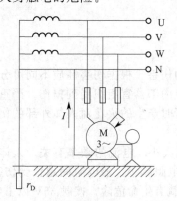
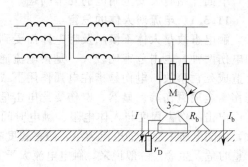

图 11-6　三相交流电动机的接零保护　　　　图 11-7　三相交流电动机的接地保护

（2）接地保护

把电气设备的金属外壳与接地线连接起来，称为接地保护。此法适用于三相电源的中性点不接地的情况。图11-7所示为三相交流电动机的接地保护。

由于每相火线与接地之间的分布电容存在，当电动机某相绕组碰壳时，将出现通过电容的电流。但因人体电阻比接地电阻（约40Ω）大得多，所以几乎没有电流通过人体，人身就没有危险。但若机壳不接地，则碰壳的一相和人体及部分电流形成回路，人体中将有较大的电流通过，人就有触电危险。

（3）三孔插座和三级插头

单相电气设备使用这种插座插头，能够保证人身安全。将外壳与保护零线相连，人体不会有触电的危险。图11-8(a)示出了正确的接线方法。而图11-8(b)、(c)均为错误的接法。

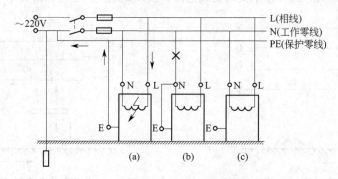

图 11-8　单相电气设备接线方法

本章小结

本章介绍了输电方式及企业配电的几种形式，着重介绍几种常见的触电情况及安全用电知识。

本章知识点

① 配电方式。

② 安全用电。

第12章 电 工 测 量

电路中的各个物理量（如电压、电流、功率、电路参数等）的大小，除用分析与计算的方法求解外，常用电工测量仪表去测量。

电工测量仪表主要有以下优点。

① 电工测量仪表的结构简单，使用方便，并有足够的精确度。

② 电工测量仪表可以灵活地安装在需要进行测量的地方，并可实现自动记录。

③ 电工测量仪表可实现远距离的测量问题。

12.1　电工测量仪表的分类

（1）按照被测量的种类分类

电工测量仪表若按被测量种类分类，如表 12-1 中所列。

表 12-1　电工测量仪表按照被测量的种类分类

被测量的种类	仪表名称	符号
电流	电流表	Ⓐ
电流	毫安表	mA
电压	电压表	Ⓥ
电压	千伏表	kV
电功率	功率表	Ⓦ
电功率	千瓦表	kW
电能	电度表	kWh
相位差	相位表	φ
频率	频率表	f
电阻	电阻表	Ω
电阻	兆欧表	MΩ

（2）按照工作原理分类

电工测量仪表按照工作原理分类，主要分为磁电式、电动式、整流式、感应式、热电式等，如表 12-2 所示。

表 12-2　电工测量仪表按照工作原理分类

类　型	被测量种类	电流种类	符　号
磁电系	电流、电压、电阻	直流	
电动系	电流、电压、电功率、功率因数、电能量	直流/交流	
整流系	电流、电压	交流	
电磁系	电流、电压	直流/交流	

（3）按照电流的种类分类

电工测量仪表按照电流种类分类，主要分为直流仪表和交流仪表两类。

（4）按照准确度分类

① 仪表误差的分类　仪表的误差是指仪表指示值与被测量实际值之间的差异。根据误差产生的原因，电气测量指示仪表的误差可分为基本误差和附加误差两类。

a. 基本误差。基本误差是指仪表在正常的工作条件下（在规定的温度，规定的安装、放置方式，没有外电场及外磁场影响等的情况下），由于制造工艺限制，仪表本身所固有的误差。

b. 附加误差。附加误差是因外界因素（温度、频率、电压、电磁场影响等）变化影响，使仪表示值出现的误差。因此仪表在非正常的工作条件下，除具有基本误差外，还有附加误差。

② 误差的表示方法　电气测量指示仪表的误差常用绝对误差、相对误差和引用误差表示。

a. 绝对误差。测量值 A_X 与被测量实际值 A_0 之间的差值称为绝对误差 Δ，其值为

$$\Delta = A_X - A_0 \tag{12-1}$$

绝对误差的单位与被测量的单位相同。绝对误差的符号有正负之分。

例如，用一块电流表测量电流时的指示值是 4A，而被测量的实际值是 3.96A，那么绝对误差为

$$4 - 3.96 = 0.04A$$

b. 相对误差。用绝对误差很难衡量测量的误差大小，例如，甲表测 5A 电流时，绝对误差为 0.2A，乙表测 10A 电流时，绝对误差同为 0.2A，显然绝对误差是相同的，但它们对测量结果的误差影响却是甲表大于乙表，所以衡量误差的大小，通常用相对误差表示。

相对误差 γ 是绝对误差 Δ 与被测量实际值 A_0 之比，用百分数表示，即

$$\gamma = \frac{\Delta}{A_0} \times 100\% \tag{12-2}$$

c. 引用误差。电气测量指示仪表的准确度，通常用引用误差表示，因为一只仪表的准确度决定于仪表自身的性能，如用绝对误差或相对误差来表示，都有其不足之处。例如，一只

测量范围为 0～300V 的电压表，当测量 200V 电压时绝对误差为 2V，相对误差为

$$\gamma_1 = \frac{2}{200} \times 100\% = 1\%$$

同一只电压表测量 20V 电压时，绝对误差也为 2V，则相对误差为

$$\gamma_2 = \frac{2}{20} \times 100\% = 10\%$$

比较 γ_1 与 γ_2 可以看出，两者在数值上相差很大，可见相对误差不能反映仪表准确度。

引用误差可以很好地反映仪表的基本误差。所谓引用误差，是指绝对误差 Δ 与仪表测量上限 A_m（仪表的满刻度）比值的百分数，用 γ_m 来表示，即

$$\gamma_m = \frac{\Delta}{A_m} \times 100\% = \frac{A_X - A_0}{A_m} \times 100\% \tag{12-3}$$

③ 仪表的准确度　目前我国直读式电工测量仪表按照准确度分为七级，见表 12-3。这些数字就是表示仪表基本误差的百分数。基本误差的大小是用仪表的引用误差表示的。表示准确度等级的数字愈小，仪表准确度越高。通常 0.1 级和 0.2 级仪表为标准表，0.5 级至 1.5 级仪表用于实验室，1.5 级至 5.0 级仪表则用于电气工程测量。

表 12-3　准确度等级

准确度等级	0.1	0.2	0.5	1.0	1.5	2.5	5.0
基本误差/%	±0.1	±0.2	±0.5	±1.0	±1.5	±2.5	±5.0

12.2　电工测量仪表的型式

12.2.1　直读式仪表

直读式仪表按工作原理分可主要分为磁电式、电磁式和电动式等几种。不管是哪种，都包括两个主要部分：测量线路和测量机构。

测量线路的作用是将被测量如电流、电压或功率转换成测量机构所能接受的某一过渡电气量值。而测量机构的作用是将这一过渡的电气量值所形成的电磁力转换成仪表可动部分的机械位移。根据连接在可动部分上的指针偏转角大小，在标度尺上直接读出被测量值。

测量机构是电测指示仪表的核心，具体作用如下。

① 产生转动力矩，将被测电量转换为机械转矩。要使电气测量指示仪表的指针偏转，测量机构就必须产生一个转动力矩，不同类型的仪表，产生转动力矩的原理也不同。例如磁电系仪表的转矩是由永久磁铁的磁场与通电流的可动线圈之间的电磁力产生，而静电系仪表的转矩则由可动电极与固定电极间施加电压后所形成的电场力产生。

② 产生反作用力矩，与转动力矩平衡，使可动部分游止，从而指示出被测电量的大小。如果指示仪表的测量机构只有转动力矩，则不论被测量值有多大，活动部分都将在转动力矩的作用下偏转至尽头而无法读数。为了使一定大小的被测量所产生的对应转矩使可动部分有一定的偏转角，测量机构就必须装置有与转动力矩相反，而又与偏转角有关的反作用力矩。反作用力矩通常由盘形弹簧丝（游丝）产生。

③ 产生阻尼力矩，使可动部分迅速静止下来。由于作用力矩和反作用力矩在平衡的过程中，具有一定的惯性，故指针不能立即停止在平衡位置，将会在读数位置来回摆动，影响正确读数。因此仪表测量机构中必须设置阻尼装置，用它产生与仪表活动部分运动方向相反的力矩——阻尼力矩。

阻尼力矩是一种动态力矩，即当活动部分完全稳定之后就不复存在，因此阻尼力矩并不改变转矩和反作用力矩所确定的偏转角。

12.2.2　磁电系仪表

磁电系仪表广泛地应用于直流电压和电流的测量，如与各种变换器配合，在交流及高频测量中也得到较广泛的应用，因此在电气测量指示仪表中占有极为重要的地位。

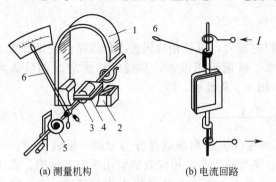

图 12-1　磁电系仪表测量机构
(a) 测量机构　　(b) 电流回路

（1）基本结构

磁电系仪表的测量机构是由固定的磁路系统和可动部分组成，其基本结构如图 12-1所示。其中，1 为永久磁铁；2 为极掌；3 为圆柱形铁芯；4 为可动线圈；5 为游丝；6 为指针。

（2）工作原理

当可动线圈通电时，线圈电流和永久磁铁的磁场相互作用，产生电磁力，从而形成转动力矩，使可动部分发生偏转。由于磁电系仪表的磁场是永久磁铁产生的，因此可动线圈所受到电磁力的方向只决定于电流的方向。若将直流电流反方向通入时，指针就会反向偏转，不能读数，因此在磁电系仪表的接线端钮上都标有通入电流方向的（极性）标记。显然，磁电系仪表不能直接测量交流量。

磁电系仪表的优点是：刻度均匀；灵敏度和准确度高；阻尼强；消耗电能量少；受外界磁场的影响很小。这种仪表的缺点是：只能测量直流（电压、电流、电阻等）；价格较高；不能承受较大过载，否则将引起弹簧过热，使弹性减弱，甚至被烧毁。

12.2.3　电磁系仪表

电磁系仪表是测量交流电流与电压最常见的一种仪表，分为吸引式和排斥式两种，其中排斥式最为常用，见图 12-2 所示。其中，1 为线圈绕组；2 为固定铁芯；3 为转轴；4 为可动铁芯；5 为游丝；6 为指针；7 为阻尼片；8 为平衡锤；9 为磁屏蔽。

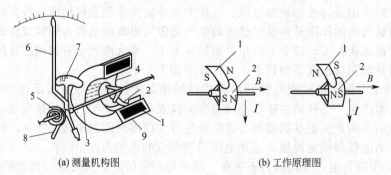

图 12-2　排斥式电磁系仪表的结构原理图
(a) 测量机构图　　(b) 工作原理图

当线圈通入电流时，两个铁芯（固定铁芯 2 和可动铁芯 4）同时被线圈磁场磁化。由于它们相同部位极性相同，因而相互排斥，促使动铁芯沿轴转动，从而带动指针偏转。不管线圈磁场如何改变，其作用力的方向都不会改变。可见电磁系仪表测量直流时，不存在磁电系仪表的极性问题。

电磁式仪表的特点是：结构简单；价格低廉；可用于交直流（电压和电流等）；能测量较大电流和允许较大的过载。其缺点是：刻度不均匀；易受外界磁场及铁片中的磁滞和涡流的影响，准确度不高。

12.2.4 电动系仪表

电动系仪表主要用于交流精密测量。电动系仪表与电磁系仪表的最大区别是由活动线圈代替了可动铁芯。因此，基本上消除了磁滞和涡流的影响，使电动系仪表的准确度得到了提高。

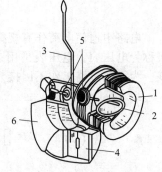

电动系仪表的测量机构主要由建立磁场的固定线圈和在此磁场中偏转的可动线圈组成，其结构如图 12-3 所示。其中，1为固定线圈；2 为可动线圈；3 为指针；4 为阻尼翼片；5 为游丝；6 为空气阻尼箱。

可动线圈置于固定线圈之内装在转轴上，当两线圈同时通入电流时，固定线圈产生磁场，可动线圈和该磁场相互作用产生转动力矩，带动指针偏转指示出被测量值的大小。反作用力矩也由游丝产生；阻尼力矩由阻尼翼片在空气阻尼箱内的运动产生。

图 12-3 电动系仪表的测量
机构结构图

转动力矩的大小与通过两线圈电流的乘积成正比。若将固定线圈中通入电流，而将可动线圈中接入电压，则转矩与被测功率成正比，此时标度尺是均匀的。当两线圈串联时，转动力矩与电流的平方成正比，此时刻度尺则是不均匀的。

当电流方向改变时，固定线圈与可动线圈的电流方向同时改变，转矩的方向仍然不变，所以电动系仪表可用于交直流电路的测量。

由于没有铁磁体磁路，线圈产生的磁场较弱，因此，受外磁场影响很大，故电动系仪表的测量机构必须采用磁屏蔽措施。

电动系仪表的优点是适用于交直流测量（电流、电压和功率等），同时由于没有铁芯，所以准确度较高。其缺点是受外界磁场的影响大，不能承受较大过载。

12.3　电流的测量

电荷有规则的移动称为电流，在单位时间内流过导体横截面的电量，称为电流强度。单位是安培，符号为 A。测量电流用的仪表称为电流表。为了测量一个电路的电流，电流表必须与电路串联。为了使电路的工作不因接入电流表而受影响，电流表的内阻必须很小。因此，如果不慎将电流表并联在电路的两端，则电流表将被烧毁，在使用时务必注意。

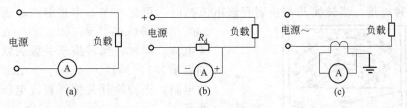

图 12-4 电流表的接线

图 12-4 是电流表测电流的接线图，图（a）表示正常测量情况下的接线（电流表串联在电路中）。但如果电路中的电流超过了电流表的量程，则会造成电流表的损坏。例如一个量程为 10A 的电流表不能用来测量超过 10A 的电流。在这种情况下，就必须扩大电流表的量程，通常采用的方法是采用分流器（直流）和电流互感器（交流），如图（b）、图（c）所示。不论是分流器还是电流互感器，其作用都是使电流表中只通过与被测电流成一定比例的较小

电流，以达到扩大电流表量程的目的。

12.4　电压的测量

电路中迫使电荷作有规律流动的电势称为电压。单位为伏特，符号是 V。测量电压的仪表称为电压表。电压表是用来测量电源、负载或某段电路两端电压的，所以必须和它们并联。为了使电路工作不因接入电压表而受影响，电压表的内阻必须很高。

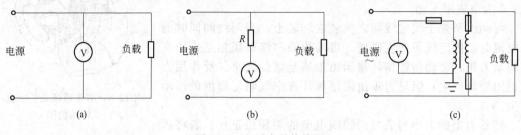

图 12-5　电压表的接线图

图 12-5(a) 是正常情况下电压表的接线图，但和电流表类似，如果电压表的量程不够，则必须扩大其量程。扩大直流电压表的量程一般采用串联附加电阻的方法［图 12-5(b)］，扩大交流电压表量程的方法则主要采用电压互感器［图 12-5(c)］。

12.5　万　用　表

万用表是一种多功能、多量程的便携式电工仪表，一般的万用表可以测量直流电流、直流电压、交流电压和电阻等。有些万用表还可测量电容、功率、晶体管共射极直流放大系数等。万用表可分为磁电式万用表和数字式万用表。

12.5.1　磁电式万用表

磁电式万用表的型式很多，但基本结构是类似的。主要由表头、转换开关、测量线路、面板等组成。表头采用高灵敏度的磁电式机构，是测量的显示装置；转换开关用来选择被测电量的种类和量程；测量线路将不同性质和大小的被测电量转换为表头所能接受的直流电流。图 12-6 为 MF-30 型万用表外形图，该万用表可以测量直流电流、直流电压、交流电压和电阻等多种电量。当转换开关拨到直流电流挡时，可分别与 5 个接触点接通，用于测量 500、50、5(mA) 和 500、50(μA) 量程的直流电流。同样，当转换开关拨到欧姆挡，可分别测量 ×1、×10、×100、×1k、×10k 量程的电阻；当转换开关拨到直流电压挡，可分别测量 1、5、25、100、500(V) 量程的直流电压；当转换开关拨到交流电压挡，可分别测量 500、100、10(V) 量程的交流电压。

MF-30 型万用表的实际测量线路较复杂，下面以测量直流电流和直流电压为例作简单介绍。如图 12-7 为 MF-30 型万用表测量直流电流的原理图，图中转换开关 SA 拨在 50mA 挡，

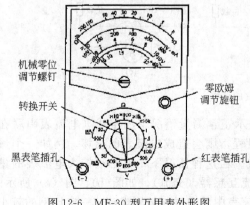

机械零位调节螺钉

零欧姆调节旋钮

转换开关

黑表笔插孔

红表笔插孔

图 12-6　MF-30 型万用表外形图

被测电流从"＋"端口流入，经过熔断器 FU 和转换开关 SA 的触点后分成两路，一路经 R_3、R_4、$R_5 \sim R_9$、RP 及表头回到"－"端口；另一路经分流电阻 R_2、R_1 回到"－"端口。当转换开关 SA 选择不同的直流电流挡时，与表头串联的电阻值和并联的分流电阻值也随之改变，从而可以测量不同量程的直流电流。

图 12-8 为 MF-30 型万用表测量直流电压 1V、5V、25V 挡的原理图，当转换开关 SA 置于直流电压 1V 挡时，与表头线路串联的电阻为 R_{11}，当转换开关 SA 置于直流电压 5V 挡时，与表头线路串联的电阻为 $R_{11}+R_{12}$，串联电阻的增大使测量直流电压的量程扩大。选择不同的直流电压挡可改变电压表的量程。

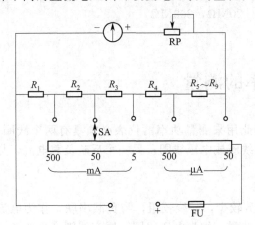

图 12-7　MF-30 型万用表测量
直流电流的原理图

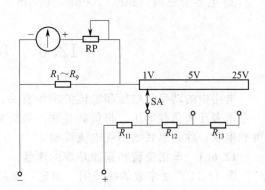

图 12-8　MF-30 型万用表测量
直流电压的原理图

12.5.2　数字式万用表

数字式万用表的测量值由液晶显示屏直接以数字的形式显示，读取方便，有些还带有语音提示功能，是一种表头公用，集电压表、电流表和欧姆表于一体的仪表。数字式万用表由于具有准确度高、测量范围宽、测量速度快、体积小、抗干扰能力强、使用方便等特点而广泛应用于国防、科研、工厂、学校、计量测试等技术领域。今以 UT58B 型数字式万用表为例说明它的测量范围和使用方法。

（1）面板说明

图 12-9 是 UT58B 型数字式万用表面板说明图，其中，1 为 LCD 显示窗；2 为数据保持按键开关；3 为功能量程选择旋钮；4 为输入端口；5 为电源按键开关。LCD 显示窗显示被测量值及万用表的状态，如图 12-10 所示。其中 1 为三极管放大倍数；2 为电池欠压提示符；

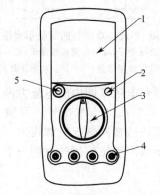

图 12-9　UT58B 型数字式万用表面板

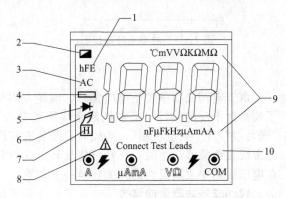

图 12-10　UT58B 型数字式万用表 LCD 显示窗

3 为交流测量提示，直流时关闭；4 为负读数提示；5 为二极管测量提示符；6 为电路通断测量提示符；7 为数据保持提示符；8 为输入端口连接提示；9 为被测电阻、电容、电流、电压、温度单位；10 为输入端口连接状态。

（2）测量范围

① 直流电压分五挡：200mV，2V，20V，200V，1000V。输入电阻 10MΩ。

② 交流电压分四挡：2V，20V，200V，1000V。

③ 直流电流分四挡：2mA，20mA，200mA，20A。

④ 交流电流分三挡：2mA，200mA，20A。

⑤ 电阻分六挡：200Ω，2kΩ，20kΩ，2MΩ，20MΩ，200MΩ。

⑥ 电容分三挡：2nF，200nF，100μF。

12.6 功率的测量

电路中的功率与电压和电流的乘积有关，因此用来测量功率的仪表必须具有两个线圈：一个用来反映负载电压，与负载并联，称为并联线圈或电压线圈；另一个反映负载电流，与负载串联，称为串联线圈或电流线圈。

12.6.1 单相交流和直流功率的测量

图 12-11 是功率表的接线图。固定线圈的匝数较少，导线较粗，与负载串联，作为电流线圈。可动线圈的匝数较多，导线较细，与负载并联，作为电压线圈。固定线圈产生的磁场与负载电流成正比，该磁场与可动线圈中的电流相互作用，使可动线圈产生一力矩，并带动指针转动。在任一瞬间，转动力矩的大小总是与负载电流以及电压瞬时值的乘积成正比，但由于转动部分有机械惯性存在，因此偏转角决定于力矩的平均值，也就是电路的平均功率，即有功功率。同理，电动式功率表也可以测量直流功率。

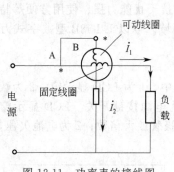

图 12-11 功率表的接线图

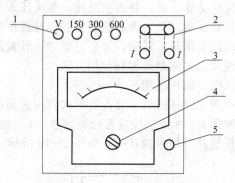

图 12-12 功率表前面板示意图
1—电压接线端子；2—电流接线端子；3—标度盘；
4—指针零位调整器；5—转换功率正负的旋钮

由于电动式功率表是单向偏转，偏转方向与电流线圈和电压线圈中的电流方向有关。为了使指针不反向偏转，通常把两个线圈的始端都标有" * "或"±"符号，习惯上称之为"同名端"或"发电机端"，接线时必须将有相同符号的端钮接在同一根电源线上。当弄不清电源线在负载哪一边时，指针可能反转，这时只需将电压线圈端钮的接线对调一下，或将装在电压线圈中改换极性的开关转换一下即可。

12.6.2 功率表的读数

由于功率表的电压线圈量限有几个，电流线圈的量限一般也有两个，如图 12-12 所示。

若实验室所设计的日光灯电路实验的功率表电流量限为 0.5~1A，电流量程换接片按图 12-12 中实线的接法，即为功率表的两个电流线圈串联，其量限为 0.5A；如换接片按虚线连接，即功率表两个电流线圈并联，量限为 1A。表盘上的刻度为 150 格。

如功率表电压量限选 300V，电流量限选 1A 时，用这种额定功率因数为 1 的功率表去测量，则每格表示的功率为 $\dfrac{300\text{V}\times1\text{A}}{150}=2\text{W}$，即实测的格数乘以 2 才为实际被测功率值。

如电压量限选用 300V，电流量限选 0.5A，则每格表示的功率为 $\dfrac{300\text{V}\times0.5\text{A}}{150}=1\text{W}$，即实测的格数乘 1 为被测功率数值。所以功率表实际测量的功率 P 应满足于下面的换算公式：

$$P=\frac{\text{所选择的电压量限}\times\text{所选择的电流量限}}{\text{仪表满刻度的格数}}\times\text{实测格数}$$

12.6.3 三相功率的测量

在三相三线制电路中，不论负载为星形连接或三角形连接，也不论负载对称与否，都广泛采用两功率表法来测量三相功率。图 12-13 所示是三相三线制电路功率测量图。设负载为星形连接，则三相瞬时功率为

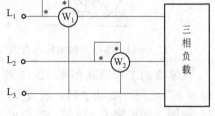

图 12-13 三相三线制电路功率测量图

$$p=p_1+p_2+p_3=u_1i_1+u_2i_2+u_3i_3$$

因为 $i_1+i_2+i_3=0$，所以

$$\begin{aligned}p&=u_1i_1+u_2i_2+u_3(-i_1-i_2)\\&=(u_1-u_3)i_1+(u_2-u_3)i_2\\&=u_{13}i_1+u_{23}i_2=p_1+p_2\end{aligned}\qquad(12\text{-}4)$$

由式(12-4)可知，三相功率可用两个功率表来测量。每个功率表的电流线圈中通过的是线电流，而电压线圈上所加的电压是线电压。两个电压线圈的一端都连在未串联电流线圈的一线上。应注意，两个功率表的电流线圈可以串联在任意两线中，两功率表读数之和即为三相功率 P。

$$P=P_1+P_2=U_{13}I_1\cos\alpha+U_{23}I_2\cos\beta\qquad(12\text{-}5)$$

当负载对称时，两功率表读数分别为

$$P_1=U_1I_1\cos(30°-\varphi)$$
$$P_2=U_1I_1\cos(30°+\varphi)$$

$$P=U_1I_1\cos(30°-\varphi)+U_1I_1\cos(30°+\varphi)=\sqrt{3}\,U_1I_1\cos\varphi\qquad(12\text{-}6)$$

式中，φ 为相电压超前相电流的夹角度数。当相电流与相电压同相时，$P_1=P_2$，即两个功率表读数相等。当相电流比相电压滞后超过 60° 时，$P_2<0$，即第二个功率表的指针反向偏转，因此，必须将该功率表电流线圈反接。这时三相功率便等于第一个功率表的读数减去第二个功率表的读数。

12.7 兆 欧 表

兆欧表又称摇表，是专门用于测量绝缘电阻的仪表，它的计量单位是兆欧（MΩ）。

12.7.1 兆欧表的结构和工作原理

常用的手摇式兆欧表主要由磁电式流比计和手摇直流发电机组成，输出电压有 500V、1000V、2500V、5000V 几种。随着电子技术的发展，现在也出现用干电池及晶体管直流变换器把电池低压直流转换为高压直流，来代替手摇发电机的兆欧表。

磁电式流比计是测量机构,如图 12-14 所示:可动线圈 1 与 2 互成一定角度,放置在一个有缺口的圆柱形铁芯 4 的外面,并与指针固定在同一转轴上;极掌 3 为不对称形状,以使空气隙不均匀。

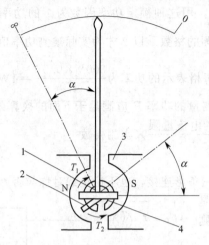

图 12-14　兆欧表的结构示意图

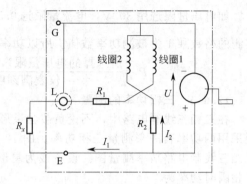

图 12-15　兆欧表的工作原理

兆欧表的工作原理如图 12-15 所示。被测电阻 R_x 接于兆欧表测量端子"线端 L"与"地端 E"之间。摇动手柄,直流发电机输出直流电流。线圈 1、电阻 R_1 和被测电阻 R_x 串联,线圈 2 和电阻 R_2 串联,然后两条电路并联后接于发电机电压 U 上。设线圈 1 电阻为 r_1,线圈 2 电阻为 r_2,则两个线圈上电流分别是:

$$I_1 = \frac{U}{r_1 + R_1 + R_x} \tag{12-7}$$

$$I_2 = \frac{U}{r_2 + R_2} \tag{12-8}$$

$$\frac{I_1}{I_2} = \frac{r_2 + R_2}{r_1 + R_1 + R_x} \tag{12-9}$$

式中,r_1、r_2、R_1 和 R_2 为定值;R_x 为变量,所以改变 R_x 会引起比值 I_1/I_2 的变化。由于线圈 1 与线圈 2 绕向相反,流入电流 I_1 和 I_2 后在永久磁场作用下,在两个线圈上分别产生两个方向相反的转矩 T_1 和 T_2,由于气隙磁场不均匀,因此 T_1 和 T_2 既与对应的电流成正比,又与其线圈所处的角度有关。当 $T_1 \neq T_2$ 时指针发生偏转,直到 $T_1 = T_2$ 时,指针停止。指针偏转的角度只决定于 I_1 和 I_2 的比值,此时指针所指的是刻度盘上显示的被测设备的绝缘电阻值。

当 E 端与 L 端短接时,I_1 为最大,指针顺时针方向偏转到最大位置,即"0"位置;当 E、L 端未接被测电阻时,R_x 趋于无限大,$I_1 = 0$,指针逆时针方向转到"∞"的位置。该仪表结构中没有产生反作用力矩的游丝,在使用之前,指针可以停留在刻度盘的任意位置。

12.7.2　兆欧表的使用

（1）正确选用兆欧表

兆欧表的额定电压应根据被测电气设备的额定电压来选择。测量 500V 以下的设备,选用 500V 或 1000V 的兆欧表;额定电压在 500V 以上的设备,应选用 1000V 或 2500V 的兆欧表;对于绝缘子、母线等要选用 2500V 或 3000V 兆欧表。

（2）使用前检查兆欧表是否完好

　　将兆欧表水平且平稳放置，检查指针偏转情况：将 E、L 两端开路，以约 120r/min 的转速摇动手柄，观测指针是否指到"∞"处；然后将 E、L 两端短接，缓慢摇动手柄，观测指针是否指到"0"处，经检查完好才能使用。

　　（3）兆欧表的使用

　　① 兆欧表放置平稳牢固，被测物表面擦干净，以保证测量正确。

　　② 正确接线。兆欧表有三个接线柱：L（线路）、E（接地）、G（屏蔽）。根据不同测量对象，作相应接线，如图 12-16 所示。测量线路对地绝缘电阻时，E 端接地，L 端接于被测线路上；测量电机或设备绝缘电阻时，E 端接电机或设备外壳，L 端接被测绕组的一端；测量电机或变压器绕组间绝缘电阻时先拆除绕组间的连接线，将 E、L 端分别接于被测的两相绕组

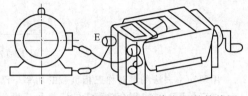

图 12-16　兆欧表测量电机绝缘电阻的接线图

上；测量电缆绝缘电阻时，E 端接电缆外表皮（铅套）上，L 端接线芯，G 端接线芯最外层绝缘层上。

　　③ 由慢到快摇动手柄，直到转速达 120r/min 左右，保持手柄的转速均匀、稳定，一般转动 1min，待指针稳定后读数。

　　④ 测量完毕，待兆欧表停止转动和被测物接地放电后方能拆除连接导线。

　　（4）注意事项

　　因兆欧表本身工作时产生高压电，为避免人身及设备事故，必须重视以下几点。

　　① 不能在设备带电的情况下测量其绝缘电阻。测量前被测设备必须切断电源和负载，并进行放电；已用兆欧表测量过的设备如要再次测量，也必须先接地放电。

　　② 兆欧表测量时要远离大电流导体和外磁场。

　　③ 与被测设备的连接导线应用兆欧表专用测量线或选用绝缘强度高的两根单芯多股软线，两根导线切忌绞在一起，以免影响测量准确度。

　　④ 测量过程中，如果指针指向"0"位，表示被测设备短路，应立即停止转动手柄。

　　⑤ 被测设备中如有半导体器件，应先将其插件板拆去。

　　⑥ 测量过程中不得触及设备的测量部分，以防触电。

　　⑦ 测量电容性设备的绝缘电阻时，测量完毕，应对设备充分放电。

本章小结

　　本章主要介绍了电工测量仪表的分类及误差的计算，详细阐明了各种仪表的工作原理，并介绍了电流、电压的测量。着重介绍了万用表及功率表的使用，最后介绍了兆欧表的使用。

本章知识点

　　① 电工仪表的工作原理。

　　② 电压、电流的测量。

　　③ 万用表、功率表的使用。

　　④ 兆欧表的特点及使用。

习　题

12-1　简述测量仪表的分类方法。

12-2　今有一只准确度为 0.5 级的电压表，量程为 250V，用来测量 200V 电压，试求产生的相对测量误差为多少？

12-3　图 12-17 是一电阻分压电路，用一内阻为①25kΩ，②50kΩ，③500kΩ 的电压表测量时，其读数各为多少？由此得出什么结论？

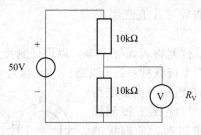

图 12-17　习题 12-3 图

12-4　用两功率表法测量对称三相负载的功率，已知电源线电压为 380V，每相负载阻抗 $Z=12+j16\Omega$，接成三角形，试求每个功率表的读数和三相总功率。

12-5　某车间有一三相异步电动机，电压为 380V，电流为 6.8A，功率为 3kW，星形连接。试选择测量电动机的线电压、线电流及三相功率（两功率表法），并画出测量接线图。

第13章　二极管、晶体管和场效应晶体管

二极管、晶体管和场效应晶体管是常用半导体器件、要从基本结构、工作原理、特性曲线和参数去学习它们。而 PN 结是众多半导体器件的共同基础。因此，本章在简单介绍半导体的导电特性和 PN 结的单向导电性后，分别介绍二极管、晶体管、场效应晶体管和各种光电器件。

13.1　半导体的导电特性

半导体的导电特性介于导体和绝缘体之间。有硅、锗、硒及多数金属氧化物和硫化物。

当然，半导体的导电性能在不同条件下有很大差异。例如，有的半导体（比如钴、锰、镍等的氧化物）对温度的反应特别灵敏，温度上升时，其导电能力大大加强，利用这种特性就做了各种热敏电阻；而有些半导体（如镉、铅等的硫化物与硒化物）受光照后，其导电能力变得很强，而无光照时，导电能力又大大降低，利用这种特性就做成了各种光敏电阻；更为共同的特性是在纯净的半导体中掺入微量杂质后，其导电能力可增加几十万至几百万倍，利用这种特性就做成了不同用途的半导体器件，如二极管、晶体管、场效应晶体管及晶闸管等。

悬殊的导电特性，其根源在于内部结构的特殊性。

13.1.1　本征半导体

以锗和硅为例，它们各有四个价电子，都是四价元素。将锗或硅提纯并形成单晶体后，形成图 13-1 所示的原子排列方式和图 13-2 所示的共价键结构，本征半导体就是完全纯净的具有晶体结构的半导体。

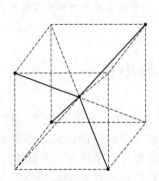

图 13-1　晶体中的原子排列方式

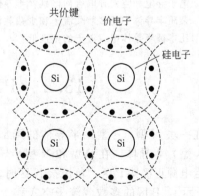

图 13-2　硅单晶中的共价键结构

在晶体结构中，每一个原子与相邻的四个原子共用电子时，构成共价键结构。

在该结构中，处于共价键中的价电子比绝缘体中的价电子所受的束缚力小，在获得能量（温度升或受光照）后，可挣脱原子核的束缚（电子受到激发）成为自由电子。温度越高，

光照越强，晶体产生的自由电子便越多。

当自由电子产生后，就在共价键中留一个空位，称为空穴。这时失去电子的原子带正电。在外电场作用下，有空穴的原子就吸引相邻原子的价电子来填补这个空穴，失去价电子的相邻原子的共价键中又出现另一个空穴，它也可以由别的原子中的价电子再来递补。如此继续下去，就好像空穴在运动。而空穴运动的方向与价电子运动的方向相反，所以空穴运动相当于正电荷的运动。

当半导体两端加上外电压时，半导体中将出现两部分电流：一是由自由电子做定向运动所形成的电子电流，二是仍被原子核束缚的价电子递补空穴所形成的空穴电流。在半导体中，同时存在着电子导电和空穴导电，以区别于金属导电。自由电子和空穴都称载流子。

本征半导体中的自由电子和空穴总是成对出现，也会有自由电子填补空穴复合的可能。在一定温度下，载流子的产生和复合达到动态平衡，于是载流子便维持一定数目。温度越高，载流子数目越多，导电性能就越好。所以，半导体器件性能受温度影响很大。

13.1.2　N 型半导体和 P 型半导体

本征半导体的导电能力仍然很低，如果在其中掺入微量杂质，则掺杂后的半导体导电性能大大增强。

根据掺入杂质的不同，杂质半导体可分为两类。

一类是掺入五价的磷原子。由于磷原子的最外层有五个价电子，当它取代硅原子后就有一个多余的价电子。该价电子很容易挣脱磷原子核的束缚而成为自由电子。于是半导体中的自由电子数目大大增加，成为主要载流子，故称为电子半导体或 N 型半导体。由于自由电子增多而加大了复合的机会，空穴数目大大减少。在 N 型半导体中，自由电子是多数载流子，而空穴则是少数载流子。

另一类是掺入三价的硼原子。每个硼原子只有三个价电子，当它取代硅原子与相邻的硅原子形成共价键时，因缺少一个电子而产生一个空位。该空穴有能力吸引相邻硅原子中的价电子来填补这个空穴，而在该相邻原子中又出现一个空穴。每一个硼原子都能提供出一个空穴，于是半导体中空穴的数目大大增加，成为主要载流子，故称为空穴半导体或 P 型半导体。在 P 型半导体中，空穴是多数载流子，而自由电子是少数载流子。

【练习与思考】

13-1-1　电子导电和空穴导电有何区别？半导体和金属导电的本质区别是什么？

13-1-2　杂质半导体中的多数载流子和少数载流子是怎样产生的？为什么杂质半导体中少数载流子的浓度比本征半导体中载流子的浓度低？

13.2　PN 结及单向导电性

在一块 N 型（P 型）半导体的局部再掺入浓度较大的三价（五价）杂质，使其变为 P 型（N 型）半导体。在 P 型和 N 型半导体的交界面就形成一个特殊的区域，即为 PN 结。

当电源正极接 P 区，负极接 N 区时，此时 PN 结加正向电压（也称为正向偏置），[图 13-3（a）所示]，P 区的多数载流子空穴和 N 区的多数载流子自由电子在外加电场作用下通过 PN 结进入对方，两者形成较大的正向电流。此时 PN 结呈现低电阻，处于导通状态。

当 PN 结加反向电压（也称反向偏置）时 [图 13-3（b）]，P 区和 N 区的多数载流子受阻难以通过 PN 结。但 P 区和 N 区的少数载流子在电场作用下却能通过 PN 结进入对方，形成反向电流。由于少数载流子数量很少，因此反向电流极小。此时 PN 结呈现高电阻，处于截止状态。此即为 PN 结的单向导电性，PN 结是各种半导体器件的共同基础。

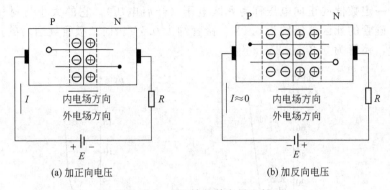

(a) 加正向电压　　　　　　　　　　　(b) 加反向电压

图 13-3　PN 结的单向导电性

13.3　二　极　管

13.3.1　基本结构

将 PN 结加上相应的电极引线和管壳，就成为二极管。按结构分类，有点接触、面接触和平面型三类。点接触型二极管（一般为锗管）如图 13-4(a) 所示。它的 PN 结结面积小（结电容小），因此通过的电流也小，但其高频性能好，故适合高频或小功率的工作，也用作数字电路的开关元件。面接触型二极管（一般为硅管）如图 13-4(b) 所示。它的 PN 结结面积大（结电容大），故可通过较大电流，但其工作频率较低，一般用于整流。平面型二极管如图 13-4(c) 所示，可用于大功率整流管和数字电路的开关管。图 13-4(d) 是二极管的表示符号。

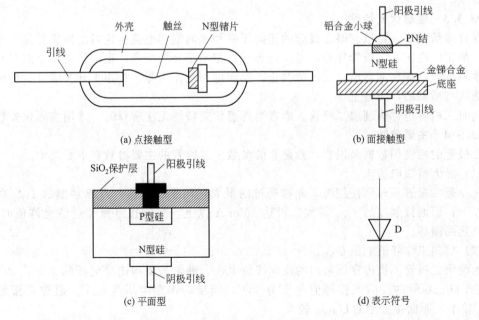

(a) 点接触型　　　　　　　　　　　(b) 面接触型

(c) 平面型　　　　　　　　　　　(d) 表示符号

图 13-4　二极管

13.3.2　伏安特性

二极管就是一个 PN 结，单向导电性是它的基本特性，其伏安特性曲线如图 13-5 所示，当外加正向电压很低时，正向电流很小，几乎为零。当正向电压超过一定数值后，电流就快速上升。这个一定数值的正向电压称为死区电压（开启电压），它的大小与材料及环境温度有关。例如，硅管的死区电压约为 0.5V，锗管约为 0.1V。而二极管导通后的正向压降硅管为 0.6~0.8V，锗管为 0.2~0.3V。

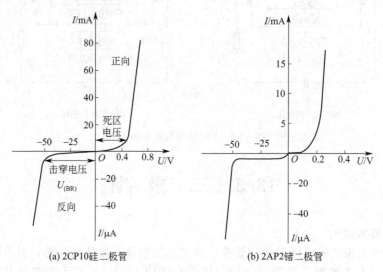

(a) 2CP10硅二极管 (b) 2AP2锗二极管

图 13-5　二极管的伏安特性曲线

当二极管加反向电压时，形成很小的反向电流。反向电流有两个特点：一是它随温度的上升增加很快；二是在反向电压不超过某范围内，反向电流大小基本恒定，故称为反向饱和电流。但当外加电压过高时，反向电流将突然增大，单向导电性被破坏，这时二极管被击穿。二极管通常被击穿后，一般就不能再恢复原有的性能。击穿时的反向电压称为反向击穿电压 $U_{(BR)}$。

13.3.3　理想伏安特性

在许多情况下，可以忽略二极管的正向压降和反向饱和电流。这时二极管就是一个理想开关：加正向电压，二极管导通，管压降为零，相当于开关接通，正向伏安特性曲线与纵轴的正半轴重合；加反向电压，二极管截止，反向饱和电流为零，相当于开关断开，反向伏安特性曲线与横轴的负半轴重合。

这时二极管也称为理想二极管。通常当理想伏安特性无法解释时，才用实际伏安特性。

13.3.4　主要参数

二极管的特性用数据来说明，就是它的参数。二极管的主要参数有下面几个。

（1）最大整流电流 I_{OM}

I_{OM} 是二极管长时间使用时，允许通过的最大正向平均电流。点接触型的 I_{OM} 在几十毫安以下；而面接触型的 I_{OM} 较大，可达 100mA 以上。当流过电流超过该允许值时，PN结将过热而损坏。

（2）反向工作峰值电压 U_{RWM}

为确保二极管不被击穿而给出的反向峰值电压，通常是反向击穿电压的 1/2 或 2/3。如 2CZ52A 硅二极管的反向工作峰值电压为 25V，而反向击穿电压为 50V。通常点接触型的 U_{RWM} 较小，而面接触型的 U_{RWM} 较大。

（3）反向峰值电流 I_{RM}

就是当二极管加反向工作峰值电压时的反向电流值。它与单向导电性能有关，最大整流电流与反向峰值电流的比值越大，则单向导电性能越好。反向电流受温度影响很大。硅管的

I_{RM} 较小，在几个微安以下，锗管的 I_{RM} 较大，可达硅管的几十到几百倍。

二极管可用于整流、检波、限幅、元件保护以及数字电路做开关元件等。

【例 13-1】　图 13-6 所示电路中，$u_i = 10\sin 314t\,V$，$E = 5V$，当 1，2 端开路时画出 u_D，u_R，u_o 的波形图。

解　写出电路的 KVL 方程

$$u_D = u_R + E - u_i$$

由于 1，2 两点开路，所以电阻上的电流必须流经二极管。当 u_i 和电源 E 接入前二极管不导通，则 $u_R = 0$，所以讨论 u_D 时，暂不考虑 u_R。

如果 $u_D > 0$，则认为二极管导通，否则，认为截止。

当 $E - u_i > 0$ 时，二极管导通，此时 ωt 在 $0 \sim \dfrac{\pi}{6}$ 和 $\dfrac{5\pi}{6} \sim 2\pi$，$u_D = 0$，$u_R = u_i - E < 0$，$u_o = u_i$。

当 $E - u_i \leqslant 0$ 时，二极管截止，此时 ωt 在 $\dfrac{\pi}{6} \sim \dfrac{5\pi}{6}$，$u_D = E - u_i \leqslant 0$，$u_R = 0$，$u_o = E$。画出波形图（图 13-7）。

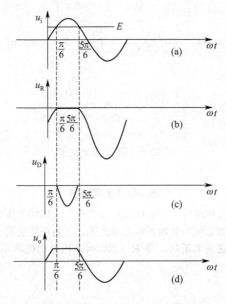

图 13-7　u_i，u_R，u_D，u_o 的波形图

【例 13-2】　图 13-8 所示电路中，试求下列几种情况下输出端 Y 的电位 V_o 及各元件中的电流：

①$V_A = +6V$，$V_B = +4V$；②$V_A = +6V$，$V_B = +5.5V$。设二极管为理想二极管。

解　电路中二极管 D_A，D_B 的阴极接在一起，如果两个二极管的阳极电位都高于阴极电位，则阳极电位高的管子抢先导通，然后再判断另一个管子是否导通。

① $V_A > V_B$，D_A 抢先导通，如果 D_B 不导通，则 R_1，D_A，R_3 串联

$$V_o = \frac{R_3}{R_3 + R_1} V_A = \frac{8000}{2000 + 8000} \times 6 = 4.8(\text{V})$$

189

由于 $V_o > V_B$，D_B 的阳极电位低于阴极电位，假设是正确的，所以

$$I_1 = I_3 = \frac{V_A}{R_1 + R_3} = \frac{6}{2000 + 8000} A = 0.6 mA$$

$I_2 = 0$；$V_o = 4.8V$

② $V_A > V_B$，D_A 抢先导通，如果 D_B 不导通，则 $V_o = 4.8V$，但现在 $D_B = 5.5V$，所以可以认为 D_A，D_B 均导通。则

$$\frac{V_A - V_o}{R_1} + \frac{V_B - V_o}{R_2} = \frac{V_o}{R_3}，V_o = 5.23V$$

此时 $V_B > V_o$，与假设吻合，说明 D_B 也导通。

$$I_1 = \frac{V_A - V_o}{R_1} = \frac{6 - 5.23}{2000} A = 0.39 mA$$

$$I_2 = \frac{V_B - V_o}{R_2} = \frac{5.5 - 5.23}{1000} A = 0.27 mA$$

$$I_3 = I_1 + I_2 = 0.66 mA$$

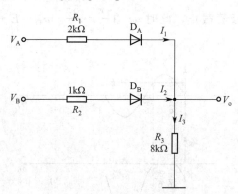

图 13-8 例 13-2 的电路

【练习与思考】

13-3-1 硅二极管和锗二极管的死区电压（开启电压）是多少？它们的工作电压又是多少？

13-3-2 为什么二极管的反向饱和电流与外加反向电压无关，而当环境温度上升时，又明显增大？

13-3-3 用万用表测量二极管的正向电阻时，用 $R \times 100$ 挡测出的电阻值小，而 $R \times 1k\Omega$ 挡测出的大，为什么？

13.4 稳压二极管

稳压二极管是一种特殊的面接触型半导体硅二极管。它在电路中与适当的电阻配合后能起到稳定电压的作用。其符号与外形如图 13-9 所示。

稳压二极管的正向伏安特性与普通二极管相同，如图 13-10 所示，其差异在反向伏安特性上。稳压二极管工作于反向击穿区，当然这种反向击穿在一定条件下是可逆的。从反向伏安特性可以看出，当反向电压在一定范围内变化时，反向电流很小。当反向电压增高到击穿电压时，反向电流急剧增大，稳压二极管被反向击穿。此时，电流虽然在很大范围内变化，但稳压二极管的电压变化很小，这样就起稳压作用。但是，反向电流超过允许范围，稳压二极管将被热击穿而损坏。

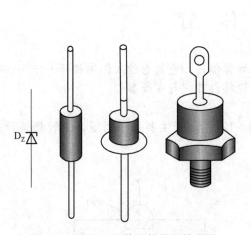

图 13-9　稳压二极管的符号及外形图

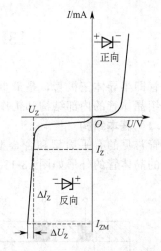

图 13-10　稳压二极管的伏安特性曲线

稳压二极管的主要参数有下面几个。

（1）稳定电压 U_Z

U_Z 就是稳压二极管在正常工作下管子两端的电压。但该数值是在一定工作电流和温度条件下获得的，由于工艺等方面的原因，稳定值有一定的分散性。例如，2CW59 的稳压值在 $10\sim11.8\mathrm{V}$。

（2）电压温度系数 α_U

α_U 说明稳压值受温度变化影响的系数。例如 2CW59 的 α_U 是 0.095%。一般来说，低于 6V 的稳压二极管，它的 α_U 是负的；而高于 6V 的稳压二极管，α_U 是正的；而 6V 左右的管子，α_U 值较小。

（3）动态电阻 r_Z

r_Z 是指稳压二极管端电压的变化量与相应的电流变化量的比值，即 $r_Z=\dfrac{\Delta U_Z}{\Delta I_Z}$，稳压二极管的反向伏安特性曲线越陡，$r_Z$ 越小，稳定性越好。

（4）稳压电流 I_Z

I_Z 是稳压二极管的稳定电流，供设计时选用。对每一个型号的稳压二极管，都规定一个最大稳定电流 I_{ZM}。

（5）最大允许耗散功率 P_{ZM}

管子不致发生热击穿的 $P_{ZM}=U_Z I_{ZM}$。

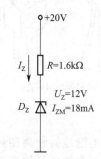

图 13-11　例 13-3 的图

【例 13-3】　图 13-11 中，通过稳压管的电流 I_Z 等于多少？R 是限流电阻，其值是否合适？

解　$I_Z=\dfrac{20-12}{1.6\times10^3}=5\times10^{-3}=5\ （\mathrm{mA}）$

$I_Z<I_{ZM}$，电阻值合适。

【练习与思考】

13-4-1　为什么稳压二极管的动态电阻越小，则稳压越好？

13-4-2　利用稳压二极管或普通二极管的正向压降，是否也可以稳压？

13.5 晶 体 管

晶体管即半导体三极管，是最重要的一种半导体器件，它具有放大作用和开关作用。本节首先介绍晶体管的内部结构和工作原理，再讨论特性曲线与主要参数。

13.5.1 基本结构

晶体管常见的有平面型和合金型两类（图 13-12）。硅管主要是平面型，锗管都是合金型。常见的晶体管的外形如图 13-13 所示。

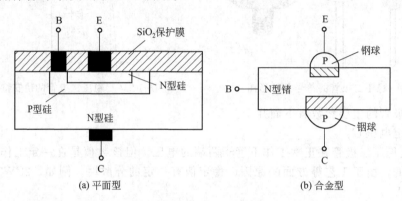

(a) 平面型 (b) 合金型

图 13-12 晶体管的结构

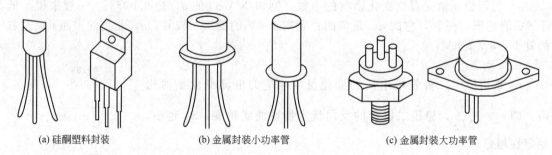

(a) 硅酮塑料封装 (b) 金属封装小功率管 (c) 金属封装大功率管

图 13-13 常见晶体管的外形图

不论是何种类型都分为 NPN 型或 PNP 型，其结构示意图和表示符号如图 13-14 所示。国内生产的硅晶体管多为 NPN 型（3D 系列），锗晶体管多为 PNP 型（3A 系列）。

每一个晶体管都有三个区，即基区、发射区和集电区；分别引出三个极，即基极 B、发射极 E 和集电极 C；有两个 PN 结，即基区和发射区之间的发射结；基区和集电区之间的集电结。

NPN 管和 PNP 管的工作原理类似，仅在使用时电源的极性连接不同而已。下面以 NPN 管为例来分析讨论。

13.5.2 晶体管的工作原理

当晶体管的两个 PN 结的偏置方式不同时，晶体管的工作状态也不同。共有放大、饱和截止三种工作状态。

（1）放大状态

当外接电路保证晶体管的发射结正向偏置，集电结反向偏置时，如图 13-15 所示，晶体管具有电流放大作用，即工作在放大状态。

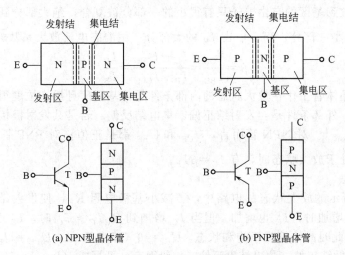

(a) NPN型晶体管　　　　(b) PNP型晶体管

图 13-14　晶体管的结构示意图和表示符号

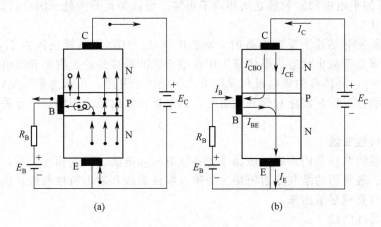

(a)　　　　　(b)

图 13-15　晶体管在放大状态时的电路与载流子运动

图 13-15 中基极电源 E_B 和基极电阻 R_B 组成的基极回路保证发射结处于正向偏置，集电极电源 E_C 和集电极电阻 R_C 构成的集电极回路保证集电结反向偏置（$E_C > E_B$）。由于发射极是两回路的公共端，故称该电路为共发射极电路。

当发射结正向偏置时，有利于发射区和基区的多数载流子的扩散运动。因为发射区的多数载流子自由电子的浓度大，而基区的少数载流子自由电子的浓度小，所以发射区的自由电子扩散到基区，就形成发射极电流 I_E。

自由电子进入基区后，有继续向集电结方向扩散的可能，在该过程中，部分自由电子会与基区的多数载流子空穴复合，从而形成电流 I_{BE}，它基本上等于基极电流 I_B。如果被复合掉的电子越多，扩散到集电结的电子就越少，这不利于晶体管的放大作用。因此，基区要做得很薄，且掺杂浓度低。这样才可以减少自由电子与基区空穴复合的机会，使绝大部分自由电子都能扩散到集电结边缘。

由于集电结反向偏置，所以有利于发射区扩散到基区的自由电子进入集电区，从而形成电流 I_{CE}，它基本等于集电极电流 I_C。同时，集电区的少数载流子空穴和基区少数载流子自由电子也相对运动，形成电流 I_{CBO}。该电流数值很小，它构成集电极电流 I_C 和基极电流 I_B 的一小部分，且受温度影响很大，并与外加电压的大小关系不大。上述载流子运动和电流分配如图 13-15 所示。

193

从发射区扩散到基区的自由电子只有很小的一部分被复合，绝大部分到达集电区。也就是 I_{BE} 只占 I_E 很小一部分，而 I_{CE} 占 I_E 的大部分。用静态电流放大系数 $\bar{\beta}$ 表示，即

$$\bar{\beta} = \frac{I_{CE}}{I_{BE}} = \frac{I_C - I_{CBO}}{I_B + I_{CBO}} = \frac{I_C}{I_B} \tag{13-1}$$

综上所述，晶体管工作在放大状态的内部条件是：基区薄且掺杂浓度很低，发射区掺杂浓度高于集电区。外部条件是：发射结正偏，集电结反偏。若是共发射极接法，外部条件表示为 $|U_{CE}| > |U_{BE}|$。对 NPN 管而言，U_{CE} 和 U_{BE} 都是正值；对 PNP 管而言，它们都是负值。当晶体管处于放大状态时，有 $I_C = \bar{\beta} I_B$。

（2）饱和状态

在图 13-15 所示的放大状态的电路中，若减小基极电阻 R_B，使发射结电压 U_{BE} 增加，从而基极电流 I_B 增加时，I_C 也增加。但当 I_C 增加到 $R_C I_C \approx E_C$ 时，I_C 已不可能再增加，即使 I_B 再增大。此时晶体管处于饱和状态，$U_{CE} \approx 0$（略大于 0）；$U_{BE} = U_{BC} + U_{CE}$，$U_{BE} \approx U_{BC} > U_{CE}$，即发射结正偏，集电结也正偏。一般而言，可写成 $|U_{BE}| > |U_{CE}|$，由于 $U_{CE} \approx 0$，所以晶体管的集电极和发射极之间相当于短路，可认为是开关处于闭合状态。

（3）截止状态

当晶体管的发射结处于反向偏置时，基极电流 $I_B = 0$，集电极电流为 I_{CEO}，也接近于零。此时晶体管处于截止状态。晶体管工作在截止区的条件是：发射结和集电结均反偏。此时 $I_B \approx 0$，$I_C \approx 0$，晶体管的集电极和发射极之间相当于开路，可认为是开关处于断开状态。

当晶体管稳定工作在截止和饱和状态时，集电极和发射极之间相当于开关，称为晶体管的开关状态。

13.5.3 特性曲线

晶体管的特性曲线是用来表示该晶体管各极电压和电流之间的相互关系，是分析放大电路的重要依据。最常用的是共发射极接法的输入特性曲线和输出特性曲线。这些曲线可用晶体管特性图示仪直观显示出来。

（1）输入特性曲线

输入特性曲线是指基极回路中的电流 I_B 与电压 U_{BE} 的关系，前提是 U_{CE} 为常数。即 $I_B = f(U_{BE})|_{U_{CE}恒定}$，如图 13-16 所示。

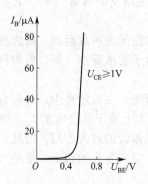

图 13-16　晶体管的输入特性曲线

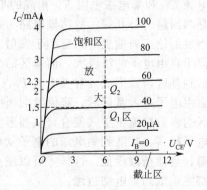

图 13-17　晶体管的输出特性曲线

对硅管而言，当 $U_{CE} \geqslant 1V$ 时，集电结处于反向偏置，且已有足够能力将发射区扩散到基区的自由电子的绝大部分拉入集电区。此后 U_{CE} 对 I_B 的作用就不再明显，即 $U_{CE} > 1V$ 后的输入特性曲线基本上是重合的。通常只画出 $U_{CE} \geqslant 1V$ 的一条输入特性曲线。

由图 13-16 可见，和二极管的正向伏安特性一样，晶体管输入特性也有一段死区。只有

发射结的正偏电压大于死区电压时，晶体管才出现明显的 I_B。硅管的死区电压为 0.5V，锗管的死区电压约为 0.1V。正常工作情况下，NPN 硅管的发射结电压 $U_{BE}=(0.6\sim0.7)V$，PNP 锗管的 $U_{BE}=-(0.2\sim0.3)V$。

(2) 输出特性曲线

输出特性曲线是指集电极回路中的电流 I_C 与 U_{CE} 的关系。当 I_B 取不同数值时，可得出不同的 $I_C=f(U_{CE})|_{I_B恒定}$，如图 13-17 所示。

输出特性曲线可分为三个区域，即对应晶体管的三个工作状态。

① 放大区。输出特性曲线中比较平坦的部分。此时 $I_C=\bar{\beta}I_B$，I_C 与 U_{CE} 关系不大。

② 截止区。$I_B=0$ 曲线以下的区域称为截止区。$I_B=0$ 时，$I_C=I_{CEO}$。对 NPN 硅管而言，当 $U_{BE}<0.5V$ 即开始截止，但为可靠，常使 $U_{BE}\leqslant0$，同时 $U_{BC}<0$。

③ 饱和区。当 $U_{CE}<U_{BE}$ 时，集电结也正向偏置，晶体管工作于饱和状态。在饱和区，I_B 对 I_C 影响不大，I_C 受 U_{CE} 影响更大，此时 $I_C\neq\bar{\beta}I_B$。

13.5.4　主要参数

除了特性曲线表示晶体管的特性外，还可以用参数来描述它。晶体管的主要参数有下面几个。

(1) 电流放大倍数 β 和 $\bar{\beta}$

静态放大倍数 $\bar{\beta}=\dfrac{I_C}{I_B}$，动态放大倍数 $\beta=\dfrac{\Delta I_C}{\Delta I_B}$

实际上，通常认为 $\bar{\beta}\approx\beta$。常用小功率晶体管的 β 值约为 20~150，离散性较大。即使是同一型号的管子，其电流放大系数也有很大差别。

(2) 集-基极反向截止电流 I_{CBO}

I_{CBO} 是当发射极开路时，由于集电结处于反向偏置；集电区和基区中的少数载流子的相对运动所形成的电流。I_{CBO} 属反向饱和电流，受温度影响大。室温下，小功率锗管的 I_{CBO} 约为几微安到几十微安，小功率硅管在 $1\mu A$ 以下。由此可见硅管的温度稳定性胜于锗管。

(3) 集-射极反向截止电流 I_{CEO}

当 $I_B=0$ 时，集电结处于反向偏置和发射结正向偏置的集电极电流。该电流好像从集电极直接穿透晶体管而达到发射极的，又称穿透电流。可以说明 $I_{CEO}=(1+\bar{\beta})I_{CBO}$。通常硅管的 I_{CEO} 为几微安，锗管的约为几十微安，其值越小越好。

(4) 集电极最大允许电流 I_{CM}

集电极电流 I_C 越过一定数值时，晶体管的 β 要下降。当 β 下降到正常数值的 2/3 时的集电极电流，称为 I_{CM}。在使用中，超过 I_{CM} 并不一定会使晶体管损坏，但以降低 β 值为代价。

(5) 集-射极反向击穿电压 $U_{(BR)CEO}$

在基极开路时，加在集电极和发射极之间的最大允许电压值，称为集-射极反向击穿电压 $U_{(BR)CEO}$。一旦 U_{CE} 大于 $U_{(BR)CEO}$ 时，I_{CEO} 大幅上升，说明晶体管被击穿，通常给出 25℃时的 $U_{(BR)CEO}$，在高温下，其值要降低。

(6) 集电极最大允许耗散功率 P_{CM}

由于集电结电流大，而且反向电压高，将会产生热量，使结温度上升，引起晶体管参数的变化。当受热而引起参数变化不超过允许值时，集电极所消耗的最大功率，称为集电极最大允许耗散功率 P_{CM}。

P_{CM} 主要受结温 T_j 的限制，锗管允许结温为 70~90℃，硅管约为 150℃，而 P_{CM} 值，

由 $P_{CM} = I_C U_{CE}$，可在输出特性曲线上作出 P_{CM} 曲线，它是一条双曲线。

由 I_{CM}，$U_{(BR)CEO}$，P_{CM} 三者可以确定晶体管的安全工作区，如图 13-18 所示。

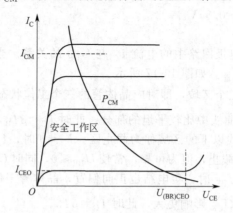

图 13-18　晶体管的安全工作区

以上参数中，β，I_{CBO} 和 I_{CEO} 是性能指标，其中 β 要合适，I_{CBO} 和 I_{CEO} 越小越好；I_{CM}，$U_{(BR)CEO}$ 和 P_{CM} 都是极限参数，使用时不宜超过。

【练习与思考】

13-5-1　晶体管的发射极和集电极是否可以调换使用，为什么？

13-5-2　晶体管具有电流放大作用，其外部和内部条件各为什么？

13-5-3　将图 13-15(a) 中的 NPN 管改成 PNP 管，并相应改变电源，画出电路。

13-5-4　有两个晶体管，一个管子 $\bar\beta = 50$，$I_{CBO} = 0.5\mu A$；另一个管子 $\bar\beta = 150$，$I_{CBO} = 2\mu A$；如果其他参数一样，选用哪个管子较好？为什么？

13-5-5　某晶体管的，$P_{CM} = 100mV$，$I_{CM} = 20mA$，$U_{(BR)CEO} = 15V$，试问下列情况下，哪些可以正常工作？①$U_{CE} = 3V$，$I_C = 20mA$；②$U_{CE} = 3V$，$I_C = 40mA$；③$U_{CE} = 18V$，$I_C = 5mA$。

13.6　光 电 器 件

越来越多的光电器件在显示、报警、耦合和控制中得到应用，本节做简要介绍。

13.6.1　发光二极管

发光二极管（LED）是一种特殊的二极管，当其加正向电压，且正向电流达到一定数值时，就可以发出不同颜色的光来。如采用磷砷化镓材料，则发出红光或黄光；采用磷化镓材料，则发出绿光。

发光二极管的工作电压为 1.5～3V，工作电流为几毫安到十几毫安，寿命很长，可作显示用，图 13-19 是它的外形和表示符号。

13.6.2　光电二极管

光电二极管又称光敏二极管，它能将光信号转化为电信号。图 13-20 是它的外形及表示符号。光电二极管的管壳上通常有一个嵌着玻璃的窗口。当加反向电压且无光照时，其反向电流（暗电流）很小，通常小于 $0.2\mu A$；加反向电压但有光照时，产生的反向电流（光电流）较大，可达几十微安。照度 E 越大，光电流也越大。

13.6.3　光电晶体管

光电晶体管又称光敏晶体管，也能将光信号转换为电信号。普通晶体管用基极电流 I_B

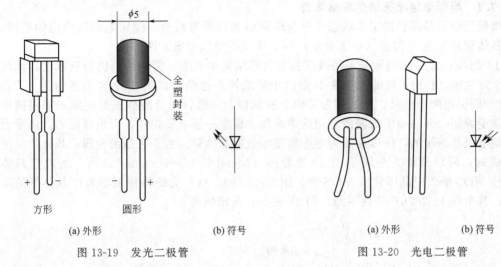

图 13-19　发光二极管　　　　　　　图 13-20　光电二极管

来控制 I_C，而光电晶体管用光照度 E 来控制集电极电流。无光照时，集电极电流 I_CEO 很小，称为暗电流，有光照时的集电极电流称为光电流，一般为零点几毫安到几个毫安。图 13-21 是它的外形，符号和输出特性曲线。

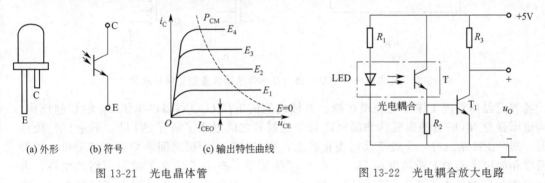

图 13-21　光电晶体管　　　　　图 13-22　光电耦合放大电路

图 13-22 是光电耦合放大电路一例，可作为光电开关用。图中 LED 与光电晶体管光电耦合，T_1 是普通晶体管。当有光照时，T_1 饱和导通，$u_\text{O} \approx 0\text{V}$；当光被物体遮住时，$T_1$ 截止，$u_\text{O} \approx +5\text{V}$。该电路起控制作用。

13.7　场效应晶体管

场效应晶体管是一种利用电场效应来控制电流的新型半导体器件。它与晶体管的主要区别是，晶体管有两种载流子参与导电，也称为双极型晶体管，而场效管只靠一种极性的载流子导电，故称其为单极型晶体管。

普通晶体管是电流控制元件，即信号源必须提供一定的电流才能工作。因此它的输入电阻较低，仅有 $10^2 \sim 10^4 \Omega$。场效应晶体管是电压控制元件，它的输出电压决定于输入电压，无需提供电流，所以它的输入电阻很高，可达 $10^9 \sim 10^{14} \Omega$。这就是它的突出优点。

按结构的不同，场效应晶体管可分为结型和绝缘栅型两大类，由于后者的性能更优越，并且制造工艺简单，便于集成化，不论是在分立元器件还是在集成电路中，其应用范围远胜于前者，所以这里只介绍后者。

13.7.1 增强型绝缘栅场效应晶体管

绝缘栅场效应晶体管按工作状态可分为增强型和耗尽型两类，按导电沟道类型的不同，场效应晶体管可分为 N 沟道（电子导电）和 P 沟道（空穴导电）两种。

图 13-23(a) 为 N 沟道增强型场效应晶体管的结构示意图。它是以一块掺杂浓度较低的 P 型硅片为衬底，利用扩散的方法在 P 型硅中形成两个掺杂浓度很高的 N 型区（用 N^+ 表示），并分别引出两个电极，分别称为源极 S 和漏极 D。然后在 P 型硅表面生成一层极薄的二氧化硅绝缘层，并在源极与漏极之间的绝缘层上覆盖一层金属铝片，引出栅极 G。由于栅极与其他电极是绝缘的，所以称其为绝缘栅型场效应晶体管。由于它是由金属、氧化物、半导体构成的，所以又称为金属-氧化物-半导体（Metal-Oxide-Semiconductor）场效应晶体管，简称 MOS 场效应晶体管或 MOS 管。图 13-23(b)、(c) 为绝缘栅型场效应晶体管的电路符号，其中图 13-23(b) 是耗尽型，图 13-23(c) 是增强型。

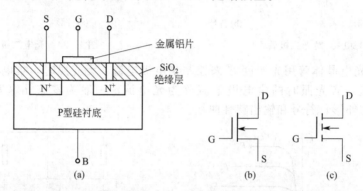

图 13-23　N 沟道绝缘栅型场效应晶体管结构示意图与符号表示

场效应晶体管的工作主要表现在栅、源极之间的电压 U_{GS} 对漏极电流 I_D 的控制作用。N 沟道增强型 MOS 管的源极区和漏极区与 P 型衬底之间形成了两管 PN 结，不论 U_{DS} 极性如何，两个 PN 结总有一个处于反向截止状态，所以漏极、源极之间不会有电流形成。如果在栅极和源极之间加上栅源电压 U_{GS}，在 U_{GS} 作用下，产生了垂直于衬底表面的电场。电场把 P 型衬底中的电子吸引到表面层。当 U_{GS} 大于一定数值时，吸引到表面层的电子，除与空穴复合外，多余的电子在 P 型半导体的表面形成一个自由电子占多数的 N 型层，由于它的性质正好和多子为空穴的 P 型区相反，故称为反型层。反型层就是沟通了漏区和源区的 N 型导电沟道。

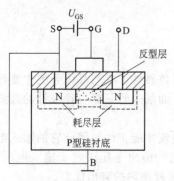

图 13-24　导电沟道的形成

在场效应晶体管中，导电的途径称为沟道。场效应晶体管的基本工作原理是通过外加电场对沟道的厚度和形状进行控制，以改变沟道的电阻，从而改变电流的大小，场效应晶体管也因此而得名。场效应晶体管刚开始形成导电沟道的这个临界电压 $U_{GS(th)}$ 称为开启电压。如图 13-24 所示，U_{GS} 值越高，导电沟道越宽。由于这种 MOS 管必须依靠外加电压来形成导电沟道，故称为增强型。

导电沟道形成后，在漏极电压 U_{DS} 作用下，MOS 管导通，产生漏极电流 I_D。加上 U_{DS} 后，导电沟道会变成如图 13-25 所示那样厚薄不均匀，这是因为 U_{DS} 的存在使得栅极与沟道不同位置间的电位差变得不同，靠近源极一端的电位差最大为 U_{GS}，靠近漏极一端的电位差最小为 $U_{GD}=U_{GS}-U_{DS}$，因而反型层成楔形不均匀分布。

可见，改变栅极电压 U_{GS}，就能改变导电沟道的厚薄和形状，从而实现对漏极电流 I_D 的控制作用。与晶体管的不同之处在于，晶体管是由 I_B 来控制 I_C 的，故称为电流控制器件；场效应晶体管是由 U_{GS} 来控制 I_D 的，故称为电压控制器件。

P 沟道绝缘栅型场效应晶体管的结构示意图与电路符号如图 13-26 所示。其中图 13-26（b）是耗尽型，图 13-26（c）是增强型。N 沟道与 P 沟道绝缘栅场效应晶体管工作原理相同，只是二者电源极性与电流方向相反。

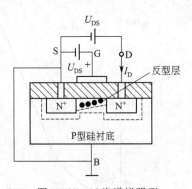

图 13-25　N 沟道增强型
MOS 管的导通

13.7.2　耗尽型绝缘栅场效应晶体管

耗尽型绝缘栅场效应晶体管与增强型的不同之处在于，制造时在二氧化硅绝缘薄层中掺入了大量正离子，使它有一个原始导电沟道。当 U_{GS} 为 0 时，这些正电荷产生的内电场也能在衬底表面形成自建的反型层导电沟道。$U_{GS} > 0$ 时，U_{GS} 越大，导电沟道越厚，漏极电流增大。当 $U_{GS} < 0$ 时，外电场与内电场方相反，使导电沟道变薄。当 U_{GS} 的负值达到某一数值时，导电沟道消失，这一临界电压称为夹断电压 $U_{GS(off)}$。因为这种 MOS 管通过外加电压可改变导电沟道的厚薄，直至耗尽，故称其为耗尽型绝缘栅场效应晶体管。

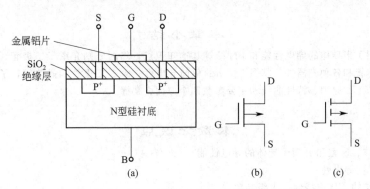

图 13-26　P 沟道绝缘栅型场效应晶体管结构示意图与符号表示

13.7.3　场效应晶体管的特性曲线与主要参数

（1）转移特性

当漏源电压 U_{DS} 一定时，漏极电流 I_D 与栅源电压 U_{GS} 之间的关系，即 $I_D = f(U_{GS})|_{U_{DS}}$，称为场效应晶体管的转移特性（图 13-27）。$U_{GS}$ 对 I_D 的控制能力可通过跨导 g_m 来表示。

$$g_m = \frac{\Delta I_D}{\Delta U_{GS}} \bigg|_{U_{DS}} \tag{13-2}$$

（2）漏极输出特性

当栅源电压 U_{GS} 一定时，漏极电流 I_D 与漏源电压 U_{DS} 之间的关系，即 $I_D = f(U_{DS})|_{U_{GS}}$。N 沟道增强型场效应晶体管的输出特性曲线如图 13-28 所示。

（3）场效应晶体管的主要参数

① 夹断电压 $U_{GS(off)}$ 和开启电压 $U_{GS(th)}$。夹断电压 $U_{GS(off)}$ 是在 U_{DS} 一定情况下，使漏极电流 I_D 为 0 时的 U_{GS} 值，适用于耗尽型场 MOS 管。开启电压 $U_{GS(th)}$ 是在 U_{DS} 一定情况下，导电沟道开始形成的临界栅源电压 U_{GS}，适用于增强型 MOS 管。

② 漏源击穿电压 $U_{(BR)DS}$。漏、源极之间的反向击穿电压。

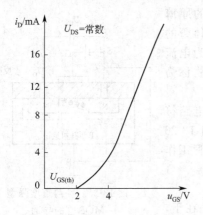

图 13-27　N 沟道增强型 MOS 管的转移特性

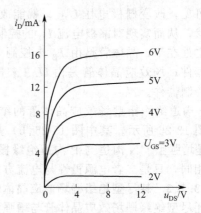

图 13-28　N 沟道增强型 MOS 管的输出特性

【练习与思考】

13-7-1　场效应晶体管与晶体管比较有何特点？

13-7-2　为什么说晶体管是电流控制器件，而场效应晶体管是电压控制器件？

13-7-3　增强型与耗尽型场效应晶体管的主要区别是什么？

本章小结

　　本章首先介绍了半导体的导电性能和 PN 结等基本知识点，然后分别介绍了二极管、稳压二极管、晶体管、场效应晶体管和各种光器件。掌握 PN 结的单向导电性，掌握二极管和晶体管，了解其他器件。每种器件要从结构、工作原理、特性曲线和主要参数四个方面去掌握。

本章知识点

① 本征半导体、N 型和 P 型半导体的导电性能；

② PN 结及单向导电性；

③ 二极管的结构、伏安特性、主要参数；

④ 稳压二极管的结构、工作原理、伏安特性、主要参数；

⑤ 晶体管的结构、放大原理、输入和输出特性曲线、主要参数；

⑥ 发光二极管、光电二极管、光电晶体管的结构和工作原理；

⑦ 绝缘栅场效应晶体管的结构、工作原理、转移和输出特性、主要参数。

习　　题

13-1　在图 13-29 的电路中，已知 $i_s = t\,\text{mA}[0, t_0]$，$R_1 = 3\text{k}\Omega$，$R_2 = 1\text{k}\Omega$，$E = 5\text{V}$，求 $t = 4\text{s}$ 时的 u_D。

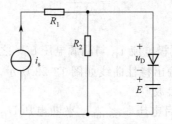

图 13-29　习题 13-1 的图

13-2　图 13-30 的各电路中，1，2 两点开路，$E = 10\text{V}$，$u_i = 10\sin\omega t\,\text{V}$，认为二极管是理想二极管，试分别画出 u_o 和 u_D 的波形。

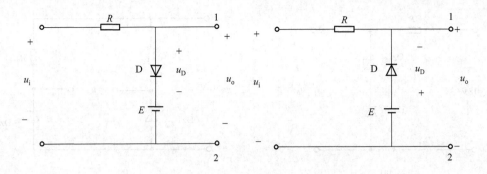

图 13-30　习题 13-2 的图

13-3　图 13-31 的各电路中，试求下列几种情况下输出端电位 V_Y 和各元件（R，D_A，D_B）中通过的电流：①$V_A = V_B = 0$；②$V_A = +3V$，$V_B = +1.5V$；③$V_A = V_B = +6V$。二极管是理想二极管。

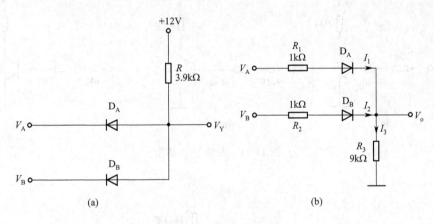

图 13-31　习题 13-3 的图

13-4　在图 13-32 所示电路中，已知 $R_1 = 3k\Omega$，$R_2 = 1k\Omega$，$R_3 = 0.5k\Omega$，$E = 5V$，$i_s = \sqrt{2}\sin(314t)\,\text{mA}$，画出 u_D，i_2，i_3 的波形图。

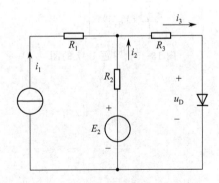

图 13-32　习题 13-4 的图

13-5　有两个稳压二极管 D_{Z1} 和 D_{Z2}，其稳定电压分别是 4.5V 和 13.5V，正向压降都是 0.5V。①如何得到 5V，9V 两种稳定电压，画出稳压电路；②求图 13-33 中各电路的输出电压。

13-6　在图 13-34 所示的各电路中，判断晶体管的工作状态。

13-7　图 13-35 是一声光报警电路。在正常情况下，B 端电位为 0V；若前接装置发生故障时，B 端电位上升到 +5V。试分析该电路的工作原理。

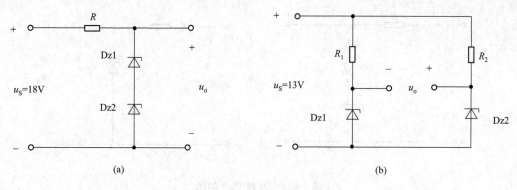

图 13-33 习题 13-5 的图

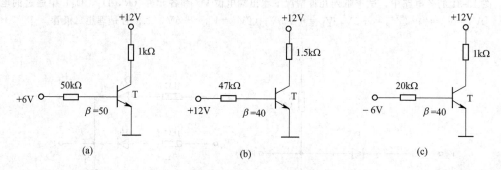

图 13-34 习题 13-6 的图

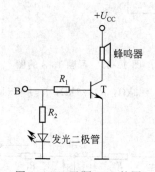

图 13-35 习题 13-7 的图

第 14 章　分立元件组成的基本放大电路

在前面的章节中介绍了二极管、晶体管、场效应晶体管等半导体器件的工作原理和特性。本章将介绍由这些分立元件组成的一些基本放大电路。放大电路是电子线路中常见的基本单元，在工程实际中的应用十分广泛。虽然在电子技术快速发展的今天，集成放大电路占了主导地位，分立元件放大电路在实际应用中已不多见，但基本放大电路是所有模拟集成电路的基本单元，所以从分立元件组成的基本放大电路入手，掌握一些基本放大电路的基本概念、原理与分析方法是非常重要的。

14.1　共发射极放大电路

14.1.1　基本放大电路的组成

放大电路在工业实际中应用广泛，它能利用晶体管的电流控制作用，将微弱的电信号放大，推动负载工作。由于输入信号通常较弱，能量很小，不能直接推动负载做功，因此，需要另外提供一个直流电源，由能量较小的输入信号控制此电源的能量转换，使其输出较大能量的信号并与输入信号变化规律相同，从而推动负载做功。放大电路就是利用晶体管来实现这种控制的。

典型的基本放大电路的示意图如图 14-1 所示，其基本功能为：

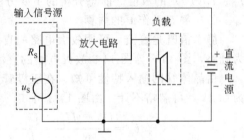

图 14-1　放大电路示意图

放大电路输出到负载的信号比输入信号放大若干倍，负载所需要的能量由外接电源供给，而输入信号源起着控制电源输出的作用；

负载接收到的放大信号必须与信号源输出的信号变化一致，即不能失真。

输出信号放大必须满足放大电路中的晶体管处于放大工作状态，即其发射结应正向偏置，集电结应反向偏置。图 14-2 是一个以 NPN 型晶体管为核心的单管共发射极放大电路，由信号源提供的信号 u_i 加在晶体管的基极与发射极之间，放大后的信号 u_o 从晶体管的集电极与发射极之间输出。电路是以晶体管的发射极作为输入、输出回路的公共端，故称为共发射极放大电路。电路中各元件作用如下。

① 晶体管 T。晶体管具有电流放大作用，是整个电路的控制元件。

② 集电极直流电源 E_C 和基极电阻 R_B。直流电源 E_C 不但起着给放大电路提供能量的作用，而且与基极电阻 R_B 保证晶体管的发射结正向偏置，集电结反向偏置，以使晶体管处于放大工作状态。

③ 集电极电阻 R_C。集电极电阻 R_C 能将集电极电流 i_C 的变化转换成集-射极间电压 u_{CE} 的变化，以实现电压放大。

④ 耦合电容 C_1，C_2。耦合电容既可以隔断放大电路与信号源以及负载之间的直流联系，又起到交流耦合的作用，传递交流信号。

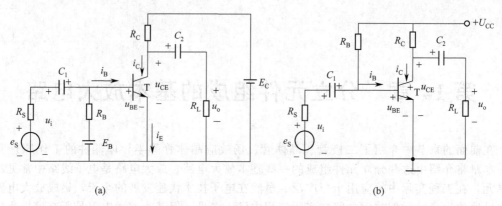

(a) (b)

图 14-2　共发射极放大电路的组成

放大电路中，通常公共端接地，共发射极放大电路是以发射极为公共点，所以可简化电路如图 14-2(b) 所示的电路，如忽略电源 E_C 的内阻，则有 $U_{CC}=E_C$。

14.1.2　放大电路的静态分析

为了保证放大电路的输出信号不失真，就必须对放大电路进行静态分析，将静态工作点设置在合适的位置。晶体管交流放大电路是交、直流共存的电路，当输入信号 $u_i=0$ 时，电路中各处的电压、电流都是直流恒定值，称此时放大电路的直流工作状态为静态。静态分析就是分析放大电路的直流工作情况，确定晶体管各电极的直流电压 U_{BE}、U_{CE} 和直流电流 I_B、$I_C(I_E)$ 的数值。静态分析的主要方法分为图解法和估算法。

（1）静态工作值的估算

静态值既是直流，可用放大电路的直流通路来分析。画直流通路时，电容 C_1、C_2 可视为开路，图 14-3 为图 14-2 放大电路的直流通路。

由晶体管的输入特性可知，在三极管正常导通的情况下，硅管的 U_{BE} 为 0.6V，锗管约为 0.2V，可忽略不计。由图 14-3 可知

$$I_B=\frac{U_{CC}-U_{BE}}{R_B}\approx\frac{U_{CC}}{R_B} \qquad (14-1)$$

$$I_C=\bar{\beta}I_B\approx\beta I_B \qquad (14-2)$$

$$U_{CE}=U_{CC}-I_C R_C \qquad (14-3)$$

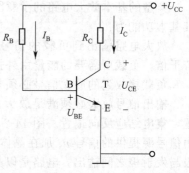

图 14-3　图 14-2 所示电路的直流通路

【例 14-1】　试估算图 14-2 放大电路的静态工作点，已知 $U_{CC}=12V$，$R_B=30k\Omega$，$R_C=4k\Omega$，$\bar{\beta}=37.5$。

解 根据式(14-1) 可得

$$I_B\approx\frac{U_{CC}}{R_B}=\frac{12}{300}mA=40\mu A$$

$$I_C=\bar{\beta}I_B=37.5\times0.04mA=1.5mA$$

$$U_{CE}=U_{CC}-I_C R_C=(12-1.5\times4)V=6V$$

（2）图解法确定静态工作值

根据晶体管的输出特性曲线，用作图的方法求静态值称为图解法。设晶体管的输入、输出特性曲线如图 14-4 所示，图解法的步骤如下。

对于输入电路，描述 I_B 和 U_{BE} 关系的是一条直线，称为偏置线。它可以由两个点 $\left(0,\right.$ $\left.\dfrac{U_{CC}}{R_C}\right)$ 与 $(U_{CC},0)$ 确定。偏置线与输入特性曲线的交点 Q_B 就称为输入电路的静态工作点，

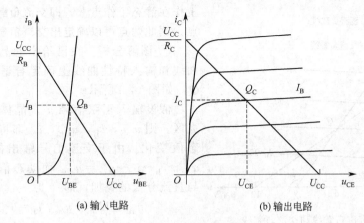

(a) 输入电路　　　　　　(b) 输出电路

图 14-4　静态工作情况的图解分析

Q_B 点对应的坐标分别为 U_{BE} 与 I_B。所以，I_B 又称为偏置电流，用来调整 I_B 大小的电阻 R_B 称为偏置电阻。

对于输出电路，描述 I_C 与 U_{CE} 关系的也是一条直线，称为直流负载线，它同样也可以由点 $\left(0, \dfrac{U_{CC}}{R_C}\right)$ 与 $(U_{CC}, 0)$ 确定。直流负载线与输出特性曲线的交点 Q_C 就称为输出电路的静态工作点，Q_C 对应的坐标分别为 U_{CE} 与 I_C。

显然，当 R_B 和 U_{CC} 发生变化时，Q_B 和 Q_C 的位置都要变化，即放大电路的静态工作值会发生变化。

14.1.3　放大电路的动态分析

放大电路有信号输入时的工作状态称为动态。此时，晶体管的各个电流和电压都含有直流分量和交流分量。交流分量是叠加在直流分量上的，为便于加以分析区别，特将放大电路中电压、电流的符号列于表 14-1 中。

表 14-1　放大电路中电压和电流符号

名称	直流分量	交流分量		总电压或总电流	关系式
		瞬时值	有效值		
基极电流	I_B	i_b	I_b	i_B	$i_B = I_B + i_b$
集电极电流	I_C	i_c	I_c	i_C	$i_C = I_C + i_c$
发射极电流	I_E	i_e	I_e	i_E	$i_E = I_E + i_e$
集—射极电压	U_{CE}	u_{ce}	U_{ce}	u_{CE}	$u_{CE} = U_{CE} + u_{ce}$
基—射极电压	U_{BE}	u_{be}	U_{be}	u_{BE}	$u_{BE} = U_{BE} + u_{be}$

交流分量的分析可采用图解分析法和微变等效电路法。

（1）图解分析法

图解分析法是利用晶体管的输入、输出特性曲线，通过作图的方法分析动态工作情况，它可以形象、直观地看出信号传递过程以及各个电压、电流在输入信号 u_i 作用下的变化情况和相互关系。以图 14-2 所示电路为例，分析如下。

① 确定交流负载线。根据静态分析法，作例 14-1 中电路的直流负载线，由于隔直电容 C_2 的作用，直流负载线的斜率为 $-1/R_C$。而交流负载线反映的是动态信号 i_C 和 u_{CE} 之间的关系，C_2 和 U_{CC} 对于交流可视为短路，R_L 和 R_C 并联，故交流负载线的斜率为 $-1/(R_L//R_C)$。如图 14-5 所示，交流负载线要比直流负载线陡。当输入信号为零时，放大电路

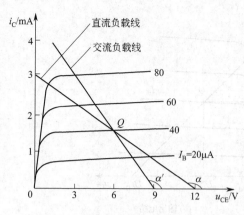

图 14-5　直流负载线和交流负载线

工作在静态工作点上，即交流负载线也要通过 Q 点。据此两点可以确定出交流负载线。

② 图解分析。在已给出的晶体管输出特性曲线和输入特性曲线上确定合适的静态工作点 Q，如图 14-6 所示。

假设输入正弦信号 u_i，晶体管处于线性放大区，则 u_{BE}，i_B，u_{CE}，i_C 都将围绕各自的静态值变化。由于交流信号输出的路径是 $u_i = u_{be} \rightarrow i_b \rightarrow i_c \rightarrow u_{ce} = u_o$。而动态信号是交流分量与直流分量的叠加，即

$$u_{BE} = U_{BE} + u_{be}, \quad i_B = I_B + i_b,$$
$$u_{CE} = U_{CE} + u_{ce}, \quad i_C = I_C + i_c$$

如图 14-6 所示，在输入特性曲线上，工作点 Q，或 i_B 的值随 u_{BE} 的变化在 Q_1 和 Q_2 点之间移动。在输出特性曲线上，工作点 Q 在交流负载线上随 i_B 的变化在 Q_1 和 Q_2 点之间移动，从而可以确定出 u_{CE} 的变化情况。由于耦合电容 C_1，C_2 隔直，所以输入信号 $u_i = u_{be}$，输出信号为 $u_o = u_{ce}$。注意 u_o 虽为正弦量，但相位与 u_i 相反。从图 14-6 上也可以估算电压放大倍数，它等于输出正弦电压的幅值与输入正弦电压的幅值之比。R_L 的阻值越小，交流负载线越陡，电压放大倍数下降得也越多。

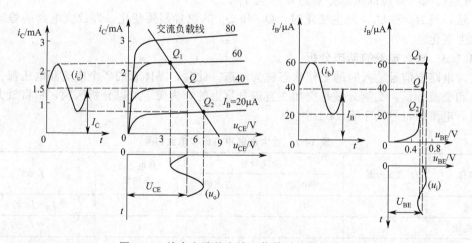

图 14-6　放大电路的有输入信号时的图解分析

图解法的主要优点是直观、形象，便于理解，但不适用于较为复杂的电路。

（2）微变等效电路法

由上述图解分析法可知，当静态工作点合适、输入信号较小时，放大电路的输出信号基本保持为正弦波形，而晶体管的工作情况接近于线性状态，因而可以把晶体管这个非线性元件组成的电路当作线性电路来处理，这就是微变等效分析法。将晶体管等效为线性元件的条件是晶体管在小信号（微变量）情况下工作。

① 晶体管的微变等效模型。晶体管处于线性放大区时，可认为在静态工作点 Q 附近的小范围，其输入特性曲线近似于直线。即 ΔU_{BE} 与 ΔI_B 成正比，为

$$r_{be} = \frac{\Delta U_{BE}}{\Delta I_B} = \frac{u_{be}}{i_b} \tag{14-4}$$

r_{be} 称为晶体管的输入电阻，它表示晶体管的输入特性。常温下小功率晶体管的 r_{be} 为

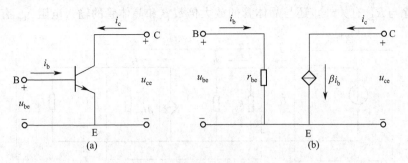

图 14-7　晶体管及其微变等效模型

$$r_{be} = 200 + (1+\beta)\frac{26(\text{mV})}{I_E(\text{mA})} \tag{14-5}$$

由于晶体管是由基极电流控制集电极电流，故其电路模型应为受控电流源，被控电流为 βi_b。综上所述，图 14-7(b) 为晶体管图 14-7(a) 的微变等效模型。

② 放大电路的微变等效电路。对于交流分量而言，由于耦合电容 C_1，C_2 足够大，容抗可近似为零（相当于短路）；直流电源 U_{CC} 的内阻很小，也可视作短路。据此画出图 14-2 所示放大电路的交流通路如图 14-8(a) 所示。

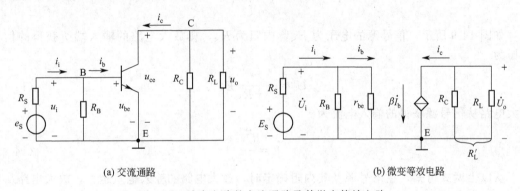

(a) 交流通路　　　　　　　　　　　　(b) 微变等效电路

图 14-8　放大电路的交流通路及其微变等效电路

将图 14-8(a) 所示放大电路的交流通路中的晶体管用其微变等效模型代替，可得到放大电路的微变等效电路 ［图 14-8(b)］。

a.电压放大倍数。电压放大倍数是衡量放大电路对于输入信号放大能力的主要指标，电压放大倍数 A_u 定义为输出电压变化量与输入电压变化量之比，设输入的正弦信号，可得

$$A_u = \frac{\dot{U}_o}{\dot{U}_i} \tag{14-6}$$

以图 14-9 所示放大电路为例

$$\dot{U}_i = r_{be}\dot{I}_b \tag{14-7}$$

$$\dot{U}_o = -R'_L\dot{I}_c = -\beta R'_L\dot{I}_b \tag{14-8}$$

式中，$R'_L = R_C // R_L$。所以，电路的电压放大倍数为

$$A_u = -\beta\frac{R'_L}{r_{be}} \tag{14-9}$$

式中的负号表示输出电压 $\dot{U}_o$ 与输入电压 $\dot{U}_i$ 的相位相反。当放大电路的输出端开路（空载）时，$A_u = -\beta R_C/r_{be}$。可见，空载时电压放大倍数最大，R_L 越小，则电压放大倍数

越低。A_u 除与 R_L 有关外，还与晶体管的放大倍数 β 和晶体管的输入电阻 r_{be} 有关。

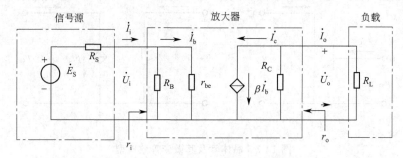

图 14-9　放大电路的输入电阻与输出电阻

b.放大电路的输入电阻。放大电路的输入信号是由信号源提供的，对于信号源来说，放大电路相当于它的负载电阻。换而言之，从放大电路的输入端看进去，其作用可用电阻 r_i 来表示，这个电阻就是放大电路的输入电阻，输入电阻定义为放大电路输入电压与输入电流之比，当输入信号为正弦信号时，r_i 为

$$r_i = \frac{\dot{U}_i}{\dot{I}_i} \tag{14-10}$$

如图 14-9 所示，信号源的电压为 $\dot{E}_S$，内阻为 R_S，则放大电路的输入端所获得的信号电压为

$$\dot{U}_i = \frac{r_i}{r_i + R_S} \dot{E}_S \tag{14-11}$$

放大电路从信号源获得的输入电流为

$$\dot{I}_i = \frac{\dot{U}_i}{r_i} \tag{14-12}$$

从以上两式可知，在信号源及其内阻确定时，放大电路的输入电阻越大，放大电路从信号源获得的输入电压越大，信号源流出的电流就越小，从而减轻信号源的负担。因此，对于一般的放大电路，通常希望输入电阻尽量大一些，最好远远大于信号源的内阻。

注意：r_i 为放大电路的输入电阻，r_{be} 为晶体管的输入电阻，两者不可混淆。

③ 放大电路的输出电阻。放大电路输出的信号要加在负载之上，所以对于负载而言，放大电路相当于负载的信号源。如果将放大电路（包括信号源）用一个等效电压源（戴维宁等效电路）来代替，这个等效电压源的内阻就是放大电路的输出电阻。输出电阻 r_o 可由戴维宁等效内阻的方法获得。

放大电路的输出电阻可以在信号源短路并且负载开路的条件下求出。如图 14-9 所示，当 $\dot{U}_S = 0$ 时，I_b 和 βI_b 也为零，相当于 βI_b 支路开路。可知此放大电路的输出电阻为

$$r_o = R_C \tag{14-13}$$

R_C 一般为几千欧姆，由此可知共发射极放大电路的输出电阻较高。

输出电阻也可以通过实验的方法测得，放大电路的输出端在空载和带负载 R_L 时，其输出电压将发生变化，分别测得空载时的输出电压 $\dot{U}_{oo}$（开路电压）和接入负载时的输出电压 $\dot{U}_{oL}$，则有

$$\dot{U}_{oL} = \frac{R_L}{r_o + R_L} \dot{U}_{oo} \tag{14-14}$$

所以有
$$r_{\mathrm{o}}=\left(\frac{\dot{U}_{\mathrm{oo}}}{\dot{U}_{\mathrm{oL}}}-1\right)R_{\mathrm{L}} \qquad (14\text{-}15)$$

输出电阻 r_{o} 可用来衡量放大电路带负载的能力。r_{o} 越小，放大电路带负载的能力越强。

14.1.4　射极偏置电路

(1) 静态工作点 Q 对放大性能的影响

通过对放大电路的静态分析，我们知道可以调节电路中的有关参数，如调 R_{B} 来设置放大电路的静态工作点。设置静态工作点的目的是为了避免产生非线性失真。所谓失真，是指输出信号的波形不能复现输入波形的畸变现象。引起非线性失真的原因有多种，其中最主要的就是由于静态工作点选择不合适或者输入信号太大，使放大电路的工作范围超出了晶体管特性曲线上的线性范围。

如在图 14-10，静态工作点 Q_1 的位置太低，当基极电流过小时，晶体管进入截止区工作，i_{B} 的负半周和 u_{CE} 的正半波被削平，这是由于晶体管的截止而引起的，故称为截止失真。而静态工作点 Q_2 选择太高，当基极电流过大时，晶体管进入饱和区工作，这时 i_{B} 虽不失真，但是 u_{CE} 却已严重失真。此时，失真是由于晶体管的饱和而引起的，故称为饱和失真。

因此，要使放大电路不产生非线性失真，必须有一个合适的静态工作点，工作点应大致选在交流负载线的中点。此外，输入信号 u_{i} 的幅值不能太大，以避免放大电路的工作范围超过特性曲线的线性范围。在小信号放大电路中，此条件一般都能满足。

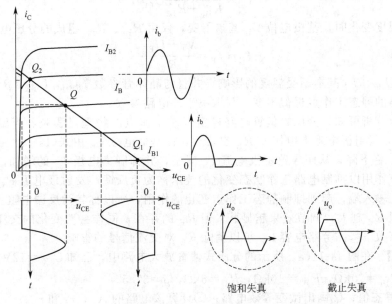

图 14-10　截止失真与饱和失真

(2) 静态工作点的稳定

由于静态工作点不仅与波形的失真有关，而且也影响放大电路的放大倍数，如何选取合适的静态工作点，并使其稳定是非常重要的。但是，由于晶体管对外界环境的变化非常敏感，晶体管的参数 I_{CEO}，U_{BE}，β 随温度变化而变化。在图 14-2 所示的放大电路中，$I_{\mathrm{B}}=$ $(U_{\mathrm{CC}}-U_{\mathrm{BE}})/R_{\mathrm{B}}$，当 U_{CC}，R_{B} 一定时，I_{B} 基本固定，因此称这种放大电路为固定偏置电路。当 β 随温度变化时，静态电流 $I_{\mathrm{C}}=\beta I_{\mathrm{B}}$ 也随之变化。所以，温度变化会导致固定偏置式放大电路的静态工作点变化，影响放大电路的正常稳定工作。

环境温度改变时，如何使静态工作点自动稳定对于放大电路而言极其重要。图 14-11 所示的射极偏置电路，或称为分压偏置电路就是一种常见的静态工作点稳定的放大电路，它与固定式偏置电路相区别的是，基极电路采用 R_{B1}，R_{B2} 组成分压电路，并在发射极接入反馈电阻 R_E 和旁路电容 C_E。

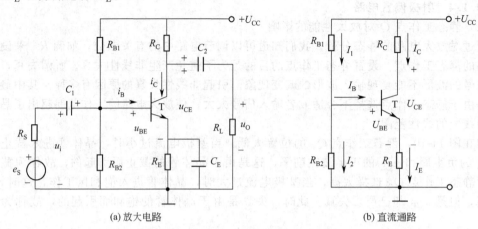

(a) 放大电路　　　　　　　　(b) 直流通路

图 14-11　射极偏置电路及其直流通路

如果 R_{B1}，R_{B2} 取值适当，使得 $I_1 \gg I_B$，则基极对地电压

$$V_B \approx \frac{R_{B2}}{R_{B1}+R_{B2}}U_{CC} \tag{14-16}$$

可见当温度变化时，基极电位 V_B 基本不变，仅由 R_{B1}、R_{B2} 组成的分压电路确定。而

$$I_C \approx I_E = \frac{V_B - U_{BE}}{R_E} \tag{14-17}$$

若 $V_B \gg U_{BE}$，I_C 基本不受温度的影响，并且与晶体管参数 I_{CEO}，U_{BE}，β 无关。所以，分压偏置电路的静态工作点近似不变，只取决于外电路参数。

通过以上分析可知，分压式偏置电路稳定静态工作点的物理过程是：当温度升高，I_C 与 I_E 增大时，发射极电阻上电压 $I_E R_E$ 也增大，而基极电位 V_B 由式(14-16)确定，基本不变，可知 U_{BE} 将下降，从而导致基极电流 I_B 减小，并抑制集电极 I_C 的增加。这种通过电路的自动调节作用以抑制电路工作状态变化的技术称为负反馈，发射极电阻 R_E 将输出电流的变化反馈至输入端，起到抑制静态工作点变化的作用，所以称其为反馈电阻。

反馈电阻 R_E 越大，调节效果越显著。但 R_E 的存在，同样会对变化的交流信号产生影响，使放大倍数下降。旁路电容 C_E 可以消除 R_E 对交流信号的影响。

【例 14-2】　在图 14-11(a) 所示的分压式偏置放大电路中，已知 $U_{CC}=12V$，$R_C=2k\Omega$，$R_E=2k\Omega$，$R_{B1}=20k\Omega$，$R_{B2}=10k\Omega$，$R_L=6k\Omega$，$\bar{\beta}=37.5$。

① 试求静态值；②画出微变等效电路；③计算该电路的 A_u，r_i 和 r_o。

解　① $V_B \approx \dfrac{R_{B2}}{R_{B1}+R_{B2}}U_{CC} = \dfrac{10}{10+20} \times 12 = 4$（V）

$$I_C \approx I_E = \frac{V_B - U_{BE}}{R_E} = \frac{4-0.6}{2 \times 10^3}A = 1.7mA$$

$$I_B = \frac{I_C}{\bar{\beta}} = \frac{1.7}{37.5}mA = 0.045mA$$

$$U_{CE} = U_{CC} - I_C(R_C + R_E) = [12 - (2+2) \times 10^3 \times 1.7 \times 10^{-3}]V = 5.2V$$

② 微变等效电路如图 14-12 所示。

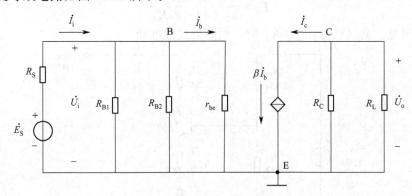

图 14-12　例 14-2 的微变等效电路

③ $r_{be} \approx 200 + (1+\beta)\dfrac{26}{I_E} = \left[200 + (1+37.5) \times \dfrac{26}{1.7} \right] \Omega = 0.79 \text{k}\Omega$

$$A_u = -\beta \frac{R_L'}{r_{be}} = -37.5 \times \frac{1.5}{0.79} = -71.2$$

其中　　　　　$R_L' = \dfrac{R_C R_L}{R_C + R_L} = \dfrac{2 \times 6}{2+6} \text{k}\Omega = 1.5 \text{k}\Omega$

$$r_i = R_{B1} // R_{B2} // r_{be} \approx r_{be} = 0.79 \text{k}\Omega$$

$$r_o \approx R_C = 2 \text{k}\Omega$$

【例 14-3】　在上例中，如图 14-11(a) 中的 R_E 未全被旁路，而尚有一段 R_E''，$R_E'' = 0.2\text{k}\Omega$，①用戴维宁定理求静态值；②画出微变等效电路；③计算该电路的 A_u，r_i 和 r_o，并与上例比较。

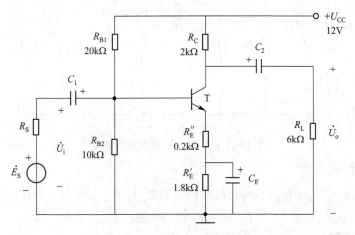

图 14-13　例 14-3 的电路图

解　① 为便于应用戴维宁定理，将图 14-11 的直流通路改画成图 14-14。

$$E_B \approx \frac{R_{B2}}{R_{B1} + R_{B2}} U_{CC} = \frac{10}{10+20} \times 12\text{V} = 4\text{V}$$

$$R_B = \frac{R_{B1} R_{B2}}{R_{B1} + R_{B2}} = \frac{10 \times 20}{10+20} \text{k}\Omega = 6.66 \text{k}\Omega$$

对输入回路列 KVL 方程

$$R_B I_B + R_E I_E + U_{BE} = E_B$$

$$I_B = \frac{E_B - U_{BE}}{R_B + (1+\beta)R_E}$$

由该式可见，当 $(1+\beta)R_E \gg R_B$ 时，估算公式较准确。

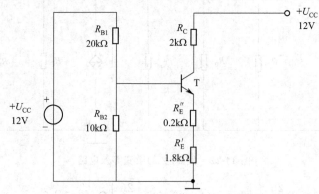

图 14-14　例 14-3 电路的直流通路图

代入数据

$$I_B = \frac{4-0.6}{6.66+(1+37.5)\times 2}\text{mA} = 41\mu\text{A}$$

$$I_C = (1+\beta)I_B = 1.6\text{mA}$$

$$U_{CE} = U_{CC} - I_C(R_C + R_E) = [12-(2+2)\times 10^3 \times 1.6\times 10^{-3}]\text{V} = 5.6\text{V}$$

② 微变等效电路如图 14-15 所示。

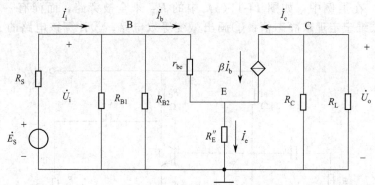

图 14-15　例 14-3 的微变等效电路

③ 由图 14-15 可写出

$$\dot{U}_i = r_{be}\dot{I}_b + R''_E\dot{I}_e = r_{be}\dot{I}_b + (1+\beta)R''_E\dot{I}_b = [r_{be}+(1+\beta)R''_E]\dot{I}_b$$

$$\dot{U}_o = -R'_L\dot{I}_C = -\beta R''_L\dot{I}_b$$

故电压放大倍数为

$$A_u = \frac{\dot{U}_o}{\dot{U}_i} = -\frac{\beta R''_L}{r_{be}+(1+\beta)R''_E} \tag{14-18}$$

将所给数据代入

$$A_u = -37.5 \times \frac{1.5}{0.79+(1+37.5)\times 0.2} = -6.63$$

$$r_i = R_{B1} // R_{B2} // [r_{be}+(1+\beta)R''_E] = 3.74\text{k}\Omega$$

$$r_o \approx R_C = 2\text{k}\Omega$$

在式(14-18)中，由于 $(1+\beta)R''_E \gg r_{be}$，所以该电路的放大倍数大大降低了，但改善了放大电路的工作性能，包括提高了放大电路的输入电阻。

【练习与思考】

14-1-1 分析图 14-1-4，设 U_{CC} 和 R_C 为定值，当 I_B 增加时，I_C 是否成正比地增加？最后接近何值？这时 U_{CE} 的大小如何？当 I_B 减小时，I_C 作何变化？最后达到何值？这时 U_{CE} 约等于多少？

14-1-2 画出 PNP 型晶体管组成的共发射极基本放大电路的电路图。要求在图上标出电源电压及隔直耦合电容 C_1，C_2 的极性，并标出直流电量 I_B，I_C 的实际方向和 U_{BE}，U_{CE} 的实际方向。

14-1-3 如图 14-3 所示的电路中，如果调节 R_B 使基极电位升高，此时 I_C，U_{CE} 将如何变化？

14-1-4 晶体管用微变等效电路来代替的条件是什么？

14-1-5 能否通过增加 R_C 来提高放大电路的电压放大倍数？当 R_C 过大时对放大电路的工作有何影响？

14-1-6 r_{be}，r_{ce}，r_i 以及 r_o 是交流电阻还是直流电阻？它们各是什么电阻？r_o 中包括不包括 R_L？

14-1-7 图 14-2 所示的放大电路在工作时用示波器观察，发现输出波形严重失真，当用直流电压表测量时，①若测得 $U_{CE} \approx U_{CC}$，试分析管子工作在什么状态？怎样调节 R_B 才能使电路正常工作？②若测得 $U_{CE} < U_{BE}$，这时管子又是工作在什么状态？怎样调节 R_B 才能使电路正常工作？

14-1-8 如果发现输出电压波形失真，是否说明静态工作点一定不合适？

14.2 共集电极放大电路

放大电路有时放大的是正弦交流信号、缓慢变化的直流信号，有时放大的是电压信号，有时还需要放大电流信号、功率。随着放大器放大对象的不同，电路的结构也有所不同。根据输入与输出回路公共端的不同，基本放大电路有三种不同的基本类型。除了上节讨论过的共发射极放大电路，还包括共集电极和共基极放大电路。这三种类型的放大电路在结构和性能上各有特点，但其基本分析方法一样。

14.2.1 共集电极放大电路的基本组成

共集电极放大电路的信号是从发射极对地输出，所以共集电极电路又称为射极输出器。其电路结构如图 14-16(a) 所示，对于交流来说，电源 U_{CC} 相当于短路，所以，集电极是放大电路输入回路和输出回路的公共端。

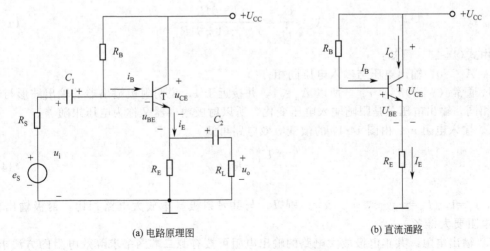

(a) 电路原理图　　　　(b) 直流通路

图 14-16　共集电极放大电路

14.2.2 工作原理

（1）静态分析

共集电极电路的直流通路如图 14-16（b）所示，所以有

$$I_B = \frac{U_{CC} - U_{BE}}{R_B + (1 + \bar{\beta})R_E} \tag{14-19}$$

$$I_C \approx \bar{\beta} I_B \tag{14-20}$$

$$I_E = I_B + I_C = (1 + \bar{\beta})I_B \approx I_C \tag{14-21}$$

$$U_{CE} = U_{CC} - R_E I_E \tag{14-22}$$

（2）动态分析

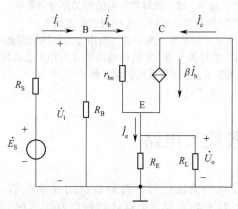 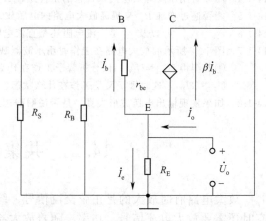

图 14-17　射极输出器的微变等效电路　　　　图 14-18　求输出电阻的等效电路

① 电压放大倍数。射极输出器的微变等效电路如图 14-17 所示，电路的电压放大倍数和输入、输出电阻可由微变等效电路得出，输入回路方程

$$\dot{U}_i = r_{be}\dot{I}_b + R'_L\dot{I}_e = [r_{be} + (1+\beta)R'_L]\dot{I}_b \tag{14-23}$$

其中 $R'_L = R_E // R_L$，以及输出回路方程

$$\dot{U}_o = R'_L\dot{I}_e = (1+\beta)R'_L\dot{I}_b \tag{14-24}$$

所以电压放大倍数为

$$A_u = \frac{\dot{U}_o}{\dot{U}_i} = \frac{(1+\beta)R'_L}{r_{be} + (1+\beta)R'_L} \tag{14-25}$$

由式（14-25）可知：

a. $A_u > 0$，输出电压与输入电压同相；

b. 通常 $(1+\beta)R'_L \gg r_{be}$，所以 $A_u < 1$，并接近于 1，说明射极输出器的输出波形与输入波形相同，输出电压总是跟随输入电压变化，所以射极输出器又称为电压跟随器。

② 输入电阻 r_i。由图 14-17 的微变等效电路可知

$$r_i = \frac{\dot{U}_i}{\dot{I}_i} = R_B // r'_i \tag{14-26}$$

式中，$r'_i = \dot{U}_i / \dot{I}_b = r_{be} + (1+\beta)R'_L$。所以，与共发射极基本放大电路相比，射极输出器的输入电阻要大得多。

③ 输出电阻。共集电极放大电路的输出电阻可按有源二端网络求等效电阻的方法求解。如图 14-18 所示，将信号源电压 $\dot{U}_S$ 短路，并除去负载电阻 R_L，并在输出端外加电压 $\dot{U}_o$。

在外加电压 $\dot{U}_o$ 作用下，设流入的电流为 $\dot{I}_o$，则

$$\dot{I}_o = \dot{I}_b + \beta \dot{I}_b + \dot{I}_e = (1+\beta)\frac{\dot{U}_o}{r_{be}+R'_S} + \frac{\dot{U}_o}{R_E}$$

其中 $R'_S = R_S // R_B$。所以

$$r_o = \frac{\dot{U}_o}{\dot{I}_o} = \frac{1}{\dfrac{1+\beta}{r_{be}+R'_S} + \dfrac{1}{R_E}} = R_E // \frac{r_{be}+R'_S}{1+\beta}$$

通常，

$$(1+\beta)R_E \gg r_{be}+R'_S, \quad \beta \gg 1$$

则有

$$r_o \approx \frac{r_{be}+R'_S}{\beta} \tag{14-27}$$

例如，$\beta = 40$，$r_{be} = 0.8\text{k}\Omega$，$R_S = 50\Omega$，$R_B = 120\text{k}\Omega$，$R'_L = 1\text{k}\Omega$。由此得

$$A_u = \frac{(1+\beta)R'_L}{r_{be}+(1+\beta)R'_L} = \frac{(1+4)\times 1}{0.8+(1+40)\times 1} = 0.98$$

$$r_i = R_B // [r_{be}+(1+\beta)R'_L] = 120 // [0.8+(1+40)\times 1]\text{k}\Omega = 31.0\text{k}\Omega$$

$$R'_S = R_S // R_B = [50 // (120\times 10^3)]\Omega \approx 50\Omega$$

$$r_o \approx \frac{r_{be}+R'_S}{\beta} = \frac{800+50}{40}\Omega = 21.25\Omega$$

14.2.3　主要特点

射极输出器的输出电压跟随输入电压变化，并且电压的放大倍数近似为1。射极输出器的输入电阻很高，输出电阻较低，这样，当射极输出器用在多级放大电路的输入级时，可以减小对信号源的影响。因为输出电阻低，射极输出器用在多级放大电路的输出级时，可以提高放大器的带负载能力。而用在多级放大电路的中间级时，不仅使前级提供的信号电流小，而且还可以提高前级共发射极电路的电压放大倍数。而对后级共发射极电路而言，它的低输出电阻正好与共发射极电路的低输入电阻相配合，实现阻抗变换作用，故又称它为中间隔离级。射极输出器的输出电阻低，带负载能力强，有一定的功率放大作用，故它也是一种最基本的功率输出电路。

【练习与思考】

14-2-1　如何看出射极输出器是共集电极电路？

14-2-2　射极输出器有何特点？有何用途？

14.3　场效应晶体管放大电路

由于场效应晶体管具有高输入电阻的特点，它适用于作为多级放大电路的输入级，尤其是对高内阻信号源，采用场效应晶体管才能有效地放大。

和双极型晶体管比较，场效应晶体管的源极、漏极、栅极相当于它的发射极、集电极、基极。两者放大电路也类似，场效管有共源极放大电路和源极输出器等。同理场效应晶体管放大电路也必须设置合适的工作点，同样要对放大电路进行静态分析，然后再动态分析。

图 14-19 所示的是共源极放大电路，图中各元件的作用如下：T 为场效应晶体管，电压

控制器件，用栅源电压控制漏极电流；R_D 为漏极负载电阻，获得随 u_i 变化电压；R_S 为源极电阻，稳定工作点；R_{G1}、R_{G2} 为分压电阻，与 R_S 配合获得合适的偏压 U_{GS}；C_S 为旁路电容，消除 R_S 对交流信号的影响；C_1、C_2 为耦合电容，起隔直和传递信号的作用；U_{DD} 为电源，提供能量。

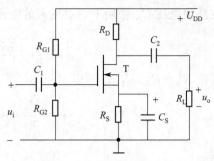

图 14-19　共源极放大电路

14.3.1　静态分析

场效应晶体管放大电路的原理与晶体管放大电路十分相似，晶体管放大电路是用 i_B 控制 i_C，当 U_{CC} 和 R_C（负载线）确定后，其静态工作点由 I_B 决定。而场效应晶体管放大电路是用 u_{GS} 控制 i_D，因而 U_{DD} 和 R_D、R_S 确定后，其静态工作点由 U_{GS} 决定。

由于栅极电位

$$V_G = \frac{R_{G2}}{R_{G1} + R_{G2}} U_{DD}$$

源极电位

$$V_S = R_S I_S = R_S I_D$$

则

$$U_{GS} = V_G - V_S$$

对于 N 沟道耗尽型场效应晶体管，通常使用在 $U_{GS} < 0$ 的区域；对于 N 沟道增强型场效应晶体管，应使 $U_{GS} > 0$。

静态分析（求 I_D、U_{DS}）可采用估算法，设 $U_{GS} = 0$，则

$$V_S = V_G$$

$$I_D = \frac{V_S}{R_S} = \frac{V_G}{R_S}$$

$$U_{DS} = U_{DD} - (R_D + R_S) I_D \tag{14-28}$$

N 沟道耗尽型场效应晶体管也可采用称为自给偏压的放大电路，如图 14-20 所示，在静态时 R_G 上无电流，则

$$V_G = 0$$

$$U_{GS} = -R_S I_S = -R_S I_D \tag{14-29}$$

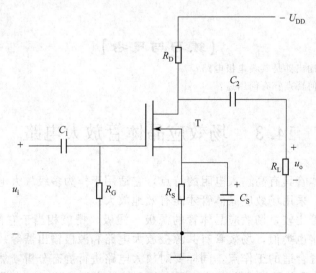

图 14-20　自给偏压的放大电路

为耗尽型场效应晶体管提供一个正常工作所需的负偏压。

14.3.2 动态分析

图 14-19 所示场效应晶体管放大电路的交流通路如图 14-21(a) 所示，场效应晶体管用微变等效电路代替，可得到放大电路的微变等效电路，见图 14-21(b)，其中栅极 G 与源极 S 之间的动态电阻 r_{gs} 认为无穷大，相当于开路。漏极电流 i_d 只受 u_{gs} 控制，而与 u_{ds} 无关，因而漏极 D 与源极 S 之间相当于一个受 u_{gs} 控制的电源 $g_m u_{gs}$。

（1）电压放大倍数

$$\dot{U}_o = -R'_L \dot{I}_d = -R'_L g_m \dot{U}_{gs}$$

式中

$$R'_L = R_D // R_L$$

$$A_u = \frac{\dot{U}_o}{\dot{U}_i} = -R'_L g_m \tag{14-30}$$

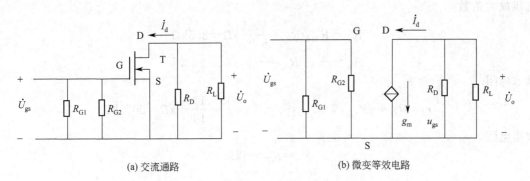

(a) 交流通路　　　　　　　　　　　(b) 微变等效电路

图 14-21　场效应晶体管的交流通路及微变等效电路

即放大倍数与跨导和交流负载电阻成正比，且输出电压与输入电压 u_i 反向。

（2）输入电阻

$$r_i = R_{G1} // R_{G2} \tag{14-31}$$

r_{gs} 认为是无穷大，但分压电阻 R_{G1}、R_{G2} 使输入电阻大大降低了。为了提高 r_i，有时采用图 14-22 所示电路，在静态时 R_G 上无电流，因而引入 R_G 不会影响放大电路的静态工作点，但此时的输入电阻

$$r_i = R_G + (R_{G1} // R_{G2}) \tag{14-32}$$

R_G 阻值一般取几兆欧，使输入电阻大大提高。

（3）输出电阻

$$r_o = R_D \tag{14-33}$$

R_D 一般在几千欧到几十千欧，输出电阻较高。

【例 14-4】 图 14-22 所示电路中，已知 $U_{DD} = 24V$，$R_{G1} = 300k\Omega$，$R_{G2} = 100k\Omega$，$R_G = 2M\Omega$，$R_D = 5k\Omega$，$R_S = 5k\Omega$，$R_L = 5k\Omega$，$g_m = 5mA/V$。试求放大电路的静态工作点、电压放大倍数、输入电阻和输出电阻。

解 静态工作点

$$V_G = \frac{R_{G2}}{R_{G1} + R_{G2}} U_{DD} = \frac{100}{300 + 100} \times 24V = 6V$$

$$I_D = \frac{V_S}{R_S} = \frac{V_G}{R_S} = \frac{6}{5} mA = 1.2mA$$

$$U_{DS} = U_{DD} - (R_D + R_S) I_D = [24 - (5+5) \times 1.2]V = 12V$$

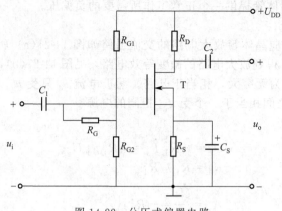

图 14-22　分压式偏置电路

电压放大倍数

$$R'_L = R_D // R_L = \frac{5 \times 5}{5+5} k\Omega = 2.5 k\Omega$$

$$A_u = -g_m R'_L = -5 \times 2.5 = 12.5$$

输入电阻

$$r_i = R_G + (R_{G1} // R_{G2}) = \left(2000 + \frac{300 \times 100}{300 + 100}\right) k\Omega = 2075 k\Omega$$

输出电阻

$$r_o = R_D = 5 k\Omega$$

【练习与思考】

14-3-1　比较场效应晶体管放大电路与晶体管放大电路的不同点和共同点。

14-3-2　在图 14-20 的自给偏压偏置电路中，电阻 R_G 起什么作用？如果在 $R_G = 0$（短路）和 $R_G = \infty$（开路）两种情况下，则后果如何？在图 14-22 的分压式偏置电路中，R_G 又起何作用？

14-3-3　如何进一步提高图 14-19 所示共源极放大电路的输入电阻？

14.4　多级放大电路

14.4.1　多级放大电路和组成

前述单级放大电路的电压放大倍数通常只有几十倍，然而，在实际应用中，被放大的输入信号都是很微弱的，一般是毫伏或微伏数量级，输入功率在 1mW 以下。往往要将这一微弱的信号放大成千上万倍，才能推动负载工作。为此，需要将两个以上的单级放大电路连接起来，组成多级放大电路对输入信号进行多次、连续放大，方能使输出端获得必要的电压幅值和足够大的频率输出。

图 14-23 所示为多级放大电路的组成框图。第 1 级是输入级，用来接收输入信号，并初步加以放大。输入级应有较高的输入电阻，以减小从信号源吸取的电流，因此，常用高输入电阻的放大电路，如射极输出器。中间级的主要任务是放大信号的电压幅值，故称为电压放大级，要求电路有较高的电压放大倍数，常采用电压放大倍数较高的共发射极电路。输出级为功率放大级，常采用甲乙类互补对称射极输出电路。

14.4.2　级间耦合方式及其特点

在多级放大电路中，各个单级放大电路之间的连接叫耦合。常用的级间耦合方式有阻容耦合、直接耦合和变压器耦合三种，其中变压器耦合在放大电路中应用已经很少，所以本节只讨论前两种耦合方式的特点。

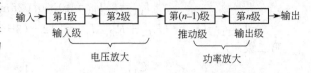

图 14-23　多级放大电路的组成框图

（1）阻容耦合放大电路

① 电路组成。图 14-24 所示为两级阻容耦合放大电路。耦合电容 C_1，C_2，C_3 把两级放大电路及信号源与负载连接在一起，它们既能顺利传递交流信号，又能使各级直流工作状态互不影响。为了减小传递过程中的信号损失要求耦合电容有足够大的容量。

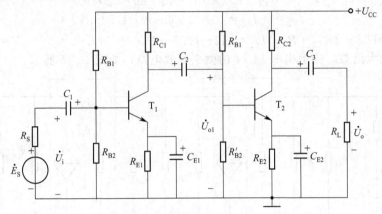

图 14-24　两级阻容耦合放大电路

阻容耦合在一般多级分立元件交流放大电路中得到广泛应用。但在集成电路中，由于难于制造容量较大的电容，因而这种耦合方式几乎无法采用。

② 电压放大倍数、输入电阻、输出电阻。在多级放大电路中，前一级的输出就是后一级的输入，因此，多级放大电路的电压放大倍数就等于各单级放大电路电压放大倍数的乘积，即

$$A_u = A_{u1} A_{u2} \cdots A_{u(n-1)} A_{un} \tag{14-34}$$

但在计算各级放大电路的电压放大倍数时，必须考虑到后一级电阻对它的影响，因为后一级的输入电阻即为前一级的负载电阻，$r_{i(n+1)} = r_{Ln}$。

多级放大电路的输入电阻即为第一级（输入级）的输入电阻，$r_i = r_{i1}$；多级放大电路的输出电阻，即为其最后一级（输出级）的输出电阻 $r_o = r_{on}$。

【例 14-5】　在图 14-24 的两级阻容耦合放大电路中，已知 $R_{B1} = 30\text{k}\Omega$，$R_{B2} = 15\text{k}\Omega$，$R'_{B1} = 20\text{k}\Omega$，$R'_{B2} = 10\text{k}\Omega$，$R_{C1} = 3\text{k}\Omega$，$R_{C2} = 2.5\text{k}\Omega$，$R_{E1} = 3\text{k}\Omega$，$R_{E2} = 2\text{k}\Omega$，$R_L = 5\text{k}\Omega$，$C_1 = C_2 = C_3 = 50\mu\text{F}$，$C_{E_1} = C_{E_2} = 100\mu\text{F}$。如果晶体管的 $\beta_1 = \beta_2 = 40$，集电极电源电压 $U_{CC} = 12\text{V}$，试求：①各级的静态值；②两级放大电路的电压放大倍数。

解　① 各级的静态值

第一级

$$E_{B1} = \frac{U_{CC}}{R_{B1} + R_{B2}} R_{B2} = \frac{12}{(30+15) \times 10^3} \times 15 \times 10^3 \text{V} = 4\text{V}$$

$$R_B = \frac{R_{B1} R_{B2}}{R_{B1} + R_{B2}} = \frac{30 \times 10^3 \times 15 \times 10^3}{(30+15) \times 10^3} \Omega = 10 \times 10^3 \Omega = 10\text{k}\Omega$$

$$I_{B1} = \frac{E_{B1} - U_{BE1}}{R_B + (1+\beta_1) R_{E1}} = \frac{4 - 0.6}{10 \times 10^3 + (1+40) \times 3 \times 10^3} \text{A}$$

$$= 25 \times 10^{-6} \text{A} = 0.025\text{mA}$$

$$I_{C1} = \beta_1 I_{B1} = 40 \times 0.025 \text{mA} = 1.00 \text{mA}$$

$$U_{CE1} = U_{CC} - (R_{C1} + R_{E1})I_{C1} = [12 - (3+3) \times 10^3 \times 1.0 \times 10^{-3}]\text{V} = 6\text{V}$$

第二级

$$E_{B2} = \frac{U_{CC}}{R'_{B1} + R'_{B2}} R'_{B2} = \frac{12}{(20+10) \times 10^3} \times 10 \times 10^3 \text{V} = 4\text{V}$$

$$R'_B = \frac{R'_{B1} R'_{B2}}{R'_{B1} + R'_{B2}} = \frac{20 \times 10^3 \times 10 \times 10^3}{(20+10) \times 10^3}\Omega = 6.7\text{k}\Omega$$

$$I_{B2} = \frac{E_{B2} - U_{BE2}}{R'_B + (1+\beta_2)R_{E2}} = \frac{4-0.6}{6.7 \times 10^3 + (1+40) \times 2 \times 10^3}\text{A} = 0.038\text{mA}$$

$$I_{C2} = \beta_2 I_{B2} = 40 \times 0.038 \text{mA} = 1.52\text{mA}$$

$$U_{CE2} = U_{CC} - (R_{C2} + R_{E2})I_{C2} = [12 - (2.5+2) \times 10^3 \times 1.52 \times 10^{-3}]\text{V} = 5.2\text{V}$$

② 电压放大倍数。先画出图 14-24 的微变等效电路，如图 14-25 所示。

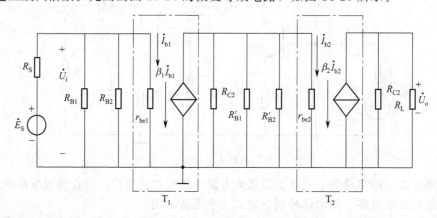

图 14-25　图 14-24 电路的微变等效电路

晶体管 T_1 的输入电阻为

$$r_{be1} = 200 + (1+\beta_1)\frac{26}{I_{E1}} = \left[200 + (1+40) \times \frac{26}{1}\right]\Omega \approx 1266\Omega \approx 1.27\text{k}\Omega$$

晶体管 T_2 的输入电阻为

$$r_{be2} = 200 + (1+\beta_2)\frac{26}{I_{E2}} = \left[200 + (1+40) \times \frac{26}{1.52}\right]\Omega \approx 901\Omega \approx 0.90\text{k}\Omega$$

第二级输入电阻为

$$r_{i2} = R'_{B1} /\!/ R'_{B2} /\!/ r'_{be2} \approx 0.83\text{k}\Omega$$

第一级负载电阻为

$$R'_{L1} = R_{C1} /\!/ r_{i2} = \frac{3 \times 0.83}{3 + 0.83}\text{k}\Omega \approx 0.65\text{k}\Omega$$

第二级负载电阻为

$$R'_{L2} = R_{C2} /\!/ R_L = \frac{2.5 \times 5}{2.5 + 5}\text{k}\Omega \approx 1.7\text{k}\Omega$$

第一级电压放大倍数为

$$A_{u1} = -\beta_1 \frac{R'_{L1}}{r_{be1}} = -\frac{40 \times 0.65}{1.27} \approx -20.5$$

第二级电压放大倍数为

$$A_{u2} = -\beta_2 \frac{R'_{L2}}{r_{be2}} = -\frac{40 \times 1.7}{0.90} \approx -75.6$$

两级电压放大倍数为

$$A_u = A_{u1}A_{u2} = (-20.5) \times (-75.6) = 1549.8$$

（2）直接耦合放大电路

前面已经讨论了阻容耦合的交流放大电路，但在生产和实践中常要求放大缓慢变化的信号或直流量变化的信号（直流信号），因为这种信号频率低，耦合电容的容抗 $X_C = \dfrac{1}{2\pi fC}$ 太大，信号不能通过，所以这种信号我们只能采取直接耦合方式，即把前级的输出端直接接到后级的输入端，如图 14-26 所示。

直接耦合放大电路，既能放大直流信号，也能放大交流信号。由于它不需要耦合电容，易于集成，广泛应用于现代生产及科学实验中。

直接耦合似乎很简单，其实不然，它所带来的问题远比阻容耦合严重。其中主要有两个问题需要解决：一个是前、后级的静态工作点互相影响问题；另一个是零点漂移问题。

① 前后级静态工作点的相互影响。在阻容耦合交流放大电路中，各级直流通路相互隔离，静态工作点互不影响，但在直接耦合放大电路中，各级的直流分量也构成了级间通路、各级的静态工作点互相牵制和影响，不再彼此孤立（见图 14-26）。图中 T_2 的 U_{BE2} 约为 0.6V（硅管），而 $U_{CE1} = U_{BE2}$，故 T_1 的 U_{CE1} 也被限制在 0.6V 左右，这时晶体管 T_1 已经达到了饱和状态，无法进行正常的线性放大。同时，T_2 的基极电流 I_{B2} 是由电源电压 U_{CC} 经 R_{C1} 提供的，故 T_2 的静态工作点也受到了前级的影响。

因此，在直流耦合放大电路中必须采取一定的措施，以保证既能有效地传递信号，又要使每一级有合适的静态工作点。常用的办法是提高后级发射极电位。

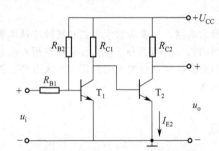
图 14-26 两级直接耦合放大电路

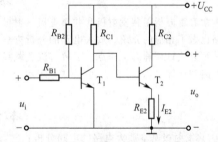
图 14-27 提高 U_{C1} 电位的直接耦合放大电路

提高后级 T_2 的发射极电位，是兼顾前、后级工作点和放大倍数的简单有效措施。在图 14-27 中，是利用电阻 R_{E2} 上的电压降来提高发射极的电位。这一方面能够提高 T_1 的集电极电位，增大其输出的幅度，另一方面又能使 T_2 获得合适的工作点。R_{E2} 的大小可根据静态时前级的集—射极电压 U_{CE1} 和后级的发射极电流 I_{E2} 来决定，即

$$R_{E2} = \frac{U_{CE1} - U_{BE2}}{I_{E2}}$$

② 零点漂移。所谓零点漂移，是指直接耦合放大电路，即使把其输入端短路，用直流毫伏表测量放大电路的输出端，也会有缓慢变化的电压输出，如图 14-28 所示。这种现象叫零点漂移，简称零漂，也是指输出电压偏离原来的起始值做上下漂动，看上去似乎像个输出信号，其实是个假信号。

当放大电路输入信号后，这种漂移就伴随着信号共存于放大电路中，两者在缓慢地变动着，一真一假，互相纠缠于一起，难于分辨。如果当漂移量大到足以和信号量相比时，放大

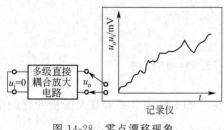

图 14-28　零点漂移现象

电路就无法正常工作了。

产生零点漂移的原因是，在直接耦合放大电路中，由于温度、电源电压和元器件参数变动的影响（主要是温度的影响），使各级静态工作点变动。前级工作点的微小变化将会逐渐传递、放大，而在输出端产生一个缓慢变化的漂移信号电压，放大电路的级数越多，放大倍数越高，零点漂移就越大。在各级的漂移当中，又以第一级漂移影响最为严重。

因为由于直接耦合，第一级的漂移被逐渐放大，以致影响到整个放大电路的工作。所以，抑制漂移的关键是第一级。

作为评价放大电路零点漂移的指标，只看其输出端漂移电压的大小是不充分的，必须考虑到放大倍数的不同。就是说，只有把输出端的漂移电压折合到输入端才能真正说明问题，即

$$u_{\text{id}} = \frac{u_{\text{od}}}{|A_u|}$$

式中，u_{id} 为输入端等效漂移电压；$|A_u|$ 为电压放大倍数；u_{od} 为输出漂移电压。

直接耦合放大电路中抑制零点漂移最有效的电路结构是差分放大电路，将在下章介绍。

【练习与思考】

14-4-1　与阻容耦合放大电路相比，直接耦合放大电路有哪些特殊问题？

14-4-2　如何计算多级放大的电压放大倍数？

14-4-3　对于直接耦合放大电路，它的直流通路、交流通路是否相同？

本章小结

本章着重分析了共发射极和共集电极（射极输出器）的放大电路，对多级放大电路和场效应晶体管放大电路也做了相应的介绍。放大电路的分析方法为静态分析和动态分析两部分，静态分析应掌握直流通路图和估算公式计算静态工作点，了解直流负载线与图解法；动态分析应掌握交流通路图，放大电路的微变等效电路和计算 A_u、r_i 和 r_o 的公式，了解交流负载线与图解法。

本章知识点

① 共发射极基本放大电路的电路分析；
② 分压式偏置放大电路的分析；
③ 共集电极（射极输出器）的分析；
④ 场效应晶体管放大电路的分析；
⑤ 多级放大电路的分析。

习　　题

14-1　放大电路为什么要设置静态工作点？

14-2　通常希望放大电路的输入电阻大一些还是小一些？为什么？通常希望放大电路的输出电阻大一些还是小一些？为什么？

14-3　多级放大电路的放大倍数如何计算？

14-4　放大直流信号为什么不采用交流放大电路？

14-5　晶体管放大电路如图 14-29 所示，已知 $U_{\text{CC}} = 12\text{V}$，$R_C = 3\text{k}\Omega$，$R_B = 240\text{k}\Omega$，晶体管的 $\beta = 40$。①试用直流通路估算各静态值 I_B、I_C、U_{CE}；②晶体管的输出特性如图 14-29（b）所示，试用图解法求放大电路的静态工作点；③在静态时（$u_i = 0$）C_1 和 C_2 的电压各是多少？并标出极性。

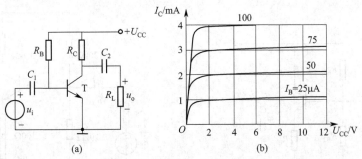

图 14-29 习题 14-5 的图

14-6 在上题中，如改变 R_B，使 $U_{CE}=3V$，试用直流通路求 R_B 的大小；如改变 R_B，使 $I_C=1.5mA$，R_B 又等于多少？并分别用图解法做出静态工作点。

14-7 在图 14-29(a) 中，若 $U_{CC}=10V$，今要求 $U_{CE}=5V$，$I_C=2mA$，试求 R_C 和 R_B 的阻值。设晶体管的 $\beta=40$。

14-8 在图 14-30 中，晶体管是 PNP 型锗管。①U_{CC} 和 C_1、C_2 极性如何考虑？请在图上标出；②设 $U_{CC}=-12V$，$R_C=3k\Omega$，$\beta=75$，如果要将静态值 I_C 调到 $1.5mA$，R_B 应调到多大？③在调整静态工作点时，如不慎将 R_B 调到零，对晶体管有无影响？为什么？通常采取何种措施来防止发生这种情况？

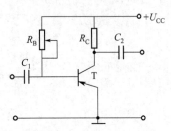

图 14-30 习题 14-8 的图

14-9 在图 14-29(a) 所示的固定偏置放大电路中，$U_{CC}=12V$，晶体管的 $\beta=20$，$I_C=1mA$。今要求 $|A_u|\leqslant100$，试计算 R_C，R_B 及 U_{CE}。

14-10 已知某放大电路的输出电阻为 $3.3k\Omega$，输出端的开路电压的有效值 $U_o=2V$，试问：该放大电路接有负载电阻 $R_L=5.1k\Omega$ 时，输出电压将下降多少？

14-11 在图 14-31 中，$U_{CC}=12V$，$R_C=2k\Omega$，$R_E=2k\Omega$，$R_B=300k\Omega$，晶体管的 $\beta=50$。试求：①确定静态工作点；②电压放大倍数 A_u 和输入、输出电阻 r_i，r_o。

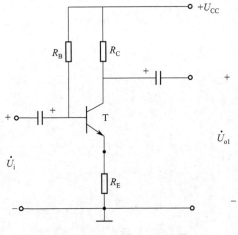

图 14-31 习题 14-11 的图

14-12 在图 14-32 的射极输出器中，已知 $R_S=50\Omega$，$R_{B1}=100k\Omega$，$R_{B2}=30k\Omega$，$R_E=1k\Omega$，晶体管的 $\beta=40$，试求：①确定静态工作点；②电压放大倍数 A_u 和输入、输出电阻 r_i，r_o。

14-13 在图 14-33 中，已知晶体管的电流放大系数 $\beta=60$，输入电阻 $r_{be}=1.8k\Omega$，信号源的输入信号电压 $E_S=15mV$，内阻 $R_S=0.6k\Omega$，各个电阻和电容的数值也已标在电路中。①试求该放大电路的输入电阻和输出电阻；②试求输出电压 U_o；③如果 $R''_E=0$，U_o 等于多少？

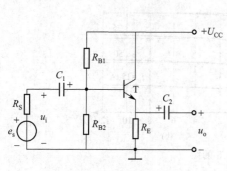

图 14-32 习题 14-12 的图

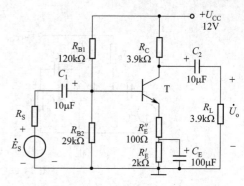

图 14-33 习题 14-13 的图

14-14 两极放大电路如图 14-34 所示，晶体管的 $\beta_1 = \beta_2 = 40$，$r_{\text{be1}} = 1.37\text{k}\Omega$，$r_{\text{be2}} = 0.89\text{k}\Omega$。①画出直流通路，并估算各级电路的静态值（计算 U_{CE1} 时忽略 I_{B2}）；②画出微变等效电路，并计算 A_{u1}，A_{u2} 和 A_u。

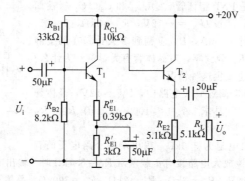

图 14-34 习题 14-14 的图

附录 1　电阻器标称阻值系列

E24 系列	E12 系列	E6 系列
允许偏差±5%	允许偏差±10%	允许偏差±20%
1.0	1.0	1.0
1.1		
1.2	1.2	
1.3		
1.5	1.5	1.5
1.6		
1.8	1.8	
2.0		
2.2	2.2	2.2
2.4		
2.7	2.7	
3.0		
3.3	3.3	3.3
3.6		
3.9	3.9	
4.3		
4.7	4.7	4.7
5.1		
5.6	5.6	
6.2		
6.8	6.8	6.8
7.5		
8.2	8.2	
9.1		

注：电阻器的标称阻值应符合表中所列数值之一，或表列数值再乘以 10^n，n 为整数。

附录 2　常见术语中英对照

一画

一阶电路　first-order circuit

二画

二极管　diode

三画

三相电路　three-phase circuit

三相功率　three-phase power

三相三线制　three-phase three-wire system

三相四线制　three-phase four-wire system

三相变压器　three-phase transformer

三角形连接　triangular connection

三相异步电动机　three-phase induction motor

工作点　operating point

四画

支路　branch

支路电流法　branch current method

中性点　neutral point

中性线　neutral conductor

瓦特　Watt

无功功率　reactive power

韦伯　Weber

反电动势　counter emf

反相　opposite in phase

开路　open circuit

开关　switch

反向电阻　backward resistance

反向偏置　backward bias

反向击穿　reverse breakdown

反相器　inverter

反馈　feedback

反馈系数　feedback coefficient

少数载流子　minority carrier

分立电路　discrete circuit

开启电压　threshold voltage

互补对称功率放大器　complementary symmetry power amplifier

五画

功　work

功率　power

功率因数　power factor

功率三角形　power triangle

功率角　power angle

电能　electric energy

电荷　electric charge

电位　electric potential

电位差　electric potential difference

电位升　potential rise

电位降　potential drop

电位计　potentiometer

电压　voltage

电动势　electromotive force（emf）

电源　source

电压源　voltage source

电流源　current source

电路　circuit

电路分析　circuit analysis

电路元件　circuit element

电路模型　circuit model

电流　current

电流密度　current density

电流互感器　current transformer

电阻　resistance

电阻性电路　resistive circuit

电导　conductance

电导率　conductivity

电容　capacitance

电容性电路　capacitive circuit

电感　inductance

电感性电路　inductive circuit

电桥　bridge

电机　electric machine

电磁转矩　electromagnetic torque

平均值　average value

平均功率　average power

正极　positive pole

正方向　positive direction

正弦量　sinusoid

正弦电流　sinusoidal current

对称三相电路　symmetrical three-phase circuit

主磁通　main flux

外特性　external characteristic

电容滤波器　capacitor filter

电流放大系数　current amplification coefficient

电压放大倍数　voltage gain

电压比较器　voltage comparator

电压表　voltage meter

电流表　currenter amperemeter

失真　distortion

正向电阻　forward resistance

正向偏置　forward bias

正反馈　positive feedback

正弦波振荡器　sinusoidal oscillator

击穿　breakdown

加法器　adder

发射极　emitter

发光二极管　light-emitting diode（LED）

本征半导体　intrinsic semiconductor

失调电压　offset voltage

失调电流　offset current

六画

安培　Ampere

安匝　ampere-turns

伏特　Volt

伏安特性曲线　volt-ampere characteristic

有效值　effective value

有功功率　active power

交流电路　alternating current circuit（a-current）

交流电机　alternating current machine

自感　self-inductance

自感电动势　self-inductance emf

自锁　self-locking

负极　negative pole

负载　load

负载线　load line

负反馈　negative feedback

动态电阻　dynamic resistance

并联　parallel connection

并联谐振　parallel resonance

同步转速　synchronous speed

同相　in phase

机械特性　torque-speed characteristic

回路　loop

网络　network

全电流定律　law of total current

全响应　complete response

共模信号　common-mode signal

共模输入　common-mode input

共模抑制比　common-mode rejection ratio（CMRR）

共发射极接法　common-emitter configuration

共价键　covalent bond

动态　dynamics

杂质　impurity

伏安特性　volt-ampere characteristic

扩散　diffusion

负载电阻　load resistance

夹断电压　pinch-off voltage

多级放大器　multistage amplifier

多数载流子　majority carrier

自由电子　free electron

自偏压　self-bias

导通　on

导电沟道　conductive channel

场效应晶体管　field-effect transistor（FET）

光电二极管　photodiode

光电晶体管　phototransistor

光电耦合器　photocoupler

传输特性　transmission characteristic

七画

启动　starting

启动电流　starting current

启动转矩　starting torque

启动按钮　start button

库仑　Coulomb

亨利　Henry

角频率　angular frequency

串联　series connection

串联谐振　series resonance

阻抗　impedance

阻抗三角形　impedance triangle

阻转矩　counter torque

初相位　initial phase

时间常数　time constant

时域分析　time domain analysis

时间继电器　time-delay relay

运算放大器　operational amplifier

低频放大器　low-frequency amplifier

阻容耦合放大器　resistance-capacitance coupled amplifier

阻挡层　barrier

采样保持　sample and hold

串联型稳压电源　series voltage regulator

八画

直流电路 direct current circuit（d-c circuit）
法拉 Farad
空载 no-load
空气隙 air gap
受控电源 controlled source
变压器 transformer
变比 ratio of transformation
变阻器 rheostat
线电压 line voltage
线电流 line current
线圈 coil
线性电阻 linear resistance
周期 period
参考电位 reference potential
参考电压 reference voltage
参数 parameter
视在功率 apparent power
定子 stator
转子 rotor
转差率 slip
转速 speed
转矩 torque
组合开关 switch group
单相异步电动机 single-phase induction motor
空穴 hole
空间电荷区 space-charge layer
固定偏置 fixed-bias
直接耦合放大器 direct-coupled amplifier
非线性失真 nonlinear distortion
饱和 saturation
欧姆 Ohm
欧姆定律 Ohm's law

九画
结点 node
结点电压法 node voltage method
相 phase
相电压 phase voltage
相电流 phase current
相位差 phase difference
相位角 phase angle
相序 phase sequence
相量 phasor
相量图 phasor diagram
响应 response
星形连接 star connection
复数 complex number
品质因数 quality factor

绝缘 insulation
绕组 winding
穿透电流 penetration current
栅极 gate，grid
复合 recombination
差分放大电路 differential amplifier
差模信号 differential-mode signal
差模输入 differential-mode input
恒流源 constant current source
N 型半导体 N-type semiconductor
P 型半导体 P-type semiconductor
RC 选频网络 RC selection frequency network
PN 结 PN junction

十画
容抗 capacitive reactance
诺顿定理 Norton's theorem
原动机 prime mover
原绕组 primary winding
铁芯 core
铁损 core loss
特征方程 characteristic equation
积分电路 integrating circuit
效率 efficiency
继电器 relay
热继电器 thermal overload relay（OLR）
调速 speed regulation
继电接触器控制 relay-contactor control
桥式整流器 bridge rectifier
旁路电容 bypass capacitor
射极输出器 emitter follower
振荡器 oscillator
振荡频率 oscillator frequency
耗尽层 depletion layer
耗尽型 MOS 场效应晶体管 depletion mode MOSFET
热敏电阻 thermistor

十一画
基尔霍夫电流定律 Kirchhoff's current law（KCL）
基尔霍夫电压定律 Kirchhoff's voltage law（KVL）
副绕组 secondary winding
铜损 copper loss
谐振频率 resonant frequency
理想电压源 ideal voltage source
理想电流源 ideal current source
常开触点 normally open contact
常闭触点 normally closed contact
停止按钮 stop button
接触器 contactor

旋转磁场　rotating magnetic field
基极　base
硅稳压二极管　Zener diode
控制极　control grid
偏置电路　biasing circuit
接地　ground，grounding；earth，earthing
虚地　imaginary ground
笼型转子　squirrel rotor

十二画

等效电路　equivalent circuit
焦耳　Joule
短路　short circuit
幅值　amplitude
最大值　maximum
最大转矩　maximum（breakdown）torque
滞后　lag
超前　lead
暂态　transient state
暂态分量　transient component
联锁　interlocking
晶体　crystal
晶体管　transistor
集电极　collector

十三画

感抗　inductive reactance
感应电动势　induced emf
楞次定律　Len's law
频率　frequency
频域分析　frequency domain analysis
输入　input
输出　output
微法　microfarad
微分电路　differentiating circuit
叠加定理　superposition theorem
零状态响应　zero-state response
零输入响应　zero-input response
源极　source
锗　germanium
输入电阻　input resistance

输出电阻　output resistance
零点漂移　zero drift
跨导　transconductance
满载　full load

十四画

磁场　magnetic field
磁场强度　magnetizing force
磁路　magnetic circuit
磁通　flux
磁感应强度　flux density
磁通势　magnetomotive force（mmf）
磁阻　reluctance
磁导率　permeability
磁化　magnetization
磁化曲线　magnetization curve
漏磁通　leakage flux
漏磁电感　leakage inductance
漏磁电动势　leakage emf
赫兹　Hertz
稳态　steady state
稳态分量　steady state component
静态电阻　static resistance
截止　cut-off
漂移　drift
静态　static
静态工作点　quiescent point
漏极　drain
模拟电路　analog circuit
稳压二极管　Zener diode
熔断器　fuse

十五画以上

额定值　rated value
额定电压　rated voltage
额定功率　rated power
额定转矩　rated torque
激励　excitation
整流电路　rectifier circuit
瞬时值　instantaneous value
戴维宁定理　Thevenin's theorem

部分习题参考答案

第1章

1-3 ①4.175A，11.975Ω；②52.08V；③104.16A

1-4 0.015Ω

1-5 3712.36Ω，约20W

1-6 ③350Ω，1A

1-10 107.33V

1-11 +30V

1-12 0.31A，9.3A，9.6A

1-13 6V

1-14 +5V

1-15 +8V，+8V，无影响

1-16 −5.84V，+1.96V

第2章

2-2 200Ω，200Ω

2-3 ①3Ω；②1.33Ω；③0.5Ω

2-4 20V，40V，20W（消耗），80W（发出），R_1 上20W，R_2 上40W

2-5 1A，3A，−62V

2-6 1A

2-7 1.09A

2-8 −0.25A

2-9 12.8V，115.2W

2-10 6A

2-11 0.5A

2-12 2.6A

2-13 0.6A

第3章

3-1 图(a)：$i(0_+)=1.5$A，$i(\infty)=3$A；图(b)：$i(0_+)=0$A，$i(\infty)=1.5$A；
图(c)：$i(0_+)=6$A，$i(\infty)=0$；图(d)：$i(0_+)=0.75$A，$i(\infty)=1$A

3-2 $i_1(t)=-4\mathrm{e}^{-0.5t}$A，$i_2(t)=2\mathrm{e}^{-0.5t}$A，$i_C(t)=-6\mathrm{e}^{-0.5t}$A

3-3 $u_{AB}=250-160\mathrm{e}^{-2000t}$V

3-4 $u_C(t)=6(1-\mathrm{e}^{-0.5\times10^6t})$ V，$u_R(t)=1.5+1.5\mathrm{e}^{-0.5\times10^6t}$V

3-5 $i_L(t)=1-\mathrm{e}^{-\frac{1}{7}\times10^6t}$mA，$u_\mathrm{o}(t)=20-14.3\mathrm{e}^{-\frac{1}{7}\times10^6t}$V

3-6　$i_L(t)=\mathrm{e}^{-10t}\mathrm{A}$，$u_L(t)=-10\mathrm{e}^{-10t}\mathrm{V}$

3-7　$u_C(t)=-15+10\mathrm{e}^{-\frac{t}{3}}\mathrm{V}$

3-9　$u_C=60\mathrm{e}^{-100t}\mathrm{V}$，$i_1=12\mathrm{e}^{-100t}\mathrm{mA}$

3-10　$u_C=-5+15\mathrm{e}^{-10t}\mathrm{V}$

3-11　$u_C(t)=12-6\mathrm{e}^{-\frac{t}{3}}\mathrm{V}$，$i_C(t)=2\mathrm{e}^{-\frac{t}{3}}\mathrm{A}$

3-12　$u_L(t)=-\dfrac{28}{3}\mathrm{e}^{-\frac{40}{9}t}\mathrm{V}$，$i_L(t)=3+7\mathrm{e}^{-\frac{40}{9}t}\mathrm{A}$

第 4 章

4-1　$i_1=10\sqrt{2}\sin(\omega t+53.1°)\mathrm{A}$，$i_2=10\sqrt{2}\sin(\omega t-53.1°)\mathrm{A}$，

　　　$i_3=10\sqrt{2}\sin(\omega t+126.9°)\mathrm{A}$，$i_4=10\sqrt{2}\sin(\omega t-126.9°)\mathrm{A}$

4-2　$u_1=220\sqrt{2}\sin(\omega t+60°)\mathrm{V}$，$u_2=220\sqrt{2}\sin(\omega t+30°)\mathrm{V}$，$u_1$ 超前 u_2 30°

4-3　0；0

4-4　$i_L=0.318\sqrt{2}\sin(6280t-20°)\mathrm{A}$

4-5　40.16H

4-6　2V，6V，3V，3.61V

4-7　$1443.4\sqrt{2}\sin(314t-54°)\mathrm{A}$，$1435.5\sqrt{2}\sin(314t-60°)\mathrm{A}$

4-8　$10\sqrt{2}\mathrm{A}$，100V

4-9　10A；0，100V

4-10　2.24A，4.47A

4-11　$0.98\angle41.3°\mathrm{A}$，$1.386\angle86.3°\mathrm{V}$，$4.385\angle14.7°\mathrm{V}$；$1.178\angle-8.1°\mathrm{A}$，

　　　$1.178\angle98.1°\mathrm{A}$，$5.89\angle45°\mathrm{V}$

4-12　$\sqrt{2}\angle15°\mathrm{A}$；$16.67\angle113.1°\mathrm{A}$，$66.67\angle23.1°\mathrm{V}$

4-13　$49.19\angle56.57°\mathrm{A}$，$49.19\angle-33.43°\mathrm{A}$，$69.5\angle11.57°\mathrm{A}$，$98.38\angle-33.43°\mathrm{V}$

4-14　5.694A，11A，11A，220V，10Ω，159.2μF，0.055H

4-15　4.472A，3.535A，4.472A，5.423A，5.336A，11.93A

4-16　25W，0.2

4-17　0.376A，105.3V，190.9V，42.41W，71.03var，0.513，能，280Ω，20Ω，1.6H

4-18　300W，−100Var

4-19　5A，$10\sqrt{2}\Omega$，$5\sqrt{2}\Omega$，$10\sqrt{2}\Omega$

4-20　$10\sqrt{2}\mathrm{A}$，16.42Ω，16.42Ω

4-21　3A，4A（或1.4A，4.8A）

4-22　$8.27\angle-1.4°\mathrm{A}$

4-23　523.9Ω，0.5，3.28μF

4-24　33A，0.5，275.8μF，19.05A

4-25　29.7A，2000W，0.67，4.02Ω，4490，0.898

4-26　能

4-27　0.14mH，100Ω

第 5 章

5-1　星形连接时，$U_\mathrm{p}=220\mathrm{V}$，$I_\mathrm{p}=22\mathrm{A}$，$I_1=22\mathrm{A}$；三角形连接时，$U_\mathrm{p}=380\mathrm{V}$，$I_\mathrm{p}=$

38A，$I_1=65.8$A

5-2 设 $\dot{U}_1=220\angle0°$V

①$\dot{I}_1=20\angle0°$A，$\dot{I}_2=10\angle-120°$A，$\dot{I}_3=10\angle120°$A，$\dot{I}_N=10\angle0°$A

②$\dot{U}_{N'N}=55\angle0°$V，$\dot{U}_1=165\angle0°$V，$\dot{U}_2=252\angle-131°$V，$\dot{U}_3=252\angle131°$V

③$\dot{U}_1=0$，$\dot{U}_2=380\angle-150°$V，$\dot{U}_3=380\angle150°$V，$\dot{I}_1=30\angle0°$A，

  $\dot{I}_2=17.3\angle-150°$A，$\dot{I}_3=17.3\angle150°$A

④$\dot{I}_1'=\dot{I}_2'=11.5\angle30°$A，$\dot{U}_1'=127\angle30°$V，$\dot{U}_2'=253\angle-150°$V

5-4 $\dot{I}_1=0.273\angle0°$A，$\dot{I}_2=0.273\angle-120°$A，$\dot{I}_N=0.364\angle60°A=\dot{I}_3''$

5-5 $I=39.3$A，$P=25.92$kW

5-6 ①不能；②$I_1=I_2=I_3=22$A，$I_N=60.1$A；③$P=4.84$kW，$Q=0$

5-7 ①$R=15\Omega$，$X_L=16.1\Omega$

  ②$I_1=I_2=10$A，$I_3=17.3$A，$P=30$kW

  ③$I_1=0$，$I_2=I_3=15$A，$P=2.25$kW

5-8 $235.3\angle49.5°\Omega$

5-9 $U_{AB}=332.78$V，$\cos'\varphi=0.992$

第 6 章

6-1 取 $H=120$A/m，$I=0.048$A

6-2 0.84A

6-3 ①接入 222 个，$I_2=45.4$A，$I_1=3.03$A；

  ②接入 125 个，$I_2=45.45$A，$I_1=3.03$A；

  ③接入 57 个，$I_2=44.9$A，$I_1=2.99$A

6-4 ①8.66，6W；②0.31W

6-5 2∶1

第 7 章

7-1 ① 0.04；② 8.77A；③ 61.4A；④ 26.53N·m；⑤ 58.34N·m；⑥ 58.34N·m；
  ⑦4733.8W

7-2 ①可以启动；②可启动，不可启动

7-3 198.9N·m；0.9

7-4 2.0

7-5 13.22N·m，53.06N·m，额定转矩与功率成正比，与转速成反比

第 8 章

8-1 ①238A，234A，4A

  ②2190W，440W，2000W

  ③210N·m

  ④100.6V

8-2 ①351A；②0.27Ω

8-3 转速上升

8-4 下降 40%

8-5 ①25A；②1.33A；③146.3W；④14N·m；⑤100V

8-6 7N·m

第 12 章

12-2 ±0.625%

12-3 20.8V；22.7V；24.75V

12-4 $P_{W1}=11.5kW$，$P_{W2}=1.5kW$，$P=13kW$

12-5 $P_1=2565W$，$P_2=1014W$

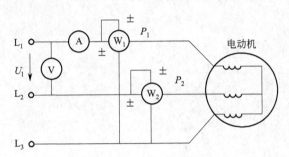

参 考 文 献

[1] 秦曾煌. 电工学. 第 6 版. 北京：高等教育出版社，2004.
[2] 邱关源. 电路. 第 5 版. 北京：高等教育出版社，2006.
[3] 康光华. 电子技术基础：模拟部分. 第 4 版. 高等教育出版社，2000.
[4] 汤天浩. 电机与拖动基础. 北京：机械工业出版社，2006.
[5] 唐介. 电工学. 北京：机械工业出版社，1999.
[6] 叶挺秀，张伯尧. 电工电子学. 北京：高等教育出版社，1999.
[7] 姜学勤. 电工电子学. 北京：化学工业出版社，2015.